我们一起解决问题

MOTIVATION
SCIENCE

动机心理学

[美] 爱德华·伯克利（Edward Burkley）◎著
[美] 梅利莎·伯克利（Melissa Burkley）

郭书彩◎译

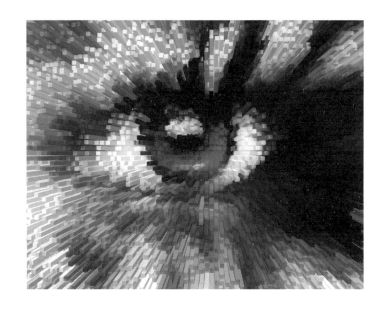

人民邮电出版社
北　京

图书在版编目（CIP）数据

动机心理学 / （美）爱德华·伯克利
（Edward Burkley），（美）梅利莎·伯克利
（Melissa Burkley）著 ；郭书彩译. -- 北京 ：人民邮
电出版社，2020.3
　ISBN 978-7-115-53002-8

　Ⅰ. ①动… Ⅱ. ①爱… ②梅… ③郭… Ⅲ. ①动机－
心理学 Ⅳ. ①B842.6

中国版本图书馆CIP数据核字(2019)第283959号

内 容 提 要

在生活中，我们往往会学习成功者的"成功之道"，甚至模仿他们变得优秀的方法
和路径。但是，结果却常常显而易见，我们通常不会像他人那样成功。为什么通过模仿
很难让我们变得真正优秀？究其根本是因为我们只看到了成功者之所以成功的表面现象，
而成功者背后的核心驱动力，即动机，我们根本无法模仿。

动机是一个很抽象的概念，但其内涵不外乎以下几个方面：我们为什么要做某件事，
做这件事的目的是什么，希望达到什么样的预期目标，以及能从做这件事中获得什么。
随着时代的发展，现代的动机领域比过去复杂得多。在本书中，作者对动机的研究不囿
于生物学方面，还强调了认知、情绪、目标、神经科学和潜意识的综合影响；此外还突
显了动机领域的跨学科性质，不仅包括心理学，还包括教育、健康、商业和体育等方面
的知识，目的是介绍经典和现代的研究动机的方法并以有趣、动态、与人们生活相关的
方式传达这些信息。因此，本书可谓一部有关动机的全面、科学和前沿的著作。

◆　　著　　［美］爱德华·伯克利（Edward Burkley）
　　　　　　［美］梅利莎·伯克利（Melissa Burkley）
　　　译　　郭书彩
　责任编辑　姜　珊　黄海娜
　责任印制　彭志环

◆ 人民邮电出版社出版发行　　北京市丰台区成寿寺路 11 号
　邮编 100164　电子邮件 315@ptpress.com.cn
　网址 https://www.ptpress.com.cn
　涿州市京南印刷厂印刷

◆ 开本：700×1000　1/16
　印张：25.5　　　　　　　　　2020 年 3 月第 1 版
　字数：400 千字　　　　　　 2025 年 11 月河北第 40 次印刷

　著作权合同登记号　图字：01-2018-2762号

定 价：108.00 元
读者服务热线：（010）81055656　印装质量热线：（010）81055316
反盗版热线：（010）81055315

人们为什么做他们所做的事？这一问题构成了动机研究的基础，动机是心理学中一个有着丰富研究历史的话题。20 年前，对动机的研究处于停滞不前的状态。但最近动机科学领域出现了新的活力，有很多迹象表明该领域正在复苏。每个月都有一些创新性研究成果在顶级期刊首次发表，其中许多都在新闻媒体中得到报道。近年来大量关于动机研究的新著作面市，包括《牛津人类动机手册》（ *The Oxford Handbook of Human Motivation* ）、《动机科学手册》（ *Handbook of Motivation Science* ）、《目标心理学》（ *The Psychology of Goals* ）和《自我调节手册》（ *Handbook of Self-Regulation* ）。研究活动的爆发式增加为人们了解是什么因素促使人们成功、人们为什么经常无法实现目标以及如何改善生活方式提供了许多新观点。

本书简介

我们发现，在心理学以外的许多其他领域，包括商业、教育、体育和社会工作等领域，动机也是人们感兴趣的一个话题。考虑到这一点，我们对这本书的设计，既让心理学知识有限的读者很容易理解，又使有一定心理学背景的人有所收益。此外，这本书也非常适合作为关于动机或自我调节的研究生课程的补充教材。

本书的目的是介绍经典和现代动机研究的方法，并以有趣、生动、与人们生活相关的方式传递这些信息。为实现这一目标，我们在编写时阐明了以下几个原则。

动机科学在不断发展

过去，心理学家将行为描述为主要由生物动机（如本能、驱力）和行为影响（如调节）驱动。与这种经典方法一致，目前大多数有关动机的书重点关注的是 20 世纪 70 年代之前研究的生物学原则和行为原则，对当代理论只是一带而过。但现代动机领域完全不同，比过去复杂得多。为此，本书没有囿于生物学动机，而是强调认知、情绪、目标、神经科学和潜意识的综合影响，此外强调动机领域的跨学科性质，不仅包括心理学，还包括教育、健康、商业和体育等方面的知识。

这并不意味着本书会略过经典的心理学和行为方法，这些基础理论肯定要详细介绍。但除了讨论动机领域的过去，我们还强调该领域的现状及未来的发展方向。因此，本书的目录旨在涵盖最近出版的专著和期刊文章中关于动机的最前沿的内容。这种独特的方法意味着本书包含了你在其他有关动机的图书中通常看不到的章节。例如，我们分三章讨论目标实现过程，包括目标设定、目标规划、目标奋斗，以强调现在目标是动机领域最核心的概念之一。另外还有一章专门讨论最近出现的对自动无意识动机进行的研究。这些新增内容使这本书与其他有关动机的书完全不同，也使这本书跟上了该领域的发展前沿。

人类动机是由生物性动机和心理性动机驱动的

研究动机的经典方法主要是关注动物和人类共有的生物性动机，如口渴、饥饿和性。虽然我们不否认人类必须喝水、吃饭、生儿育女才能生存，但在现代社会，这部分动机都能迅速而轻松地实现。我们可能会在午餐前和晚餐前花30 分钟思考如何获取食物，但我们在醒着的其余时间里会思考更高阶的问题。例如，如何在学业上和职业生涯中取得更大的成功，如何保持和加强我们的社会关系，以及如何在精神和心理上变得更健康。人类动机当然是从动物动机发展而来的，但人类动机发展得比动物动机更加先进和独特。当认识到这一点后，动机研究的新方法不仅要关注动物和人类共有的动机，而且还要关注使人类动机之所以独特的神奇且迷人的特征。

为反映该领域的现状，本书侧重于影响人类行为的各种心理性、社会性和生物性动机。这并不是说我们不讨论动物研究，但我们讨论动物研究的重点是这些研究对人类行为有何启示。我们用四章来讨论驱动人类行为的主要因素。

如果驱动人类的不仅仅是口渴、饥饿和性，那么哪些动机会指导人类行为？在这几章中，我们通过讨论关于自主动机、能力动机和归属动机的大量研究来回答这一问题。

动机科学能改善人们的生活

根据我们多年教授动机课程的经历，学生们选择这门课程是因为他们希望深入了解自己经常无法实现目标的原因，同时学习改善未来追求目标的方法。他们希望学完这门课程能够得到一些实用的建议，知道如何在生活的各个方面变得更快乐、更健康、更成功。可以说，没有哪一门大学课程比动机课程更适合给他们提供这些实用的建议。但学生们的这些愿望经常得不到满足，学生和教师经常被迫努力从现有教材中搜寻实用的日常建议。结果，学完这门课程，学生们几乎不了解动机科学与自己的日常生活有什么关系，因而对这个领域不感兴趣，感到失望。事情不应该是这个样子。动机是一个令人兴奋的话题，我们从中获得的知识与生活息息相关，很容易加以运用。

我们采用多种方法确保本书能够清楚地向读者阐明动机科学研究发现的实用性建议。在写作本书时，我们使用了简单明了、幽默风趣的语言讨论动机领域常见的复杂理论。我们还从最近的新闻头条或流行文化中选取了一些现实生活中的例子（如兰斯·阿姆斯特朗、J. K. 罗琳、马克·扎克伯格、《超级减肥王》选手等）作为每一章的开场白，旨在增加该主题的吸引力，帮助读者将本书的内容与现实生活中的事件联系起来。

目 录
Contents

1 动机科学

乔的故事

1990 年，一位名叫乔的年轻女子在回家的火车上突发灵感，她要写一个故事，关于一个孤儿的故事，这个男孩的身上有着奇特的伤疤和不可改变的命运。乔做梦也没想到，这一构思将发展成为历史上著名的系列图书之一，不仅让她成为第一个亿万富翁作家，而且让她的名字家喻户晓。这名女子就是 J. K. 罗琳（J. K. Rowling），关于巫师男孩的故事成了最畅销的"哈利·波特"系列丛书的基础。

大多数人都知道罗琳的这套图书，但很少有人知道，她是在个人生活最艰难的时期开始写第一部"哈利·波特"的。在短短几年间，这个二十几岁的女孩目睹了母亲死于多发性硬化症，生下女儿不久婚姻便遭遇解体。离婚后，为重新开始生活，她带着女儿去了苏格兰的爱丁堡。屋漏又逢连阴雨，作为单身母亲又背井离乡，她几乎无法维持生计，好几次差点儿无家可归，她内心无比沮丧，甚至想过自杀。这段时间，罗琳几乎一无所有，没有丈夫，也没钱支付账单，不知道哪天她和女儿就会被赶出租住的地方，在大街上流浪。但她有一台生锈的旧打字机和一个宏大的构思。

尽管经济拮据、情感生活不如意，罗琳仍设法抽出时间写作。作为一名单身母亲和全职教师，只要能腾出片刻工夫她就用来写作。到了晚上，她常常等女儿睡着后，把她放进婴儿车，然后匆匆来到附近的咖啡馆写作，一直写到深夜。每天晚上都是如此，雷打不动。经过五年的不懈努力，她的第一部"哈利·波特"完工了。

罗琳花了一年多的时间试图将手稿卖给出版商，但反馈并不好。前12家出版商都拒绝了她，他们认为这本书"不够商业化"，不足以成为成功的系列书。罗琳的第13次提交成功了，但出版商仍未被彻底说服。经纪人警告她，写儿童图书永远不会赚钱。虽然写作多年，罗琳仍然感到沮丧。更糟糕的是，出版商担心男孩子不喜欢读女性写的书，因此他们让她用一个中性的名字（于是她的名字才用了缩写，变成著名的 J. K. 罗琳）。在这一点上出版商可真是大错特错了！

罗琳的故事告诉我们，任何成功都来之不易。有时罗琳觉得写一本书似乎是不可能的事，有时她想放弃，但她没有放弃，否则我们今天就不会知道她的名字了。罗琳虽然没有钱，没有空闲时间，没有安全感，也没有内心的安宁，但她有动机。她内心似乎有一团火，在迫使她去写作。无论是健康还是生病，无论是想写还是不想写，她都会去写。写作不再是她选择做的事，写作就是她做的事。罗琳拥有持久动机的关键是什么？我们如何才能拥有这样的动机？这就是本书的目的：了解促使人们设定目标的动机，为实现目标而努力，在实现目标之前永不放弃。虽然每个人在动机方面存在的问题各不相同，但我们可以从罗琳的故事中总结出一些基本的原则。罗琳为自己设定了一个切合实际的明确目标：写一本书。如果她一开始设定的目标是写出世界上最成功的系列图书，那么她肯定是还没有睡醒。罗琳也有信心，动机研究者称之为"自我效能感"（self-efficacy）。就罗琳的故事来说，她知道自己的书会成功，即使只有她一个人这样认为。

罗琳成功的另一个关键因素是她养成了写作的习惯。习惯是我们在特定情境下反复做以至于变得自动的行为。时间一长，只需我们处于特定的情境下就足以自动激活习惯性反应。就罗琳来说，那就是每天晚上抽出时间，推着婴儿车去爱丁堡同一家咖啡馆写作。通过执着地追求目标，写作成了一种习惯。我们可以向她学习，我们也可以执着地追求自己的目标。

最后，最重要的一点是，罗琳知道失败是什么滋味。我们经常认为成功的人不会经历失败，但事实并非如此。失败是人必定会经历的事情之一（还有死亡和税收）。我们都经历过挫折，但成功者与失败者的区别在于如何应对挫折。正如罗琳在哈佛大学的一次演讲中所说，"生活中不可能没有失败，除非你小心翼翼地生活，那样的话你还不如没有活过。"

本书的目的是教给你一些人类动机的心理学原理。我们都有想要成就的梦想、愿望和渴望，但有时我们也与各种动机（成为一名优秀的学生，吃健康食品，定期运动，到点儿起床、刷牙，开始新的一天）相抗争。如果你能够运用科学家和学者们已经发现的动机原则来实现生活中你想要的一切，这岂不是很好？

读完本书，你将学到各种各样的技巧和实用、科学的建议，这能让你的生活变得更幸福、更健康、更令人满意。有了这些知识，最终你将用结束了整个"哈利·波特"系列的那几个字来形容你的生活——"一切都好"（All is well）。

1.1　什么是动机

成年人喜欢问小孩长大后想做什么，这并不是因为他们期望得到一个认真的回答，而是因为孩子们对这一问题的反应如此有趣和荒谬。幼儿缺乏想象遥远未来的能力，他们根本没有能力回答这样的问题。但他们不是仰起头说"我不知道"，而是像精明的小政客一样，避开无法回答的问题，只回答能够回答的问题。现在你想做什么？小时候，我们可能无法预见影响我们职业决策的所有因素：当前的经济环境、我们的特定技能、实现预期结果的可能性、经济保障、技术进步，以及周围其他人所选的专业。但成年后，我们能够更好地思考未来。我们能够预测十年后工程领域和英语领域将会是什么样子，并相应地调整我们的职业规划。我们经常思考未来，以至于我们认为这是理所当然的，预测未来的能力也是人类大脑重要的特征之一。

对于许多心理学家来说，其最终职业目标是回答以下问题：人类与其他动物有何不同？许多心理学家试图回答这一问题，但后来他们才发现自己是完全错误的。在人们发现黑猩猩能使用手语进行交流之后，说人类是唯一使用语言的动物的那些人肯定在办公室里躲了好几天。当小戈登·盖洛普（Gordon Gallup, Jr.）在黑猩猩的额头上贴上一张红色贴纸，让它转向镜子，看着它在镜子中认出自己并伸手揭掉贴纸时，认为人类是唯一具有自我意识的动物的那些人一定非常失望。但是，在这里我们也要冒险说一句：据我们所知，人类是唯一可以预见未来的动物。

想想金鱼似乎知道你什么时候给它喂食，狗似乎知道你什么时候要带它去散步，这时你可能已经不同意我们的看法了。动物的行为看起来像是知道未来，但是这并不意味着它确实能预测未来。动物只能预测在不久的将来会发生什么，它们这样做并不是因为它们的大脑能够想象出来，而是因为它们已经学会将某种触发与某种反应联系起来。你的金鱼知道，当食物容器轻敲鱼缸时，这种噪音意味着食物即将到来。你的狗知道，当你穿上跑鞋或把放有拴狗绳的房间的门打开时，你就要带它去散步了。但金鱼和狗无法预测从现在开始一周或一个月后将发生的事。它们无法想象，有一天你可能去度假把它留给宠物保姆来照看，或者更糟糕的是，有一天它们将不复存在。它们当然也无法想象其生活以外的生活会是什么样。不管儿童动画片怎么编故事。你永远不会发现你的狗策划将来对猫进行报复，或者幻想着过一只鸟的生活。

只有人类能够预测遥远的未来，能够想象与他们迄今为止有过的经历完全不同的经历。

通过把思想投射到未来，人类比动物更有能力摆脱"现在的束缚"。

但是，我们并不是天生就具备把我们的思想投射到未来的能力。这种能力是在童年时期逐渐发展起来的。小孩子无法说出自己长大后想做什么，其原因就在于此。当我们的年龄很小时，大脑中负责规划未来的部分尚未完全发育。但随着年龄的增长，我们对未来的想象和计划能力也会逐渐成熟。成年后，我们能想象出难以想象的东西：可能存在也可能不存在的另类世界，感觉真实的文学作品中的人物，未来数百万年以后将会发生的全球变化，甚至是未来我们自己的死亡。现在你可能在想，我们大脑的哪个部位拥有规划未来的独特能力。具有讽刺意味的是，回答这一问题的科学发现来自一种科学暴行：脑白质切除术。

1.1.1 动机是面向未来的

脑白质切除术（lobotomy）是指切断脑前额叶皮质连接组织的神经外科手术。你可能在科教片或电影中看到过这种手术，医生将长金属钉穿过病人的眼窝插入其大脑的前部，然后前后移动长钉，以损坏大脑。脑白质切除术主要是在 20 世纪 40 年代和 50 年代之间用于治疗严重的精神疾病，包括精神分裂症和双相情感障碍，因为它能对患者的行为产生镇静作用，特别是接受该手术的患者不再感到焦虑或担心了。

脑白质切除术的支持者认为，这种类型的脑损伤对患者的智力没有影响，而数据似乎也支持这一点。在标准化智力和记忆测试中，接受手术的患者的表现与未接受手术的患者一样。但有一项测试——规划测试——显示，接受手术的患者表现出严重的损伤：这些患者无法解开需要他们提前思考一两步的简单迷宫，他们也无法回答关于未来的简单问题，比如"今天下午晚些时候你会做什么"。

此外，接受脑白质切除术的患者似乎也无法坚持自己的目标。目标是个体致力于趋近或回避某个未来结果的认知表征。为了实现目标（如减肥），我们必须经常抵制那些使我们远离我们所期望的结果的诱惑（如快餐和甜点）。但是，脑白质切除术患者似乎无法抵制这种诱惑。许多患者变得超重，无论是否饥饿，他们见到食物就吃。而有些患者变得性生活混乱，只要有可能就会追求当下的性满足，就好像他们失去了人类独有的规划未来的能力，结果退化成像寻求快乐的动物。事实上，他们的行为很像尚未发展预测未来能力的幼儿。

前额叶是人类物种的标志，这是我们预测和规划未来并据此设定目标的能力。如果没有它，我们就会像那些生活在"永久现在"中的脑白质切除术患者一样，无法想象未来，无法为未来做好相应的准备。

你能想象永远生活在永久的现在是什么样子吗？

那就像被囚禁在现在一样，永远无法期待任何事情，永远无法预料接下来会发生什么。虽然这似乎无法想象，但事实上就这个星球上的生命而言，生活在永久的现在是一种普遍现象，人类是罕见的例外。从许多方面来说，研究人类动机实际上就是研究人类独有的规划未来的能力。

1.1.2　动机的定义

动机（motivation）这个词最初源于 *motive* 一词，而 *motive* 源于拉丁词 *motus*，意思是"移动"。*Motus* 这一术语很可能最早被罗马人马库斯·图留斯·西塞罗（Marcus Tullius Cicero）用在其名为《图斯库兰讨论集》（*Tusculan Disputations*）的一本书中，他在书中把灵魂的运动或萌动称作 *motusanimi*。因此，对人类动机的研究，实际上就是研究推动我们或使我们采取行动的因素。尽管由来已久，但 *motivation* 这个词本身出现的时间并不长。1813 年，哲学家亚瑟·叔本华（Arthur Schopenhauer）首次在其题为《论充足理由律的四重根》

（*On the Fourfold Root of the Principle of Sufficient Reason*）的博士论文中提出了这个词。叔本华使用该术语来指代人类（和动物）行为的内部原因。为了与该词最初的概念和之后研究者的概念保持一致，我们将动机定义为为行为提供能量和方向的内在过程。该定义表明，就能量而言，行为可以在起始、强度和持久性方面有所不同。

但是，能量的这些方面并不是动机的唯一品质。如果我们口渴，可以抿一口饮料，也可以畅饮一杯（即强度）。但是，我们选择喝什么饮料及为什么这样选择（即方向）同等重要。因此，动机定义的第二个方面是方向，这表明行为具有目的性，是为了实现特定的目标。如果你因为口渴想喝点儿东西，你很可能会去找水喝。但是，如果你因为想忘记悲痛而喝点儿东西，你很可能会去找酒喝。此外，就动机的方向而言，你可能有动力趋近理想的结果或回避不好的结果。例如，一个人可能想吃更多的新鲜水果和蔬菜，而另一个人可能想避免吃快餐。两个人都想吃得更健康，但第一个人的动机指向理想的反应，而第二个人的动机指向不理想的反应。

虽然我们从能量和方向两个方面对动机进行定义，但需要注意的是，历史上人们对动机的定义千差万别。有些理论认为，动机根本不存在，而有些人则使用这一术语来指代你能想到的几乎任何行为。在后面的章节中你会发现，动机定义的多样化反映了这样一个事实，即指导人类行为的内在过程来自多种渠道，包括生物的、环境的、情感的、社会的和认知的。

1.1.3　目标与动机

叔本华创造了"动机"一词，但这并不意味着他是第一个谈论该话题的人。自从有人类文明以来，人们一直在质询、分析我们之所以做一些事的内在原因。在使用动机一词之前，蒙田（Michel de Montaigne）、弗兰西斯·哈奇森（Francis Hutcheson）和大卫·休谟（David Hume）等哲学家，以及威廉·詹姆斯（Williams James）和威廉·麦独孤（William McDougall）等心理学家，使用"人类行为的发条"这一古怪的术语讨论驱动行为的因素。就像手表或钟表的发条驱动指针向前移动一样，人类行为的发条也驱动着人类行为。在不同的时期，早期学者使用了许多其他术语来指代动机或人类行为的发条。但是，尽管动机这一主题受到人们如此多的关注，但直到 20 世纪它才开始在心理学领域正式成为一个系统的分支学科。

写一写

未能实现的决心

回想过去你曾经下定的一个决心，无论是因为新的一年，还是因为你有一个想要实现的目标。你的决心实现了吗？如果实现的话，你是怎样做的？如果没有实现，你认为原因是什么？你认为最大的障碍是什么？

1.2 为什么动机重要

人类有规划未来的能力，但这并不意味着所有人在这方面都同样熟练。很明显，有些人比另一些人更善于设定目标和为目标而努力。但是，我们的动机水平对成功到底有多重要？

现代社会一直痴迷于据说能保证人生成功的某些特征，其中一个特征就是智力。无论是科学家还是普通人都认为，通过教育，或者通过精心设计的旨在提高智商的"大脑训练"计划，或者通过"天才宝宝"（*Baby Genius*）玩具和"小小莫扎特"（*Baby Mozart*）音乐这些工具就能将小婴儿变成小爱因斯坦。另一个特征是自尊。从 20 世纪 80 年代开始，教育工作者、记者、脱口秀主持人和心理学家们开始相信，幸福社会的关键是高自尊。他们认为，人们犯罪、吸毒、拉帮结派等，是因为他们不够自爱。如果能够让孩子们的自我感觉更好，我们就能解决世界上的所有问题。但 30 年后，自尊运动并没有让我们走很远。事实证明，美国社会并没有低自尊这一流行病。因此，自我欣赏运动所做的就是让那些具有健康自尊水平的一代孩子有了不健康的自恋倾向。现在，在美国，自恋问题处于历史最高点。每个人都认为他们应该有自己的 YouTube 频道或真人秀节目，认为自己刚吃过的一顿饭值得在 Instagram（照片墙，一款社交软件）上发布。总而言之，高自尊运动彻头彻尾地失败了。

我们真正应该关注的是动机，而不是对这些因素的迷恋。具体来说，我们应该强调动机的一个特定方面：自我控制。**自我控制**（self-control）或人们通常所说的意志力，指的是我们调节和改变自己的思想、情感和行为的能力。自我控制能够使我们成为我们想成为的人，而不仅仅是现在的我们。自我控制能力强的人能够更好地坚持自己的目标，不会因诱惑而偏离轨道。

相反，自我控制能力低的人是其冲动（古希腊人称之为 *akrasia*）的奴隶。糟糕的自我控制导致像塞雷娜·威廉姆斯（Serena Williams）这样的网球明星在美国公开赛期间因沮丧而辱骂裁判，或者像大卫·彼得雷乌斯（David Petraeus）这样的四星上将由于与其自传作者有染而失去中央情报局局长的职位，或者像查理·希恩（Charlie Sheen）、林赛·罗韩（Lindsay Lohan）和贾斯汀·比伯（Justin Bieber）这样的明星一样一再身陷囹圄。这些只是报纸头条上报道的新闻。我们每天在食物、吸烟、工作、学习、金钱、性、酒精和毒品方面的挣扎都与自我控制能力受损有关。自我控制能力弱的人更容易受如下问题的困扰：攻击性、犯罪、性滥交、精神障碍、饮食失调、学业失败、人际关系差、酗酒、肥胖和药物依赖。几乎所有社会问题似乎都与糟糕的自我控制有关。

良好的自我控制之所以如此重要，其中一个原因是诱惑无处不在。我们经常会遇到人们为自己在饮食、配偶或税收方面的欺骗行为找借口。为了了解诱惑是多么普遍，有研究者要求 200 个被试携带蜂鸣器一周。蜂鸣器的设置是连续 7 天每天响 7 次，两次的间隔时间随机。每次蜂鸣器响起时，被试必须表明其目前是否正在经历一种欲望或渴望，或者最近是否有此感受。如果是的话，必须表明欲望有多强烈，是否与他的另一个目标相冲突（如渴望吃糖果与健康饮食的目标相冲突），是向欲望屈服还是抵制了欲望。结果令人很吃惊。事实证明，诱惑是常态，而不是例外。在典型的一天 24 小时内，这些被试有 8 小时的时间感受到欲望的诱惑，也就是说，在他们醒着的时候，有一半时间被诱惑吸引。

当然，并非所有的诱惑都是均等的。最常报告的诱惑是吃东西、喝非酒精饮料和睡觉。这一结果并不特别令人感到惊讶，因为这些都是生存所必需的。但人们也受到非生存需求的诱惑，包括对休闲活动、社交互动和使用媒体的渴望。就强度而言，被试感觉最强烈的诱惑是性、睡觉、体育运动和社交互动。令人吃惊的是，对香烟和酒精的渴望强度等级最低。就目标冲突而言，最可能与之前的目标相冲突的欲望是睡眠、休闲活动和花钱。

这项研究的结果也表明我们施加自我控制的频率。在一天 24 小时内，这些人有 3 小时的时间在运用意志力来抵制诱惑。最常被抵制的欲望是睡觉、性、休闲、花钱和吃东西，而对社交互动和酒精的抵制率要低得多。此外，并非所有抵制诱惑的尝试都是成功的。这些人平均每天经历 30 分钟的自我控制失败。在试图抵制对使用媒体的欲望（如电子邮件、社交网络、互联网和电视）时，这种失败最有可能发生。事实上，试图抵制使用媒体的人在 42% 的时间里都失败了。

　　这项研究用具体的数字提醒我们，诱惑无处不在。因此，如果我们真的希望自己过上更好的生活，就需要弄清楚如何成功地应对这些诱惑。幸运的是，几个世纪以来动机学者们一直致力于揭示帮助我们抵制诱惑和实现目标的原则。

2 动机的哲学起源

奥菲斯的故事

古希腊人经常讲神话故事，以帮助他们解释周围的自然环境和社会环境。其中一个神话就是《奥菲斯》(*Orpheus*)，这是一个讲述激情和人性弱点的故事。奥菲斯是奥林匹亚十二主神之一阿波罗（Apollo）的儿子，以其音乐才能和个人魅力而闻名。年轻时，他靠自己的魅力追求一个名叫欧律狄刻（Eurydice）的美丽女子，并与之结婚。但就像所有的伟大神话一样，他们的爱情故事的结局并不是永远幸福地生活下去。婚礼结束后不久，新娘在草地上散步，这时一名男子看到她，被她的美貌所吸引，于是开始追赶她。在逃离时，欧律狄刻失足掉进蛇窝里，被一条毒蛇咬伤了脚后跟。当找到她的尸体时，奥菲斯悲痛欲绝地演奏了一首哀婉的歌曲，听到歌声的所有人和众神都忍不住流下了眼泪。

奥菲斯不愿意放弃心上人，他说服众神让他前往地狱，这里是所有死去的人被囚禁的地方。凭借音乐天资和个人魅力，他穿过死人世界，说服冥王哈迪斯（Hades）把欧律狄刻还给他，让她和他一起回到人间。但是他必须满足哈迪斯一个条件，哈迪斯才会释放欧律狄刻。奥菲斯必须先从地狱爬出去，欧律狄刻紧跟其后。为了证明对哈迪斯的信任，奥菲斯不准回头看她，直到他们到达上面的世界。

在重返人间的狭长上升通道中，奥菲斯严格按照哈迪斯的指示去做。他相信欧律狄刻就在他的身后，所以强忍着一直没敢回头看。但是，就在奥菲斯离开地狱洞口并步入光明世界时，他再也无法抑制心中的恐惧和兴奋，于是转过身来。但欧律狄刻还没有从洞口出来，在昏暗的光线中他看到了她的身影，他伸出手去触摸她，但随着她的最后一次呼吸，死亡的手臂又一次将她拉回地狱。她的最后一口气呼出了她对心爱的人说的最后一句话："再见。"由于不能第二次去地狱，奥菲斯在绝望中独自生活。

这个神话说明了人类动机所固有的困难。奥菲斯知道，在他和妻子完全从地狱出来之前他不应该转身，但最终，他还是没能抵制住诱惑。在这一点上，现代人与奥菲斯没有什么不同。知道应该做什么是一回事（如吃得健康、多运动、减轻压力），但知道与真正去做不是一回事。每时每刻都会有很多诱惑让我们偏离轨道，我们需要很大的动力和很强的自我控制才能抵制住诱惑。

同时，这则神话也表明，自从开始询问有关宇宙及其自身存在的问题，人类就一直在问，"人们为什么会做其所做之事？"而且自那时起，人们就提出各种理论来解释这个问题。对于古希腊人来说，讲述这样的神话就是他们在试图解释什么因素会影响人类动机的一种方式。

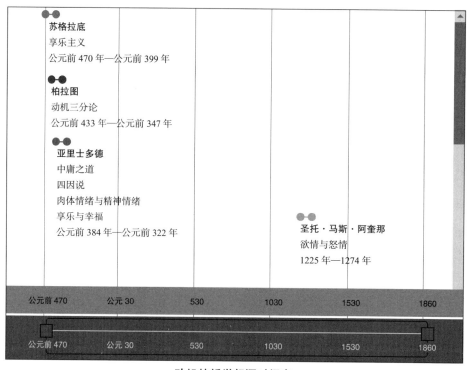

动机的哲学起源时间表

在本章，我们将探讨最早用于解释人类动机的一些哲学理论。了解动机研究的起源，有助于你更充分地理解动机科学的现状。

2.1　古希腊哲学家

心理学家赫尔曼·艾宾浩斯（Hermann Ebbinghaus）曾说过：

> "心理学起源很早，但历史很短。"

动机科学也一样。虽然对动机的研究历史较短，但动机的哲学起源可以追溯到古希腊时期（如果不是更早）。

要了解古希腊人如何看待动机，思考一下这个问题：如果世界将在今晚结束，这一天剩下的时间你会做些什么？吃你最喜欢的一餐？与朋友喝酒狂欢？还是与恋人相依偎？现在你问问自己：今天我真的做过这些吗？很可能没有。但根据古希腊人的说法，你也许应该这样做。人类追求快乐和逃避痛苦的思想被称为**享乐主义**（hedonism），这是最早的动机理论。阿里斯蒂普斯（Aristippus）、苏格拉底（Socrates）和苏格拉底的学生柏拉图（Plato）等伟大的思想家都认为人类受享乐主义驱使。我们会寻求感觉良好的活动和体验，如亲人爱抚的温暖或优质葡萄酒的味道，也会避开感觉不好或导致身体疼痛的活动和体验，如与鳄鱼一起游泳。

2.1.1　柏拉图

在现代，人们使用"享乐主义"一词所表达的意义与古希腊人不同。如今，享乐主义指的是追求纯粹的身体快乐，如性爱、食物和酒精。但是古希腊人认为，灵魂的快乐可以有三个来源，柏拉图在其著名的《理想国》（*Republic*）一书中进行了概括（见图 2-1）。

柏拉图认为，使我们的灵魂快乐的三个来源不断相互冲突，就像一辆被两匹马牵拉的战车。在这一比喻中，丑陋的黑马代表食欲部分，被代表精神部分的高贵白马所控制。最后，战车骑手代表监督两匹战马的理性部分。（如果你熟悉弗洛伊德的作品，可能会注意到其中的本我、自我和超我三个概念分别与柏拉图的食欲、精神和理性三个方面相对应。）

图 2-1　柏拉图的动机三分论

注：根据柏拉图的"动机三分论"，最原始的欲望是食欲，其次是精神上的和理性的。

　　由于灵魂可以从多种渠道获得快乐，柏拉图对享乐主义的态度表明，在伦理和道德上，纯粹的物质欲望（即食欲）所产生的快乐不如从高阶欲望（如追求知识或健全的人格）中获得的快乐。因此，待在家里阅读学术著作所带来的快乐要大于去酒吧喝酒所带来的快乐。此外，柏拉图认为人类的行为在很大程度上是理性的，这意味着人们会合理权衡每种行为的利弊，然后选择能带来最大快乐的行为。所以，按照柏拉图的观点，一名学生总是会选择阅读学术著作而不是整晚在外喝酒，因为相较后者，前者能带来更多的快乐。如果柏拉图能看到现代的拉斯维加斯，他会怎么想？你能想象出来吗？

拥抱内心的享乐主义者

　　我们的享乐主义欲望常常使我们陷入困境，导致我们变得懒惰、吃得过饱、冲动购物。我们是否能够利用这种享乐主义的冲动来帮助自己实现目标呢？一种方法是使用目标奖励。有一项研究发现，那些因减肥而获得金钱奖励的节食者实现目标的可能性几乎是未获得奖励的节食者的五倍。你是不是希望在你减肥的期间有人给你出钱？

　　事实上，有几个在线计划就是这样做的。其实，你不用依靠别人的奖励，你可以考虑建立自己的奖励制度。找一堆硬币和一个罐子，每次完成一个与目标相关的行动（如坚持按规定饮食、去健身房、学习），就往罐子里放一枚硬币。当罐子里的硬币达到一定数量（如 30 枚代表达成一个月的目标）时，用预先确定的奖励来犒劳自己。可以犒劳自己玩一款新的视频游戏，买一双新鞋或去附近的蛋糕店买自己喜欢吃的纸杯蛋糕。通过建立自己的奖励制度，你可以让享乐主义的力量来帮助你。

2.1.2　亚里士多德

柏拉图不是唯一一个把享乐主义作为一种动机原则来讨论的古希腊哲学家。其他哲学家也讨论了享乐主义，如德谟克利特（Democritus）、伊壁鸠鲁（Epicurus），以及最著名的亚里士多德（Aristotle）。但他们的观点都相似。柏拉图认为某些快乐好于其他快乐，而亚里士多德和其他古希腊哲学家则认为，物质欲望本质上并不是坏事，追求知识本质上也并不是好事。每一种追求都会带来相关的成本。喝酒狂欢可能会让人暂时感到快乐，但之后你可能需要为之付出代价——难以忍受的宿醉。过度放纵导致的痛苦会减少最初体验的快乐，所以这些哲学家们认为，聪明的人总是适度寻求快乐。因为能够预见到这样的结果，所以当人们预期由此产生的疼痛将大于暂时的快乐时，他们会放弃某些欲望。亚里士多德在**中庸之道**（golden mean）中阐述了这一原则。该原则断言，适度的是最好的。值得注意的是，并非只有西方思想主张适度。东方哲学家也在其"中庸之道"和"中间路线"的概念中提出了同样的观点。

亚里士多德的四因说　亚里士多德对动机研究的另一个贡献是其四因说，其中包括动力因、质料因、形式因和目的因。亚里士多德认为，"只有掌握其原因，我们才能了解事物。"

写一写

重大人生决定的四个原因

想想你过去做出的一个重大人生决定，可以是决定结婚 / 离婚、与伴侣分手、结束友谊，改变职业道路、上大学或做出任何其他改变。无论你的决定是什么，请使用亚里士多德的四因说来分析你的决定。

▶

亚里士多德的激情说　亚里士多德对动机研究的第三个贡献是关于情绪对人类行为的影响的讨论，尽管当时人们更喜欢使用"激情"这一术语。**激情**（passion）一词源于古希腊单词 *pathos*，字面意思是"受苦"。

虽然亚里士多德认识到情绪可能会影响我们，但他认为在错误的情境下，情绪太多或太少都是不好的（即中庸之道）。例如，作为领导者，在有些情况下你可能需要表达更多的情绪（如愤怒）。而在有些情况下（如与朋友打闹），你可能需要更温和一些。最终，亚里士多德认为，我们可以依靠情绪来发起行动，但大多数时候是我们的理性思维在掌控。因此，亚里士多德的思想在很大程度上促进了情绪和认知之间的争论，但他始终没能解决这一争论。事实上，心理学家们仍在争论情绪、认知和行为之间的因果关系。在后文中，我们将讨论这一点。

亚里士多德的两种幸福观　在讨论动机时，亚里士多德还详细讨论了人类的终极目标：幸福。但他对幸福的定义与我们的定义有所不同。在谈论幸福时，大多数人通常谈论的是享乐型幸福，指的是正面情绪的获得和负面情绪的消失。因此，享乐主义幸福观注重结果。

而亚里士多德的定义最适合描述为实现型幸福，指的是过有意义的生活，让你发展成为最好的自己。这种对幸福的定义更接近于苏格拉底和柏拉图的幸福观，他们认为我们能从更高阶的追求中获得更多快乐。

就实现型幸福而言，其目标不是感觉良好，而是努力追求卓越。实现型幸福注重的不是结果，而是个人生活的内容及过有意义的生活的过程。在后文中，我们将对实现型幸福进行更详细的讨论，但值得注意的是，对"幸福"这一概念的现代测试表明，与典型的享乐型幸福相比，实现型幸福是一种更健康、更持久的幸福。

2.1.3　斯多葛学派

除了柏拉图和亚里士多德的著作以外，这段时期另一个有影响力的声音来自斯多葛学派。斯多葛学派是公元 3 世纪初在雅典成立的哲学流派。此前的亚里士多德等古希腊哲学家认为情绪对于美好生活至关重要，而斯多葛学派则采取了比较极端的观点，认为情绪是一种破坏性的动力。根据斯多葛学派的思想，动机是在回应外界环境中引起我们注意的事物时发生的。这一事物的存在可以点燃个体对其欲望或厌恶，从而导致相应的趋近刺激或回避刺激的动机。

例如，人们有动力趋近促进其生存的物体（食物），避开威胁其生存的物体（猛兽），这一倾向被认为是完全理性和合乎逻辑的。在斯多葛学派看来，问题在于我们拥有太多违背理性的动机。斯多葛学派将这些过度反应视为情绪。例如，不喜欢针刺带来的疼痛是合理的，但是对针产生恐惧就不合乎理性，因为这一反应有可能会削弱你做出理性决定的能力（如回避注射流感疫苗）。

与其之前和之后的许多学者一样，斯多葛学派创建了自己的情绪分类法。该分类法由四种类型的情绪组成，这些情绪是根据其趋近或回避的性质来区分的（见表 2-1）。

表 2-1　斯多葛学派的四种情绪

情绪	描述
欲望	欲望是指向未来的好事
恐惧	恐惧是指向未来的坏事
快乐	当我们得到我们想到的事物，避免我们害怕的事物时，快乐就产生了
疼痛	当我们无法得到我们想要的事物，并且屈服于我们所恐惧的事物时，痛苦就产生了

注：前两种情绪是关于未来的好事或坏事；后两种情绪是关于现在的好事或坏事。

斯多葛学派认为，其他情绪都源于这四种基本情绪。尽管强调情绪，但该学派认为，成年人与儿童和动物的区别在于其保持理性、不被这些情绪所误导的能力。就像奥菲斯因向情绪屈服回头看妻子而前功尽弃，斯多葛学派认为，屈服于情绪会导致很多弊病。

写一写

古希腊哲学思想

柏拉图、亚里士多德和斯多葛学派的哲学家关于人类基本欲望和情绪的讨论，为我们了解人类动机提供了宝贵的见解。请简要总结一下这些古希腊哲学思想之间有何联系，对我们理解动机有何帮助。

2.2　中世纪和后文艺复兴时期的哲学家

历史上并非只有古希腊人对人类动机进行过哲学思考。在中世纪和后文艺复兴时期，学者们继续讨论影响人类行为的因素，他们特别强调情感的作用。这种讨论通常是在有关道德和罪恶更广泛的讨论中进行的，这表明把情绪视为负面影响的斯多葛学派的思想在这段历史中是充满活力的。然而，正如你将看到的，这些中世纪学者不一定同意斯多葛派的所有断言。

2.2.1　圣·奥古斯丁

不同意斯多葛学派对情绪看法的一位重要理论家是圣·奥古斯丁（Saint Augustine）。奥古斯丁在《上帝之城》（The City of God）一书中对情绪进行了详细的论述。虽然他同意斯多葛学派的"情绪往往与理性背道而驰"这一观点，但他不同意所有的情绪都应该受到谴责。相反，奥古斯丁认为所有的情绪都是一种选择或意志。情绪本身没有好坏之分，其区别在于我们选择针对哪些对象来感受到这些情绪。例如，对上帝的爱被认为是有道德的，而对自己的同样的爱（即骄傲）则被认为是有悖常理的。

2.2.2　圣·托马斯·阿奎那

在圣·奥古斯丁提出其情绪理论的几个世纪后，圣·托马斯·阿奎那（Saint Thomas Aquinas）为动机研究做出了自己的贡献。他声称情绪与身体有着千丝万缕的联系。阿奎那认为激情（即情绪）来自身体（他称之为质料），可能会影响到精神（他称之为形式）。这使人联想到亚里士多德的四因说。

例如，阿奎那认为当我们愤怒时会在身体里感受到心脏周围的血液在沸腾，在精神上会感受到复仇的欲望。所以，实际上阿奎那认为情绪是一种心理 - 生理状态，同时影响身体和精神。在某种程度上，阿奎那的质料与形式理论采用了柏拉图的三分论，将其简化为两个组成部分：身体和精神。

一方面，人类行为由物理的、生物的、通常是非理性的激情驱动，这些激情源于饥饿和性（即质料）等嗜欲。另一方面，人类行为也由一种不受身体欲望（即形式）束缚的非物质的理性思维所驱动。这种精神与身体对立的观点体现了阿奎那时代的许多动机二分法，包括善与恶、激情与理性。

　　例如，我们对恋人的爱就是欲情。假如某个事物阻挡了这种爱，若能克服这一障碍，我们就会感受到希望；如果无法克服障碍，我们就会感到绝望。通过区别欲情与怒情，阿奎那试图找出人类行为的主要动机，这是其激情理论值得关注的一点。

像中世纪的国王一样吃早餐

　　你可能听说过这样一个说法："像国王一样吃早餐，像王子一样吃午餐，像穷人一样吃晚餐。"在一项研究中，一组节食者被指定吃富含蛋白质和碳水化合物的 600 卡路里的早餐。令人吃惊的是，他们的早餐还包括甜点，如一块蛋糕、一块饼干或一个炸面圈。另一组节食者被指定吃 300 卡路里的早餐，遗憾的是不包括甜点。尽管两组被试每天消耗的卡路里数相同，但是第一组在早餐中储存了更多的卡路里，能更好地坚持 16 周的饮食计划并减轻体重。吃丰盛的早餐能使我们一整天都感觉比较饱，因此不太可能产生破戒的念头。如果你想减轻体重，现在要重新考虑哪一餐应该吃得最多。

2.2.3　勒内·笛卡儿

　　阿奎那的质料与形式观为那些继他之后 15 世纪和 16 世纪文艺复兴时期的许多二元论者奠定了基础。其中一位二元论者是勒内·笛卡儿（René Descartes）。与阿奎那一样，笛卡儿也将身体和精神视为独立的实体。然而，笛卡儿最早对两个独立实体进行了系统的描述，形成了所谓的身心二元论。这表明精神是一个与身体完全不同的非物质实体。笛卡儿不同意亚里士多德的假设，即所有行动和物体都有更高阶的目的。

　　笛卡儿认为，物理现象都可以用力学完全解释清楚。例如，笛卡儿将太阳系视为一个由物理定律驱动的巨型时钟。因此，假设行星移动是因其想移动或者因其要实现某些更高阶的目的，以这种方式为行星赋予某种心理特质是荒谬的。同样，笛卡儿认为动物缺乏理性的灵魂；因此，其行为也完全由物理定律驱动。果蝇必须传递其基因，因此它会交配。所以，动物的行为完全是由其身体决定的。

　　但是笛卡儿认为，人类与太空岩石或动物不同。人类有思想，有时他称之为"理性的灵魂"，正是这一独特的品质使人类行为不同于动物行为。因此，尽管亚里士多德认为所有物体（有生命的和无生命的）都具有他所谓的目的，但笛卡儿认为只有人类行为才是由目的驱动的。为了证明人类思想的独特性，笛卡儿援引了这句名言："我思故我在。"像笛卡儿这样的人能够思考自己是否存在，这一事实证明那个"我"是存在的，是来思考的。

重要的是，笛卡儿认为精神与身体完全分离。但在此过程中，他创造了所谓的身心问题悖论。

若是独立的实体，身心如何共存？

他的解释是身心通过大脑相互作用（具体来说，他认为这种联系位于大脑的松果腺中，但心理学家很快就证明这一说法是错误的）。与古希腊人不同，笛卡儿并不认为心灵总是控制着身体。相反，心灵影响身体，身体影响心灵。我们可以决定节食，有时也会拒绝点甜点，但有时甜点菜单引起的饥饿感足以压倒我们的理性倾向。因此，有时是船长驾驶船只，有时是船只指挥船长。笛卡儿认识到，虽然人类有理性的头脑，但这种理性的头脑并不总是掌控者。有时我们的行为是由更基本的动物冲动驱动的。这一理论意义深远，为后来**"本能"**（instinct）这一概念的发展奠定了基础。

笛卡儿的激情说　笛卡儿的第二个贡献是在《论心灵的激情》（*The Passions of the Soul*）一书中关于情绪的讨论。继托马斯·阿奎那、托马斯·赖特（Thomas Wright）、尼古拉斯·克弗托（Nicolas Coeffeteau）和爱德华·雷诺兹（Edward Reynolds）的早期作品之后，笛卡儿对情绪这一主题进行了更为详尽的论述，并且对情绪进行了分类（见图 2-2），描述了引起情绪的身体因素和后果，以及如何运用意志力（或德治）来调节这些情绪。

笛卡儿对情绪的看法与阿奎那的不同之处在于，他拒绝区分欲情和怒情，因为他不相信情绪是相互对立的。在笛卡儿看来，情绪就像不同的原色，可以混合在一起形成更复杂的情绪，如希望或恐惧。同样，一种情绪可以引发另一种情绪，形成一种"情绪链"。例如，欲望可能激发出爱情，爱情可能使人们喜悦或悲伤，这取决于爱情是否得到回报。重要的是，笛卡儿的激情说是最早认识到情绪在动机中发挥重要作用的理论。

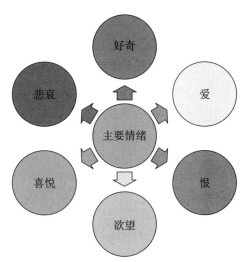

图 2-2 笛卡儿的情绪分类：六种主要情绪

注：笛卡儿认为，人类存在六种主要情绪，每种情绪的特征在于其使人类朝向或远离特定对象而移动的动力。

2.2.4 托马斯·霍布斯

托马斯·霍布斯（Thomas Hobbes）是继笛卡儿之后另一位以机械术语解释动机的文艺复兴时期重要的哲学家。霍布斯认为，包括人类行为在内的所有行为都可以用遵循自然法则的机械反应来解释。从某种意义上说，霍布斯放弃了笛卡儿二元论中的心灵部分，只关注身体。在他看来，人类的身体、人类的行为，甚至是整个文明社会都是由同一个动机驱动的。

这种被称为"物质主义"的方法表明，所有人类行为都是对环境刺激做出的盲目的、自动的反应。物质主义在很大程度上依赖享乐主义原则，认为所有生命只是试图寻求快乐、逃避痛苦。霍布斯声称人类与动物没有什么不同，在当时这是一种非常极端的观点。在他看来，任何理性主义、意志力或心灵都只是一种幻觉。这些都是人类想出来的概念，让我们误以为我们的行为所服务的目的比实际更高尚。

在霍布斯看来，享乐主义不是一个动机原则，而是唯一的动机原则。因此，先前关于人类本质上是好还是坏的哲学论争变得无足轻重，因为按照他的推理，人类是享乐主义者。我们不会因为老鼠吃了掉落在地板上的食物碎屑而认为其本质上是邪恶的，同样我们也不应该因为人类追求快乐而认为其是邪恶的。霍布斯的这一论断消除了长期困扰享乐主义的伦理和道德困境。当时，因其绘制了如此凄凉的人性画面，霍布斯受到同行的严厉批评。他并不知道，他的激进观点将在 100 年后被心理学家们所接受，这些观点为几十年来主导该领域的行为主义方法奠定了基础。

霍布斯关于思想与情绪关系的理论 霍布斯也为思想与情绪之间关系的争论做出了贡献。在霍布斯看来，所有行动都可以用人们对某种结果（情绪成分）的渴望及其对结果将实现的期望（认知成分）来解释。但重要的是，霍布斯认为单靠期望不足以引发行动，必须有欲望才行。例如，某个学生可能期望在某门课程中得 A，但如果他不渴望得 A，那么他将不会为此而努力。因此，霍布斯认为欲望是动机的主要原因，指导我们行为的是我们的激情，而不是我们的思想。我们的思想仅仅是寻找实现激情的最佳或最简单途径的一种方式。正如霍布斯在《利维坦》（*Leviathan*）一书中所说，"对于欲望来说，思想就像是侦察兵和间谍，他们四处游移以找到通往所需之物的道路。"几个世纪后，心理学家们将以**期望 – 价值理论**（expectancy-value theory）的形式重新审视这一观点。

2.2.5　约翰·洛克

霍布斯认为人类生来就是为了追求享乐欲望，大约在同一时间，约翰·洛克（John Locke）提出了完全不同的观点。与他之前的其他哲学家（如笛卡儿）一样，洛克认为人类思维是一块白板，这意味着我们生来没有固有的思想、冲动或知识。相反，我们通过经验发展思想和欲望。一个孩子本来不知道火是热的或冰淇淋是美味的，他或她通过反复尝试才知道这一点。霍布斯认为人类行为完全由先天驱使，而洛克则声称人类行为完全由后天（即环境）驱使。

洛克认为，所有的人类行为都是由环境带来的某种"不安"所引起的，最迫切的不安会引发行动。例如，不吃早餐会引起不安，从而引发寻找食物的行为。从这一点来说，洛克遵循的是与其前辈相同的享乐原则。然而，我们是享乐主义者并不意味着我们会永远屈服于诱惑。在洛克看来，"有德之人"能够仔细考虑所选行动及其替代方案的后果，能够选择从长远来看能带来最大快乐的行动。心理学家将这种放弃短暂的快乐，以获得长期更大快乐的情形称为**延迟满足**（delay of gratification），在后文中我们会详细讨论这一点。

因此，从洛克的观点来看，有德行的人能够预见长期的回报，从而放弃短期的快乐。在许多方面，洛克预见了我们今天所说的自我控制或意志力。相反，一个无德之人不能预见未来，而是沉溺于当下的冲动。这些无德之人在思想上是短视的，不能预见他们将为放纵付出的代价。洛克精辟地指出，如果宿醉先出现，很少有人会喝酒。

洛克的其他贡献　值得注意的是，洛克关于人类动机的看法对动机之外的领域产生了很大的影响。例如，他的"经验是获取知识的唯一途径"这一断言，被称为**经验主义**（empiricism），并成为科学方法的基础。因此，为使某事物变得科学，我们必须能够通过五种感官中的一种或多种来体验它。如果没有这种感官证据，就无法对事物进行科学研究。因此，约翰·洛克被认为是英国经验主义运动的开创者，其观点将继续影响其他著名哲学家，包括乔治·伯克利（George Berkeley）和大卫·休谟（David Hume）。

此外，虽然约翰·洛克被认为是科学方法的创始人，但其思想也激励了其他一些创始人，即《美国独立宣言》的创作者们。因为他们同意洛克的说法，即所有人生来都是白板，所以所有人生来都是平等的。这意味着没有一个人生来就比另一个人更聪明或更好，因此任何人（如国王）都不能控制另一个人。通过这种方式，美国的创建者们用洛克的观点来维护国家独立性，并指导新政府的建立。洛克还主张将教会与国家分离，将政府分为不同的分支，相互制衡。我们今天仍然可以在美国政府的结构中看到这种制度。

> 你认为一位哲学家的动机理论为何会对关于政府目的和结构的理念产生巨大的影响？

你是否与洛克一样，相信人生来是平等的？如果是这样，你很可能会反对极权主义政府，即某些人有权对其他人进行统治。那霍布斯"人天生是自私的"观点呢？如果仅同意这个观点的话，你很可能会像霍布斯一样，认为社会需要一个极权主义政府或独裁者才能维持稳定。因此，霍布斯不同意洛克的观点，认为人们应当把其基本权利交给政府，以换取安全保障。现在，你是不是庆幸美国的创建者们喜欢洛克对动机的看法，而不是霍布斯的看法？

2.2.6　大卫·休谟

在此期间做出重要贡献的最后一位后文艺复兴时期的学者是大卫·休谟。

与霍布斯相似，休谟认为动机不仅包括信念成分，还包括潜在的欲望。没有这种欲望，就没有动机或行动。因此，我们的理性思维是"激情的奴隶"。然而休谟认为，我们的信念确实在情绪的形成和体验中起着重要作用。

为了明确信念在情绪中所起的作用，休谟在《人性论》（*A Treatise of Human Nature*）一书中对直接情绪和间接情绪进行了区分。**直接情绪**（direction passions）是直接来自快乐和痛苦的感觉，包括欲望、厌恶、悲伤、喜悦、希望、恐惧、绝望和安全。**间接情绪**（indirect passions）也通过快乐和痛苦来体验，但增加了对产生快乐或痛苦的事物的信念。间接情绪包括骄傲、谦卑、野心、虚荣、爱、仇恨、嫉妒、怜悯、恶意和慷慨。例如，如果你的恋人给你买了一件礼物，礼物会引发快乐，而快乐又会带来喜悦（直接情绪）。但是，如果你把礼物理解为恋人对你喜爱之情的表示，那么礼物引发的快乐又会引发爱的感觉（间接情绪）。因此，休谟认为我们的信念（或认知）可以改变我们经历的情绪类型。这一独特的论断预示着情绪认知理论的发展，这一点我们将在后面的章节中讨论。

写一写

动机是由先天还是后天驱动

霍布斯认为人类行为完全由生理冲动（即先天）驱动。相反，洛克认为人类行为完全由周围环境（即后天）驱动。回顾一下你的生活和行为，你更同意哪种观点？为什么？你是否能给出理由，说明霍布斯和洛克的观点各有各的道理？

▶

2.3 启蒙时代

中世纪和后文艺复兴时期之后，西方世界进入了所谓的"启蒙时代"（17世纪和18世纪）。在此期间，哲学家们越来越关注自由、理性、知识以及用科学来理解世界这些主题。这一巨大转变也对该时期的动机理论产生了重要影响。中世纪和后文艺复兴时期的动机理论几乎完全集中在情绪上，但启蒙时代的动机理论考虑的主题更广泛，包括意志力、自由意志和道德。此外，像杰里米·边沁（Jeremy Bentham）这样的哲学家重新发现了古希腊人的享乐主义概念，并将其重新定义。

2.3.1　杰里米·边沁

在启蒙时代发展起来的最著名的动机理论之一是杰里米·边沁的功利主义理论。受大卫·休谟和弗兰西斯·哈奇森的著作的启发，边沁主张采用功利主义方法研究动机和道德。在许多方面，功利主义只是对享乐主义的重述，宣称特定行动方式的效用取决于它能在多大程度上增加幸福（快乐），减少苦难（痛苦）。然而，边沁的理论在许多方面超越了之前的享乐主义理论。

首先，边沁指出，某个行为导致快乐或痛苦只是影响动机的众多因素之一。我们还必须考虑快乐的强度（有多强烈）、持续时间（持续多长时间）、确定性（发生的可能性有多大）、接近性（过多久会发生）、重复性（是否会再次发生）、纯粹性（是否会产生相反的结果）和影响范围（是否会影响其他人）。

通过确定快乐的这些维度，边沁成为第一个强调某些动机特质（包括强度、持续时间和确定性）重要性的人。后来，当心理学家们开始研究动机时，他们重新发现了边沁最初发现的这些特质的重要性。

其次，与之前把某一行为称为"快乐或痛苦"或"对与错"的享乐论不同，实际上边沁创造了一种被称为"幸福计算"的数学算法，用以计算特定行动的效用。下面让我们尝试使用边沁的公式和点燃烟花的例子来分析特定的行为。

根据边沁的公式，人们应先列出点燃烟花带来的直接快乐（如看到烟花的兴奋）。然后，列出点燃烟花带来的直接痛苦（如伤害自己的危险）。之后列出这种快乐或痛苦再次发生的可能性（如几天后想起烟花会感到快乐）。最后，重复上述过程，但针对的是受该行为影响的其他人可能感到的快乐和痛苦（如孩子观看烟花的喜悦及烟花伤害旁观者的危险）。清单列好之后，需要算出所有快乐单位（边沁称之为 *hedons*）的总和，并将其与痛苦单位的总和（边沁称之为 *dolors*）进行比较。只有当快乐单位数量超过痛苦单位数量时，我们才能认为这种行为在道德上是正确的。当然，用精确的数字量化每个行为的快乐和痛苦是不可能的，但这不是边沁幸福计算的关键。其关键是鼓励我们思考与任何道德困境相关的利弊，不仅考虑行动的直接结果，而且考虑其长期结果及可能会对他人产生什么影响。

边沁对享乐主义的第三个贡献是创建了痛苦和快乐清单。他列出的 14 个动机来源是确定人类核心动机（他生动地称之为"行为原动力"）的最早尝试。这份清单包括食物、性、好奇心、骄傲、宗教情怀、友谊和自我保护等。其中最有趣的一个术语是"谄媚"，我们现在称之为"拍马屁"。边沁并不是使用"行为原动力"这一术语来描述动机的第一个人。然而，边沁将他的书命名为《行为原动力的故事》（*A Table of the Springs of Action*），这一事实表明，到 19 世纪早期，这一短语已经渗透到日常语言中，成为人类动机的一个有意义的术语。这本书值得关注是因为它是第一本专门讲述动机主题的书。

写一写

应用边沁的公式

假设你正在思考 7 月 4 日是否应该放烟花。你会如何做出决定？你会考虑哪些因素？（提示：想想这一行为的利弊。）

2.3.2 伊曼纽尔·康德

伊曼纽尔·康德（Immanuel Kant）是哲学发展史上的重要学者，他对现代哲学的发展至关重要。在《从实用主义角度看人类学》（*Anthropology from a Pragmatic Point of View*）一书中，康德沿袭了斯多葛学派的观点，认为理性是美好的，任何破坏理性的东西都是不好的。因此，他对情绪的处理是尽量减少其对理性的影响。然而，康德对两种情绪进行了区分：**情感**（affect）和**激情**（passion）。情感来得很快，会使人暂时失去理性。但当它消退后，个体可以再次完全控制理性。而激情形成的速度缓慢，会控制理性，并用理性来达到目的。例如，愤怒（情感）和仇恨（激情）之间的区别，如果有人生气，对你大喊大叫，你可以让他冷静下来，并让他恢复理智；但如果有人憎恨你，那就像是一种疾病，因为你无法与他理论或让他冷静下来。事实上，后者甚至可以利用其理性思维想出仇恨的理由。仇恨与理性共存，因此比愤怒的短暂影响更危险。打个比方，情感就像饮酒一样，糟糕的宿醉会暂时影响你的判断力，但最终你会恢复镇静；而激情就像喝慢性毒药一样，它会从内部消耗你，使你永远无法恢复。所以康德认为，情感和激情都是"心灵的疾病"，因为它们剥夺了理性的主权。只不过情感是一种更容易治的病，而激情则是一种绝症。

2.3.3　亚瑟·叔本华

哲学史上的另一个伟大思想家是亚瑟·叔本华。值得注意的是，叔本华是历史上第一个（1813 年在其博士论文中）使用"动机"一词的人。此外，在《作为意志和表象的世界》（*The World as Will and Representation*）这一经典著作中，叔本华断言，意志是自然、宇宙和人类的一种无形的积极力量。

虽然叔本华使用了"意志"一词，但需要注意的是，他对该术语的定义与后来心理学家的定义以及今天我们使用该词的方式完全不同。我们通常认为意志（或意志力）是人类克服内心欲望和冲动的能力（这一点将在后文详细讨论），但叔本华把意志视为一种推动人类行为走向自私的盲目、无意识、漫无目的、非理性的冲动。正如他在书中所说，"人确实可以做自己想做的事，但不能通过意志力做想做的事。"在他看来，意志是我们控制自我行动的主观感受，但这并不一定意味着实际上我们真正控制了自己的行动。

尽管这一观点听起来可能很荒谬，但使用脑电活动测量的现代研究发现，移动手指所需的大脑活动在意识到手指移动意图的 400 毫秒之前出现。同样，现代心理学家进行的大量研究表明，让人们误认为其自由意志使得某事发生很容易，但事实上并非其意志使然。事实上，我们在生命中的某个时刻都会感受到这种自由意志的骗局，因为它使我们相信魔法、迷信和通灵之类的东西。

| 如果我们没有自由意志，那么我们的行为是由什么驱动的？

在叔本华看来，驱动人类行为的是动物冲动和本能。虽然他没有使用"本能"这个词，但他对意志的定义实际上更接近本能的概念。

叔本华认为，所有的人类行为（及动物行为）都是因为我们按照我们"天生、不可改变的本性"行事。不幸的是，对人类而言这种天性本质上是自私的，因此使我们在一种众人对众人的战争中不断地互相攻击。这是一幅相当凄凉的人性画面。

叔本华认为，人类注定总是相互争斗，因为我们总是想要更多。他对意志的看法意味着我们的盲目冲动是无止境的，最终我们的生命将毫无意义。但在其著作中，叔本华抱有一丝希望。尽管大多数时候人是自私的，但在某些情况下，我们可以将注意力从自身利益转向更普遍、更少个体化的心态。他认为，实现这一目标的一种方法是，通过欣赏艺术，至少是在短时间内。沉浸在交响乐的音符中或画笔的笔触中，能让我们暂时超越自私，从而产生更加平和、富有同情心的心态。

写一写

决策与自由意志

考虑一下今天你做出的一个简单的决定，可以是你选择吃什么、穿什么，或者选择做什么活动（如阅读本章的内容）。现在考虑一下自由意志在你的决定中起了多大作用。你的决定 100% 是自由选择的结果吗？然后，考虑你的部分决定是否受到其他因素的影响，如生物本能或环境因素。把每一个因素列出来，并说明它如何影响你的决定。

3 动机的心理学起源

伯莎的故事

21岁的伯莎·帕彭海姆（Bertha Pappenheim）的生活很糟。她的父亲患有严重的肺病，伯莎不得不承担起主要照顾者的角色。好像生活给她的磨难还不够多，很快她自己也病了。一开始是持续性咳嗽，她的医生无法找到任何身体疾病来解释她的症状。在父亲去世后，伯莎的症状变得更加严重，包括几天无法说话、面部疼痛、四肢瘫痪、焦虑和健忘。

她的医生对她的病情感到很困惑，于是向其朋友西格蒙德·弗洛伊德请教。弗洛伊德是精神分析学派的创始人，但当时弗洛伊德刚刚开始发展他的理论，尚未使用其治疗过任何患者。尽管弗洛伊德从未对伯莎进行过正式的治疗，但他把伯莎的经历作为其精神分析理论的基础，并出版了一部名为《癔症研究》（Studies in Hysteria）的著作，其中讲述了伯莎的病历。为隐瞒伯莎的身份，他在书中称伯莎为安娜·O。有了弗洛伊德的建议，伯莎的医生给她的诊断是因为无法应对父亲去世而产生的歇斯底里，于是弗洛伊德开始用精神分析疗法对她进行治疗。

伯莎的故事很重要，因为该故事说明，出现的年代不同，对行为动机的解释有很大的差异。在伯莎生活的时代，歇斯底里是一种常见的诊断，而精神分析则刚开始出现。结果，医生认为伯莎的症状源于对父亲去世造成的痛苦记忆的压抑。如果由现代医生检查伯莎的症状，他们可能会给出完全不同的诊断。根据其症状，许多专家推测伯莎患有神经系统疾病，如癫痫或脑炎。

在本章，我们将探讨对人类行为动机的心理学解释在历史上是如何变化的。

3.1 意志

意志（will）被定义为执行者在没有约束的情况下做出选择的能力。在讨论意志时，学者们还使用了其他名称，有时称其为**意志力**（willpower）或**自由意志**（free will）。例如，柏拉图使用的"战车骑手控制两匹欲望不同的战马"这一类比，暗示了意志的存在。同样，阿奎那和奥古斯丁等中世纪神学家也强调自由意志在压倒罪恶、坚持"上帝计划"方面的重要性。

就像外行人和自助大师们一样，崭露头角的心理学家们也重新发现了意志的概念。在这一时期，许多早期心理学教科书都包含了专门讨论意志概念的章节。早期哲学对意志的论述纯粹是描述性的，但心理学家们仍努力澄清这一术语，以更加客观的方式确定其前因和后果。第一个探讨意志主题的心理学家是实验心理学创始人威廉·冯特（Wilhelm Wundt）。冯特认为，不需要意志的无意识行为（即习惯）开始时都是需要大量意志的有意识行为。小时候，你可能需要很大的意志力（还有父母的严厉惩罚）才能做到每晚刷牙。但是这一行为做的次数越多，你就越少考虑它。希望到了现在这个年龄，每天你睡前会自动刷牙。因为冯特认为所有行为都是以这种有意识的方式开始的，所以他认为所有行为都涉及一种有意识的主观感觉，即你正在施加意志力。冯特把这种主观感觉称为神经支配感觉。因此，即使出于习惯而刷牙，你仍然会意识到你是用意志力驱使自己刷牙。你不是从睡梦中醒来，嘴里放着牙刷并问自己："我在做什么？"根据冯特的说法，没有任何行为能达到那种自动程度。

握拳

你想快速增强意志力吗？试着握紧拳头。许多研究发现，收紧肌肉时，无论是握拳，弯曲手臂的二头肌，还是握紧手中的笔，我们都能提高抵抗诱惑和施加自我控制的能力。在一项研究中，被试在收缩手臂的二头肌时能更好地坚持自己的饮食计划，抵制巧克力蛋糕的诱惑。在另一项研究中，当被试将脚后跟从地板上抬起并收紧小腿肌肉时，他们能够喝下更多味道不好但据说健康的滋补品（实际上是掺了水的醋）。因此，下次当你受到新鲜出炉的饼干的味道或另一种酒精饮料的诱惑时，请尝试握紧拳头。

3.1.1 詹姆斯对意志研究的贡献

如果这个名字听起来很熟悉，那是应该的，威廉·詹姆斯被认为是现代心理学之父。在《心理学原理》（*Principles of Psychology*）一书中，詹姆斯用整整一章的内容专门讨论意志的概念。

詹姆斯对意志概念的三大贡献　在所有研究意志的心理学家中，威廉·詹姆斯对这一主题做出的贡献最大。詹姆斯对意志概念的三大贡献分别是：谨慎与果断、意志与努力、自愿与不情愿。在这里我们只讲述他的第二个贡献。

詹姆斯的第二个重要贡献是他对意志和努力的区分。意志指个体以特定的方式行事的承诺，但仅靠意志不足以实现预期的结果。J. K. 罗琳可以下决心写一本最畅销的小说，然后坐在沙发上，吃完一盒奶油酥饼。她的目标最终得以实现是因为，她用实际努力（每晚去咖啡馆写作）信守了她的承诺。但是，要想持续保持努力，我们必须时刻把自己的承诺放在头脑里，而不是让它逐渐消逝。在詹姆斯看来，这才是真正需要自我控制的地方。即使我们面前放着一盘布朗尼蛋糕，也要想着健康饮食的目标。因此，"意志坚强的人是这样的人：他坚定地倾听良心的呼唤，当危险的想法出现时，他看着它的脸，允许它存在，然后抓住它，看准后把它紧紧握在手里。尽管大脑里闪现出许多激动人心的画面反对他这样做，但他还是把它从大脑中驱逐出去。"通过以这种方式区分意志和努力，詹姆斯想说明意志完全存在于大脑中。

3.1.2 其他先驱者的贡献

大约在威廉·詹姆斯思索意志的同时，几位德国科学家开始对意志进行实验，其中包括阿赫、屈尔佩（Külpe）和郎格等。这些早期开拓者中的许多人都是威廉·冯特的学生，他们在新成立的维尔茨堡大学工作。这些实验主义者中的大多数都对识别意志的前因感兴趣，有些人认为前因是认知，而另一些人则认为前因是感官或肌肉。

路德维希·郎格　在这些先驱者中，路德维希·郎格（Ludwig Lange）是第一个正式开展意志实验研究的人，尽管当时他并不知道这一点。郎格使用一种称为"校正锤"（control hammer）的装置来精确测量反应时间。郎格发现，当人们注意刺激（如专注于钟声）时，他们对刺激的反应比他们对刺激的预期更慢。被试被迫将注意力集中在一个或另一个刺激源，意味着他们被要求对其注意力施加意志力。

纳齐斯·阿赫　尽管郎格是最早进行意志实验的人，但是纳齐斯·阿赫（Narziss Ach）真正创立了意志实验研究。阿赫研究的目的就是量化意志的力量。例如，在一项研究中，阿赫首先让被试记住成对的无意义音节（如将 ug 与 duh 配对）。其中有些音节配对多次呈现，以使被试形成强烈的习惯性反应，而有些配对只呈现几次。然后，被试被迫记忆新的配对（如 ug 与 scr，duh 与 puz），来覆盖之前所记的内容。为完成新任务，被试必须发挥意志力，来推翻先前的习惯配对。在对被试做出反应的时间进行分析时，阿赫发现，如果在第一项任务中配对频繁出现，那么在第二项任务中被试需要更长时间才能做出反应。因此，为了成功完成第二项任务，意志的力量必须强于习惯的力量。

阿赫将这一发现称为意志的**关联等价**（associative equivalent），因为在第二项任务中创建的关联必须与第一项任务中创建的关联一样强或更强。举一个简单的例子：假如你每天午餐时都买一块饼干，长此以往便成为一种习惯。但是现在你想减肥，发誓不再吃饼干。根据阿赫的研究，要想坚持节食，你的意志力必须强于你对饼干的习惯性反应。相反，如果这一习惯比你的意志力更强，你就会屈服于饼干，从而使节食计划失败。尽管有关心理学历史的书籍中大多没有阿赫的名字，但他的研究是目标与习惯竞争方面最早的实证研究，直到 20 世纪 90 年代末这一主题才被心理学家们重新发现。

阿赫对意志研究的贡献还在于他培养了几位继续这一研究的学生。最著名的是安德烈亚斯·希尔弗伯（Andreas Hillfruber）的研究，他的研究建立了**动机难度定律**（difficulty law of motivation）。根据这一定律，增加任务难度会自动增加个体对任务投入的努力。例如，一个承诺每天写 3 000 字的作家将比一个承诺每天写 2 000 字的作家更加努力。

这听起来可能很有道理，但是人们更有可能实现轻松的目标还是困难的目标？

按理来说，人们更容易实现轻松的目标，因为它们更容易。但是，如果运用动机难度定律，我们会发现情况未必如此。如果人们对困难的目标更加努力，而对轻松的目标则放松懈怠，那么困难的目标则更有可能实现。目标难度对目标努力和成就的影响看似矛盾，实则非常重要，我们将在后面的章节中再次讨论。

意志的衰落　社会就像一个善变的孩子，它会对新时尚迅速厌倦，然后转向下一个潮流。意志也没能躲过这样的遭遇。目前尚不清楚心理学家和普通人厌倦意志力概念的原因，但有几种可能：战争的影响、进步运动和对生物学解释的渴望。

写一写

意志的重新出现

近年来，意志的概念重新流行，尽管现在人们更多地称之为意志力或自我控制。你认为意志为什么会作为一个动机概念再度出现？

3.2　本能

自从人们对动机开始产生兴趣，本能这一概念就存在了，尽管多年来其具体形式一直在变化。阿奎那、笛卡儿和霍布斯等早期哲学家都认识到，人类行为往往是由基本的动物冲动所驱动的。认为所有事件（包括人类行为）都由先前存在的原因所决定的这一思想，形成了**决定论**（determinism）哲学思想学派。决定论的核心是相信某些早已注定的原因，但早已注定的原因是什么取决于你询问的对象。有些哲学家认为是上帝或原罪，有些人认为是原子，而有些人则认为是自然法则。**本能**（instincts）代表这种决定论的一种形式，因为本能代表趋近或回避特定结果的先天倾向。因此，尽管本能的概念已经存在一段时间了，但直到达尔文在《物种起源》（*On the Origin of the Species*）一书中提出进化论，这一概念才被人们用以正式解释人类的动机。

3.2.1　达尔文对本能研究的贡献

大多数人认为达尔文是第一个提出人类是从动物进化而来的人。事实并非如此。古希腊人早就提出一个物种由另一个物种进化而来，此后这一观点一直存在。早于达尔文时代的科学家们已经证明，选择育种可用于繁殖具有某些特征的动物。事实上，犬种饲养者采取这种做法已经有几个世纪了。但是，这些早期理论中缺少的是一个物种进化为另一个物种的潜在力量。就犬种饲养来说，是人类决定让不易掉毛的贵宾犬与温柔的拉布拉多犬杂交，以培育出名字很可爱的拉布拉多德利犬。但是，在自然界中做出这些决定的是谁或什么？达尔文在这一问题上做出了突出的贡献。他认为这些貌似来自至高力量的神圣干预实际上只是偶然的运气。看看下面这个例子。

> 两只鸟出生在一座小岛上，由于随机性基因突变，一只鸟的鸟喙比另一只鸟略长。现在假设一种特别令人讨厌的甲虫攻击了岛上的树木，这些树是两只鸟的主要食物来源，现在岛上只有一种花产生的花蜜可以吃。由于基因变异的随机性，喙稍长的鸟能够着花内的花蜜，而喙较短的鸟够不着花蜜。随着时间的推移，岛上喙较短的鸟最终绝迹了，而喙较长的鸟存活了下来，并将其基因突变传递给下一代，从而形成一种新的长喙鸟类。

达尔文把这种塑造物种的促进力量称为**自然选择**（natural seletion）。由于自然选择，大自然不需要有宏伟的计划或目的。决定物种生存或灭绝的唯一标准是该物种是否有利于其生存。由此可以看出，自然选择也可以应用于动机研究。如果某一行为有利于生存，就像长喙有利于鸟的生存一样，那么这一行为就会存在下去。如果某一行为不利于生存，那么这一行为就会消失。在这里，达尔文提出了一个非常重要的观点：对动物适用的东西同样适用于人类。如果随机性基因突变和自然选择能够解释世界上动物物种的多样性，那么它们也能够解释每一种生物（包括人类）的进化。因此，控制动物和人类行为的动机原则必定是一样的。

达尔文的思想为动机领域本能理论的出现奠定了基础。在此之前，本能只是一个与激情、欲望或情绪等概念重叠的模糊概念。但是达尔文对动物行为和生存价值的强调缩小了本能的定义。他的思想使动机研究者开始专注于塑造行为的外部环境的力量，而不是智力或意志等内部因素。在达尔文之前，人们认为人类行为在很大程度上不受环境影响。突然之间，人类和动物的行为都可以用简单的刺激 - 反应关系来解释。结果，动机研究从哲学中脱离出来，直接成为生物科学的核心。这一思想转变为动机理论家打开了一个全新的令人兴奋的发展方向。

3.2.2 詹姆斯对本能研究的贡献

达尔文的理论引发了一场几乎渗透到所有生物科学和社会科学领域的知识革命。在心理学领域，威廉·詹姆斯是第一个推广本能观点的人，尽管他对本能的定义不那么严谨。詹姆斯把本能定义为"以能够产生特定结果的方式行事的机能，但人或动物事先对该结果没有预见性，也没有接受过相关的教育"。他还创建了一份本能清单，包括竞争、狩猎、恐惧和玩耍。本章前面谈到的詹姆斯的许多关于意志的观点，实际上都受到这一本能概念的启发。例如，他的念动动作概念在很大程度上基于本能。下面是他使用过的一个类比：母鸡出于本能卧在蛋巢上，它看到鸡蛋，自动就去孵蛋。因此，仅仅看到刺激就足以激发目标导向的行为。詹姆斯认为人类也是如此。当你在树林里散步遇到一只凶猛的熊时，你不会仔细考虑应该如何反应，你会撒腿就跑。正如詹姆斯所说："本能引导，智能只是跟随。"但请记住，虽然詹姆斯强调本能的作用，但他认为本能是许多其他动机因素（如意志）之一。

3.2.3 麦独孤对本能研究的贡献

把本能概念引入心理学和动机研究的代表人物是威廉·麦独孤。与詹姆斯不同，麦独孤认为，本能是导致人类行为的唯一动力。他认为，如果没有本能，人类就会像没有汽油的汽车一样，只能趴在原地。因此，在麦独孤看来，我们不是朝着目标前进，而是被本能的力量推向目标。

接受本能这一概念后，麦独孤开始创建驱动人类行为的主要本能列表。最初他确定了 10 种本能（虽然后来他更喜欢称之为"倾向"），包括逃避、排斥、好奇、好斗、自卑、自信、养育、生殖、获取和建设。到 1932 年，他的列表增加到 18 种本能，包括更多基本的本能，如寻求食物、睡眠和身体需求。

写一写

相亲时的本能

想象一下，你在与某人相亲。现在从上述麦独孤的 10 种本能中找出一个本能，描述这种本能将如何影响你在相亲时的认知、行为和情绪。

3.2.4　其他观点

　　值得注意的是，虽然这一时期的大多数理论都使用了"本能"这一术语，但是关于本能是什么，这些理论的观点并不一致。有个理论家阵营对本能的定义与今天的定义非常相似。从这些理论家的角度看，**本能与反射**（reflexes）——针对特定刺激而发出的无意识（几乎是瞬间）的运动反应——没有什么区别。出生时我们都具备一定的心理反射。例如，如果你曾在新生儿身边待过一段时间，你会知道新生儿有一种抓握反射，这种反射会使新生儿抓握任何可以抓得到的东西。在有些动机理论家看来，本能几乎与这种反射相同，当他们谈论动物本能时尤其如此。

　　然而，另一个理论家阵营（麦独孤所属的阵营）在本能的定义中加入了更多情绪和目的（或"目的论"）成分。在他们看来，环境中的某些暗示会引发一种本能，这反过来会引发一种推动我们行动的情绪。这一过程产生的某些实际反应是天生的，但认知和行为组成部分可能会受到个体生活经历的影响。因此，当我们与凶猛的动物接触时，我们天生都可能会体验到恐惧（情绪），但由于生活经历不同，有些人可能会逃跑，有些人可能会待在原地不动（行为）。大多数动机理论家都把麦独孤视为一个已经过时的本能研究者，但是通过识别动机的认知、情绪和行为，他成为半个世纪后才会出现的目标理论家的先驱。

3.2.5　本能的衰落

　　在 20 世纪早期，本能在社会科学领域迅速风靡一时。而具有讽刺意味的是，本能的流行导致动机的衰落。很快，人们通常的做法是将几乎所有的人类行为都归因于某种天生的本能，在心理学以外的学科（如政治学和社会学）尤其如此。在此期间，人类本能列表中的项目增加至 6 000 多个，于是科学家们开始怀疑本能是否具有解释力，是否仅仅是一个主题词。下面的例子说明了研究者的挫败感。霍尔特（Holt）说："如果他转动拇指，那是'拇指转动本能'；如果他不转动拇指，那是'拇指不转动本能'。"

　　由于这些原因和其他原因，"本能"术语的使用成为禁忌，就像之前的意志一样。在这种情况下，心理学家们再一次开始寻找动机的替代品。

写一写

生殖本能

　　许多科学家认为，生育和繁殖本能驱动着人类的大部分行为。你在多大程度上同意 / 不同意这一主张？你能提供哪些证据来支持自己的论点？

▶

3.3　驱力

　　后来取代本能的动机概念是**驱力**（drive）：当生理（或生理组织）需求被剥夺时出现的一种唤醒或能量。人们认为驱力有四个主要来源：饥饿、口渴、性和疼痛。因此，每当被剥夺食物、水或性，或者感到疼痛时，有机体会经历驱力的增加。

　　驱力关乎动机，因为人们认为驱力令人厌恶。驱力强时人们会感觉不舒服，所以每当驱力开始增强时，我们就会采取行动来减少驱力。减少驱力的物体或事件被称为初级强化物，包括食物、水、性活动和逃避疼痛。驱力越强，有机体对这些初级强化物的行为就越强烈或越充满活力。因此，被剥夺食物 24 小时的老鼠会经历强驱力。这种强驱力会在老鼠体内积聚，促使它寻找食物以减少驱力。如果把这只老鼠放在一个迷宫中，把食物放在迷宫的尽头，那么被剥夺食物的老鼠走迷宫的速度要比未被剥夺食物的老鼠更快，因为两者的驱力不同。驱力理论家认为，所有行为的发生都是为了减少驱力。

　　总体来看，驱力有以下几个重要特质：

1. 驱力是因需求被剥夺而引发的；
2. 因为驱力令人厌恶，有机体总是试图减少其驱力；

3.每个行为都被解释为试图减少驱力；

4.伴随着驱力减少的行为得到加强，使得驱力成为学习的必要条件。

最后一点意味着，与没有被剥夺食物的老鼠相比，被剥夺食物的老鼠不仅走迷宫的速度更快，而且学会走迷宫的速度也更快，记忆也更准确。

虽然当时许多理论家提出了类似驱力或能量的理论，在这里我们只讨论弗洛伊德和克拉克·赫尔（Clark Hull）提出的两个最著名的驱力理论。

3.3.1 弗洛伊德对驱力的贡献

提起弗洛伊德，人们常常会想到本能一词。你可能纳闷，为什么我们不在前面讨论本能的部分讨论弗洛伊德。其中有两个原因。

- 许多人认为弗洛伊德的著作中使用"本能"一词是翻译错误。要知道弗洛伊德的书都是用德语写的，因此英语国家的人对弗洛伊德的了解依赖于他人的翻译。众所周知，人都会犯错误。弗洛伊德写下他的想法时，他使用了 *trieb* 这个词，译者将其理解为"本能"。然而，阅读译者注时，你会发现其他人将 *trieb* 翻译为**驱力**（drive）。译者说，翻译时牛津词典中没有驱力（drive）一词，于是选择了**本能**（instint）。此外，弗洛伊德在讨论生物学概念时，偶尔会使用 *instinkt* 一词，这表明弗洛伊德并不认为 *trieb* 与本能（instinct）意思相同。

- 如果不考虑实际上使用了哪个词，而只是分析弗洛伊德理论的组成部分，那么他所说的内容显然更像是驱力，而不是本能。

弗洛伊德认为，所有行为都是为了满足基本生理需求。我们最基本的冲动，如对食物或性的需求，会导致神经系统内能量的积聚（要知道弗洛伊德是一名心理学家）。弗洛伊德将这种内在能量称为"力比多"（libido），并表示当力比多很高时，它会以焦虑的形式使人产生心理上的不适。如果力比多无限制地持续升高，它可能会影响人的心理健康。因此，释放这种能量，从而恢复到更舒适状态的唯一方法就是采取满足生理冲动的行为。但任何满足都只是暂时的，因为我们的冲动永远不会消亡；它们只是消停下来快速打个盹儿。这样一来，焦虑就成了一种适应性报警系统，让我们知道如果我们的驱力太强，有可能会导致无法弥补的心理伤害。

从许多方面来看，弗洛伊德的驱力概念就像水坝一样。上面的河流不断地将水注入大坝，因此大坝必须设计一个系统，能使水缓慢地流到下面的山谷。如果大坝没有定期放水，那么水就会越积越高，有可能从大坝上面溢出，淹没山谷。水位越高，威胁就越大。确保水位不会升得太高的一种方法是安装一个报警系统，对水位进行监测，当水位接近水坝顶部时发出警报。在这个比喻中，水就是我们的力比多，报警系统就是我们的焦虑。

弗洛伊德认为，精神健康和身体健康的关键是定期满足三种驱力：性驱力、死亡驱力和自我保护驱力。但这里有一个问题：我们不能随便吃任何想吃的东西，不能与我们想要的任何人发生性关系，不能殴打任何侮辱我们的人。我们不用对此表示担心。弗洛伊德说，我们可以找到不那么令人反感的方式来表达冲动，从而减少驱力。例如，幽默就是一个很好的方式。看看下面这则笑话。

> 一位牧师正在为一名奄奄一息的男子准备最后的圣礼，他靠近男子的耳边低语道："谴责魔鬼！让他知道你根本不把他的邪恶放在眼里。"
>
> 垂死的男子闭口不言。
>
> 牧师重复这一命令，此人仍然保持沉默。
>
> 牧师问道："为什么你不谴责魔鬼？"
>
> 垂死的人答道："在我知道自己要去哪里之前，我认为我不该激怒任何人。"

看到最后你笑了吗？

看完这个笑话以后微笑或大笑，能够部分满足我们的死亡本能。这比打人或杀人要好得多。同样，听两性笑话而发笑，可以满足我们的性欲，至少是暂时满足。除了笑话，娱乐媒体（如电影、电视、视频游戏）是我们释放内在压力的另一种方式。这就说明了为什么我们的大多数娱乐活动都是如此性感和暴力！弗洛伊德因其对梦的解析而闻名，这是因为梦是我们表达内驱力的另一种方式。例如，弗洛伊德认为帽子、雨伞、刀具、船只和盒子等符号代表生殖器，爬梯子或爬楼梯的行为代表性交。虽然我们不知道梦的真正含义，但弗洛伊德认为这样的梦仍然能让我们感受到性满足。

3.3.2 赫尔对驱力的贡献

第二个依赖驱力的重要动机理论是由克拉克·赫尔提出的。后面我们会详细讨论赫尔的驱力理论，在这里只简要介绍一下。前面已谈到构成赫尔驱力理论基础的许多核心原则，即驱力由生理需求所激发，有机体有动力做出减少驱力的行为。赫尔的驱力理论指出，有机体行为的强度是由驱力乘以习惯（行为 = 驱力 × 习惯）决定的。因此，他的理论由两部分组成：非特异性唤醒和习惯。

3.3.3 本能与驱力

现在，你可能想知道驱力与本能到底有什么不同，有此想法的并非只有你一个人。驱力与本能的概念差别不大，两者都被认为是以一种基本自动的方式推动个体朝着特定的目标前进。两者的不同之处在于，本能被严格定义为先天的、受生理驱动的东西，而驱力没有这样的限制。虽然驱力表现为生理需求，但它也涉及习得反应，因为有机体必须了解哪些行为会减少驱力，哪些行为不会。

现在你已经知道驱力与本能有何不同，但为什么人们认为驱力比本能更好地解释动机？与本能相比，驱力的一个主要优点是驱力的前因可以在实验室中进行操作，而对本能则无法这样做。这意味着人们可以对驱力进行实证研究。例如，假设你下班回家看到你的猫把爪子伸进鱼缸，试图吃掉你珍贵的金鱼。如果我们是本能理论家，我们会说这种行为表明猫的"杀手本能"，但实际上无法测试我们是对还是错。如果我们是驱力理论家，我们会说这只猫很可能长时间被剥夺了食物，从而使其驱力增强，促使它寻找食物。下面就是一个测试方案。我们可以把两只猫带到实验室，其中一只猫一天不给它吃东西，而给另一只猫喂食，然后看看第一只猫是否比第二只猫更有可能去寻找食物源。虽然我们不能直接操控猫的驱力，但我们可以操控其生理需求是否得到满足，这样就可以操控驱力的前因。

写一写

动物研究与人类研究

许多关于驱力的研究都是在动物身上而非人身上进行的。你认为对动物进行的动机研究在多大程度上适用于人类？

3.4　人格

在赫尔提出驱力理论时，其他研究者开始将注意力转向动机中的人格差异。我们将在第 13 章详细探讨这一主题，这里只简单介绍其主要内容。

到 20 世纪初，心理学家开始创建影响动机的个体差异因素列表，包括 2 个驱力、4 个愿望和 24 个需求。这段时间出现了首批从严格的人格角度审视动机的研究者。受达尔文、麦独孤和弗洛伊德思想的启发，心理学家亨利·默里（Henry Murray）开始着手创建人类经历的所有主要"需求"清单。默里将这些需求描述为"在某些特定环境下以某种方式做出反应的可能性或意愿。"其中有些需求与本能和驱动理论家已经确定的生理需求相同（如食物、水和氧气）。但其他需求更多是心理需求，包括对独立、权力或野心的需求。默里并没有就此止步，在创建了 24 个"心理需求"清单后，他发明了**主题统觉测验**（Thematic Apperception Test）这一人格测验方法，以评估个体内部特定需求的强弱程度。默里与戴维·C. 麦克利兰（David C. McClelland）和约翰·威廉·阿特金森（John William Atkinson）等其他人格研究者的研究都表明，特定需求（如人际交往）高的人更有可能做出满足这一需求的行为（如参加派对）。

同样，亚伯拉罕·马斯洛（Abraham Maslow）也创建了一份人类需求清单。但与前人不同的是，他将这些需求排列在一个层次结构中（见图 3-1）。

马斯洛认为，在下一层次需求得到满足之前，个体无法升到上一层次。例如，一个无家可归、下顿饭没着落的孩子就无缘担心自尊需求。然而，如果孩子生活在一个健康快乐的家庭，他所有的生理需求、安全需求、爱 / 归属需求都得到了满足，那么他就可以担心其自尊需求。除了把需求按层次排列，马斯洛的理论与当时其他理论的另一个区别是他的自我实现需求。马斯洛认为，这种高层次需求代表着成为最好的自己这一愿望。有趣的是，这一概念与两千多年前亚里士多德提出的实现型幸福的概念几乎相同。

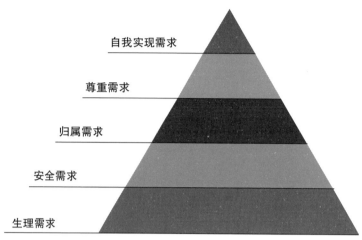

图 3-1　马斯洛的需求层次

评价马斯洛的需求层次理论

　　把你认为驱动人类动机的所有生理需求和心理需求列出来。然后把你的列表与图 3-1 中马斯洛的列表进行比较。你是否认为马斯洛遗漏了一些重要的需求？马斯洛的需求层次列表中是否包含了你的列表中没有的需求？

3.5　激励

　　在这一时期，许多心理学家对该领域依赖抽象的内心状态（如意志、情绪、本能、驱力和人格）感到沮丧，开始寻求一种更客观、更科学的动机理论。他们的方法是只关注动机的可观察方面，即行为。如果我们看到某个人拍了另外一个人一下，我们可能会认为这个人这样做是因为他有死亡驱力或因为他感到愤怒，但事实上，我们真正知道的只是他拍了另外一个人一下。也许他很生气，也许他在给朋友讲一个有趣的笑话，也许他只是在拍一只苍蝇。认识到这一事实，一种新的思想流派出现了。该流派认为科学家只能准确观察人们的行为，而不是行为的内在原因。由于只专注于研究行为，这一新的思想流派被称为**行为主义**（behaviorism）。行为主义者看待人类就像我们看糖果机一样。把一枚硬币放进去，你就会得到一块口香糖。没有必要假设机器在吐出口香糖之前会"思考"自己的反应，或者假设它给你口香糖是因为它当时"感觉"很好。

行为主义方法的一个核心动机组成部分是激励的概念。**激励**（incentives）指的是激发有机体做出特定行为的外部刺激。如果我们向孩子保证，如果他能背诵乘法口诀就给他一块饼干，那么饼干就是一种激励，因为饼干促使孩子做出期望的行为。驱力理论认为，饥饿促使孩子做出期望的行为；而激励理论认为，饼干的激励价值会吸引孩子做出该行为。重要的是，激励是习得的，而不是天生的，所以几乎任何东西都可以用作激励，只要人们对它的体验称心如意。若不给孩子饼干，而是称赞他做得好，这种表扬虽然不能满足其生理需要，但仍然可以作为一种激励。我们甚至可以用一些不太明显的东西来奖励他，如给他一个木制的标记，只要此前他知道这个木制的标记与某个令人愉快的事物有关。

激励的重要性　激励之所以对动机研究很重要，其中一个原因是激励在学习过程中发挥着不可或缺的作用。根据爱德华·李·桑代克（Edward Lee Thorndike）的**效果律**（law of effect），在某种情境下做出的几种反应中，随后紧跟激励的那些反应与该情境建立联结的紧密程度高于其他反应。同时，当有机体再次处于相同情境时，这些反应更有可能再次发生。因此，一只因取回报纸而得到奖励的狗，将来更有可能继续这一行为，因为它已经学会这样做。

爱德华·托尔曼（Edward Tolman）的经典研究是表明激励在学习中重要性的最早研究。在这项研究中，老鼠先要走 10 次迷宫。有些老鼠得到学习迷宫的激励（如食物小球），而剩下的老鼠则没有。之后让这些老鼠再次走迷宫，还是有一半老鼠得到激励，另一半则没有。这次得到激励的老鼠和没得到激励的老鼠与前 10 次有交叉。因此，有些老鼠在所有 11 次试验中都得到了激励，有些在所有 11 次试验中都没有得到激励，而有些老鼠两种情况都有（前 10 次得到食物，但第 11 次没有；或者前 10 次没有得到食物，第 11 次突然得到食物）。研究结果清楚地表明，激励在帮助老鼠学习走迷宫方面有着巨大的作用（见图 3-2）。

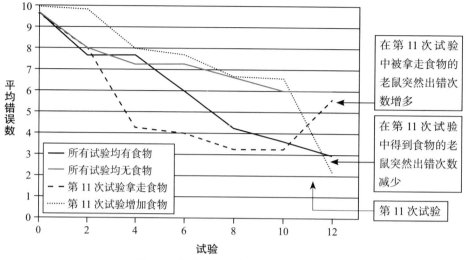

图 3-2　激励对老鼠走迷宫表现的影响

　　正如人们所料，在所有 11 次试验中获得食物的老鼠比在所有 11 次试验中未获得任何食物的老鼠出错的次数更少。另外两组的情况更有趣。在第 11 次试验中食物被取消的老鼠在走迷宫时突然表现更差。相反，在第 11 次试验时得到食物的老鼠突然表现更好。随着激励的变化，老鼠的表现也发生了变化。这听起来没什么了不起，但几个世纪以来，人们对于哪些因素能激发行为，哪些不能激发行为存在着分歧，而这项科学研究终于清楚地表明，激励的变化会导致动机行为的变化。

　　托尔曼对激励的贡献　虽然托尔曼的早期研究符合行为主义的标准，但是他主张人类和动物的心理过程在动机中发挥不可或缺的作用，这样他就不同于当时严格的行为主义者。要知道，严格的行为主义者只关注可观察的行为，因此不应谈论像思想这样的内在状态。但托尔曼开始注意到，他的研究中的老鼠表现得好像是在思考和记忆。例如，在一项研究中，他让老鼠在刚刚吃完食物后探索迷宫，这意味着迷宫尽头的食物的激励价值不是很高。鉴于此，根据行为主义基本原则，学习不会真正发生。后来，他让老鼠再次走迷宫，这次是在饥饿状态下。他发现老鼠走迷宫时表现得非常完美，这表明老鼠已经在第一次试验时学会走迷宫。

　　根据这样的结果，托尔曼提出了潜在学习的概念。**潜在学习**（latent learning）是在没有任何明显激励的情况下进行的，因此不能立即展示出来的学习。托尔曼提出的第二个概念是**期望**（expectancy）或对行为成功的可能性感知。他注意到，如果用美味的食物作为奖励来训练老鼠走迷宫，然后换成不太好吃的食物，那么老鼠就会表现出厌恶的迹象。托尔曼的解释是，老鼠已经开始期待美味的食物奖励，而当期望没有得到满足时它们会感到失望。

通过把这一期望概念与其早期的激励研究相结合，托尔曼发明了一种至今仍在使用的强大理论。具体而言，托尔曼提出的观点为期望 - 价值理论奠定了基础。该理论指出，行为是由个体的期望和价值（即感知的结果可取性）共同作用产生的。根据这一理论，当期望和价值较高时，人们会更有动力，而当期望和价值较低时，人们的动力更小。例如，一个对成功有很高期望（完成比赛的可能性很大）同时也重视结果（完成比赛会感觉非常好）的马拉松选手会比那些期望值低或价值低的人更有动力。

现在看起来这似乎不是什么开创性的工作，因为在现代，认知是我们解释人类行为不可或缺的一部分。但在托尔曼所处的时代，情况完全不一样。人类（更别说老鼠）有思想这一说法绝对是禁忌。托尔曼甚至没有意识到，他的思想火花引发了整个心理学领域的认知革命。

3.6　认知

在行为主义时代，几名勇敢的研究者开始质疑所有行为都由学习和激励来解释这一观点。他们认为，思想或认知在解释行为方面也起着核心作用。为了验证其观点，这些早期的认知理论家设计了一些研究，直接将行为的学习解释与认知解释相提并论。其中一个例子就是上文谈到的托尔曼关于期望的研究。另一个例子是托尔曼关于认知地图的研究。假设我们让一只老鼠走图 3-3 中那样的迷宫。

在行为主义者看来，严格来说老鼠学到的东西就是，从起点出发，"向右转"的反应会得到食物奖励。而托尔曼则认为，老鼠已经在脑海中形成**认知地图**（cognitive map）或迷宫的心理表征，老鼠是通过使用这张地图来找到奖励。托尔曼之所以产生这一想法是因为，他曾看到一些已经学会走迷宫的聪明老鼠爬到盒子 A 上方，把盖子合上，爬到盖子上，直接跑到盒子 B 的顶部，然后又爬下来吃食物，这些老鼠看起来即使在迷宫之外也知道如何找到食物。很明显，问题在于"右转"解释和认知地图解释同样可以解释老鼠如何学习走迷宫。但是，认知理论家的聪明之处就在于此：托尔曼的学生们设计了一项简单的研究来验证认知地图的说法。首先，他们让老鼠以典型的方式走迷宫：从盒子 A 开始，把食物放在盒子 B 里面。在老鼠学会恰当的反应后，他们进行了另一项试验，但这次他们让老鼠从盒子 C 开始。现在，如果老鼠只是学会了"向右转"，那么它应当进入盒子 D。但如果老鼠已经在脑海中创建了认知地图，那么它会知道自己是从盒子 C 而不是盒子 A 开始的，所以要找到食物需要左转而不是右转。那老鼠是怎么做的呢？你可能已经猜到，大多数老鼠左转直接进入盒子 B，从而支持了托尔曼的认知地图构想。

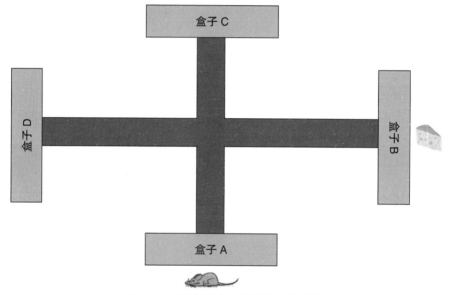

图 3-3 用于研究认知地图的老鼠迷宫

注：老鼠从盒子 A 开始走迷宫，食物激励放在盒子 B 中，研究人员计算老鼠从盒子 A 到盒子 B 所需的时间。然后，让老鼠再次走迷宫，但这次从盒子 C 开始。如果老鼠刚学会右转，它会进入盒子 D。但是如果老鼠形成了认知地图，它就会知道左转进入盒子 B。

动机领域的认知革命 托尔曼和其他先驱者的认知证据开始增多，于 20 世纪 70 年代达到临界点。这就是即将渗透到心理学大部分领域（包括动机子领域）的所谓"认知革命"的开始。毫无疑问，这一时期是从心理角度解释动机，包括目标、归因、期望、计划、自我信念和自我概念等。动机研究者不是像剥夺老鼠的食物后让它们走迷宫那样，而是给人分配特定的目标，或者给予积极或消极的目标反馈，然后分析最终任务表现。研究者不再关注动物和人类的相似之处，而是专注于人类的独特之处。

这种认知革命对动机研究的影响表现在以下两个方面。

- 一方面，最初于 20 世纪 70 年代发展起来的理论为该领域今天如何看待动机奠定了基础。本书将介绍许多这样的理论，包括内在动机和外在动机理论、沉浸理论、期望 × 价值理论和目标设定理论等。如果没有认知革命，那么现代动机研究看起来会截然不同。

- 另一方面，在认知革命时期，心理学过度专注于认知，忽视了从动机、意志和情绪方面解释人类行为。动机不再是操场上的宠儿，而是被转移到校园阴暗角落去玩耍。从许多方面来说，这一时期的动机研究分崩离析了，这种状况持续了 15 年。并不是说动机理论家完全消失了，为了渡过这场危机，他们不得不趁风转帆，其中一种方式就是分散到心理学的其他子领域。动机不再是心理学的主要子领域，而是被分解成碎片，散落在风中，落在社会心理学、教育心理学、人格心理学和发展心理学等子领域。与此同时，应用研究者们就特定问题（如暴饮暴食、工作效率和学习成绩）来研究动机。因此，动机无处不在，却又无处可去。

在这段历史时期，动机经常在"社会动机"一词下讨论，这说明社会心理学对动机研究的影响越来越大。在这段时间，动机被纳入社会心理学，这让人想起距此大约 80 年前，麦独孤的第一部社会心理学教科书用整整一章的内容来讨论动机。即使现在，许多著名社会心理学教科书都有一章专门讨论动机这一主题。

写一写

认知革命及其他

请列出你认为心理学中认知革命带来的所有利弊。总体而言，你认为利大于弊，还是弊大于利？你认为什么新的、现代的"东西"会对心理学产生巨大影响或带来新的革命？

▶

3.7 动机科学的衰落与崛起

从上文概述中可以看出，多年来人们对动机的兴趣几度兴衰。人类一直在问有关动机的问题，但直到 20 世纪 20 年代，动机才真正成为心理学的一个子领域。少数动机研究者对当时作为心理学主流方法的行为主义理论感到沮丧，于是开始主张在心理学中开辟一个新的子领域，有些人认为应称之为"动态心理学"，而有些人认为应称之为"目的心理学"。从某种意义上说，动态心理学和目的心理学是描述整个动机领域的不同标签。其目的是希望动机在心理学领域占据核心地位，学术刊物可以专注于动机这一主题，学生可以攻读动机心理学硕士和博士学位。

总而言之，动机看起来有望成为心理学领域的一个主导力量，如果不是唯一的主导力量的话。

20 世纪上半叶，动机心理学取得了一些重要进展，这表明动机心理学成为心理学一个独立子领域的梦想有望实现。书名中包含"动机"一词的第一本著作是 E. 博伊德·巴雷特（E. Boyd Barrett）于 1911 年出版的《动力与动机轨迹：意志心理学研究》（*Motive Force and Motivation Tracks: A Research in Will Psychology*）。1916 年，出现了第一本以动机为主题的教科书《学业动机》（*The Motivation of Schoolwork*），旨在用动机原则帮助学龄儿童。

但是这一愿景一直未能实现。20 世纪 50 年代和 60 年代，行为主义和认知的主导力量超越了动机，导致动机研究分崩离析了。20 世纪 70 年代，许多著名心理学家认为动机领域处于消亡的边缘。其中一个证据是，1979 年《内布拉斯加动机论丛》（*Nebraska Symposium on Motivation*）结束了长达 25 年的传统，放弃了动机主题，而是每年轮换主题。也许故事到此就该结束了，如此我们仿佛可以看到一块墓碑，上面写着"动机理论在此长眠，愿我的好友安息"，下面刻着日期——1970 年。但幸运的是，故事还未结束。虽然动机领域看起来了无生机，但它并没有消亡。事实上，它在暗中冒着泡、沸腾着。自 20 世纪 80 年代开始，动机研究开始有了突破，呈现出人们所说的"新面貌"。

如前所述，动机领域正在经历重生。从很多方面来说，现在做一名动机研究者比以往任何时期都幸运。翻阅任何一本心理学主要期刊［如《心理科学》（*Psychological Science*）、《心理学评论》（*Psychological Review*）、《人格与社会心理学杂志》（*Journal of Personality and Social Psychology*）］，你都会看到许多关于动机主题的文章。根据动机研究学会（*Society for the Study of Motivation*）最近的一项调查，2010 年在一本顶级心理学期刊上发表的文章中，43% 的文章在其标题中包含与动机相关的关键词。

此外，《动机与情绪》（*Motivation and Emotion*）杂志 30 多年来一直运行良好，仍在发表关于动机主题的基础研究和应用研究的文章。1990 年，内布拉斯加动机研讨会的组织者决定重新讨论动机主题，他们邀请了动机心理学领域的一些著名大家，如阿尔伯特·班杜拉（Albert Bandura）、卡罗尔·德韦克（Carol Dweck）、伯纳德·韦纳（Bernard Weiner）、爱德华·德西（Edward Deci）和理查德·瑞安（Richard Ryan）。这些人你可能没听说过，但读完本书，你会非常熟悉这些名字。由于担心该领域的现状，会议组织者问这些大家是否认为动机领域已经发展成熟，足以再次支撑一次完全以动机为主题的会议，他们一致响亮地回答"是的"。最终，2014 年推出了一本新的多卷本系列丛书，题为《动机科学研究进展》（*Advances in Motivation Science*），该丛书介绍了国际公认的动机领域专家的前沿研究。

动机主题不仅在科学家和学者中越来越受欢迎，社会也重新发现了它。一些励志书籍承诺，使用经心理学家实验验证的动机原则，能帮助我们坚持饮食计划、重新激发我们的意志或让我们成为百万富翁。《今日心理学》（*Psychology Today*）、《纽约时报》（*The New York Times*）、美国王牌新闻杂志《*20/20*》、《日界线》（*Dateline*）和《TED 演讲》（*TED Talks*）等热门媒体经常邀请丹·吉尔伯特（Dan Gilbert）和罗伊·鲍迈斯特（Roy Baumeister）这样的动机心理学家，来讨论其研究如何影响和改善人们的日常生活。有史以来，动机领域从未如此令人兴奋，如此前景光明。

4 人类核心动机

希瑟的故事

对希瑟·阿伯特（Heather Abbott）来说，2013 年 4 月 15 日原本是美好的一天。作为年度传统的一部分，她和朋友们一起观看了波士顿红袜队（Red Sox）的棒球比赛，然后去波士顿马拉松赛终点附近的富临饭店吃晚餐。正当希瑟转身进入餐厅时，她美好的一天变成了最糟糕的一天。她突然听到巨大的爆炸声，然后看到半个街区外烟雾滚滚。当她转身仔细观察时，第二枚炸弹在她的身旁爆炸了。这枚炸弹的威力巨大，竟把她崩到餐厅敞开的门内，她因此失去了知觉。当她醒来时，躺在地板上的她满身是血，她的左脚感到一阵剧痛，好像着火了一样。当时她不知道，她的脚被恐怖分子自制的炸弹的弹片击中，脚被炸得血肉模糊，惨不忍睹。她无法站起来，于是大声呼救。幸运的是，一位名叫艾琳·查塔姆（Erin Chatham）的陌生人听到了希瑟的呼救声。艾琳与丈夫一起将希瑟转移到了安全的地方。

四天后，经历了三次手术的希瑟被建议左腿膝盖以下截肢。为帮助自己做出这一人生重大决定，她主动接触其他截肢者，还与艾琳·查塔姆建立了亲密的友谊，正是这个陌生人救了她。这些新朋友帮她做出了截肢这一痛苦的决定，同时也成为她手术后康复所需要的支持系统。出院后她面临的最大挑战就是，作为一个残疾人如何保持自主和独立。正如希瑟在接受采访时所说："我希望自己能购物，自己拿行李，自己旅行。"为实现这一目标，希瑟必须学会用假肢走路，这需要耐心，也需要克服许多困难。但是，这些她都挺了过来，不仅为自己，也为生命中支持她的人。"我用大家的捐款买了这条腿（假肢），"她说，

"……很多人都在关心我的康复，我希望自己做得很棒。"短短几个月内，希瑟又能做她喜欢做的事了，包括单桨冲浪，穿高跟鞋。

但希瑟的故事并未就此结束。2014 年，随着波士顿马拉松赛一周年的临近，希瑟的新朋友艾琳说服她与其一起跑完马拉松最后 500 米。希瑟右脚穿着一只颜色鲜艳的运动鞋，左脚是用他人捐赠的定制的假肢刀片。当越过终点线时，她高高地举起双臂，就这样结束了生命中最痛苦的、也改变了她的人生的一年。

希瑟·阿伯特的故事讲述了一位女性如何克服罕见挑战的经历，这个故事也告诉我们日常生活中什么能激励人们。希瑟克服伤痛恢复独立生活这一目标告诉我们，她在生活中渴望自主。她面对新挑战这一目标（如用假肢单桨冲浪或越过终点线）告诉我们，她渴望在新生活中有所成就。此外，她从其他截肢者中寻找支持并为他人树立榜样这一目标告诉我们，她有与他人交往的强烈愿望。

在本章，我们将探讨人们对自主、能力和社会联系的渴望如何成为"人类核心动机"，不仅指导希瑟的行为，而且指导我们所有人的行为。

4.1 核心动机驱动人类行为

人类想要什么？地球上有多少人似乎就有多少个答案。毕竟，不同的人想要的东西不一样。如果让你列出在死之前想完成的所有事情，你会列出哪些事情？其他人的人生目标清单上所列的项目与你完全相同的概率是多少？虽然我们的人生目标有很大的差异，但是我们也会看到很多相似之处。

每个人希望从事的职业类型可能不同。每个人希望的社交生活类型也可能不同，有些人可能想结婚，拥有一个大家庭；有些人可能希望保持单身，与朋友一起环游世界。但是，每个人都希望与他人建立某种联系。关键是，虽然看似有许多不同的动机在指导人们的行为，但人类想要的大部分东西都可以归入几个基本类别，我们将这些基本类别称为**人类核心动机**（core human motives）。

显而易见，下一个问题是驱动人类行为的这些核心动机是什么？几十年来，心理学家们一直致力于回答这一问题。许多心理学家都创建了自己的核心动机列表。有些列表只包含一个动机，有的多达 20 个。其中许多研究者认为，这些动机不仅代表有机体想要什么，而且代表有机体想要生存、成长和发展需要什么。这些需求指的是推动个体实现特定目标的内部压力源。

需求是一种特定类型的动机，一种对个人幸福而言必不可少的动机。就像植物需要水和阳光才能生存和生长一样，人类也需要某些东西才能生存和发展。基本需求得不到满足，就可能导致身体或精神方面的疾病，在极端情况下，甚至可能导致死亡。

4.1.1　生理需求

人类生存所需要的某些东西是基本的生理需求。就像动物一样，人类也需要呼吸空气、吃饭、喝水、睡觉和交配，这样才能生存和繁殖后代。

生理需求是由缺乏状态驱动的。如果我们一段时间没吃东西，身体会缺乏营养，从而引发寻找食物的需求。几乎所有的生理需求都依赖于这种**体内平衡**（homeostasis）原则，即体内调节和维持内部环境稳定的系统。体内平衡系统负责调节我们的身体对水、食物、睡眠和温度等条件的需求。例如，体内温度过高时，我们的身体会出汗，这样可以把温度降下来，使身体恢复到正常温度。

人类和动物对某些生理条件的需求是相同的，如对食物和水的需求。但与动物不同，人类的进化和发展方式使其比动物更复杂。鉴于此，我们有理由认为，虽然人类的许多动机完全基于生理需求，而且与动物相同，但有些动机可能是人类独有的。因此，尽管生理需求对人类动机很重要，但不是指导人类行为的唯一需求。

4.1.2　心理需求

最早正式认识到除生理需求以外的其他动机的重要性的心理学家是亚伯拉罕·马斯洛。马斯洛创建了驱动人类行为的需求层次（见图 3-1），他把口渴和饥饿等生理需求放在了底层。他认为，一旦这些基本生理需求得到满足，我们就会转向更复杂、更高阶的需求。

现在看来，人们对这一观点似乎没有什么争议。但在马斯洛所处的时代，这是一个非常激进的观点。20 世纪 40 年代和 50 年代，人们认为生理需求是人类（和动物）行为的唯一动机。任何其他动机只是因为与主要生理需求建立关联才得以发展。

例如，有人认为哺乳期婴儿首先寻找母亲只是为了满足其对食物的需求。

随着时间的推移，婴儿将母亲与食物联系起来，因此他们慢慢知道社交互动会促使饥饿感得到满足。但马斯洛反对这一观点，他认为婴儿对母亲的渴望不仅仅是因为饥饿，而是出于对情感和社会联系的需要。

这种对情感的需求就是心理学家所说的**心理需求**（psychological needs）的一个例子。第二种人类需求是寻求某种心理体验的进化趋势。心理需求不是生物生存的必要条件，但对于心理健康、个人成长和整体幸福感，心理需求是不可或缺的。虽然我们有时会因饥饿而吃东西，但我们有时吃东西是为让自己感觉好一些，为庆祝节日，为庆功，或者为与他人交往。所以，认为人类吃东西完全由生理需求所驱动这一观点是不准确的。

要了解心理需求与生理需求之间的区别，请看下面的例子。

植物要存活，必须有水和土壤。但是，植物要长高长壮，还需要氮和镁等营养物质。我们经常给花草施肥，就是为了给植物提供额外的营养。同样，人类需要食物和水才能生存，但是如果想苗壮成长，过上幸福、充实的生活，我们需要的不仅仅是这些基本需求。我们还需要有成就感，对个人生活的控制感，感受到周围人的爱。在某种程度上，这些心理需求就像"心理肥料"一样，为人类提供额外的营养，使我们能够过上精神健康的生活。食物和水等生理需求可以维持生命，但是像心理肥料这样的心理需求可以促使我们表现良好、快乐和健康。这意味着如果心理需求得不到满足，我们不一定会死，但我们会经历心理甚至身体上的痛苦。

生理需求对动物和人类动机都很重要，但现代动机研究越来越关注人类独有的动机。因此，本书重点讨论心理需求，而不是生理需求。

写一写

婴儿的生理需求和心理需求

考虑一下 6 个月大的婴儿的需求。婴儿有什么生理需求？如果这些生理需求得不到满足，婴儿会怎样？婴儿有什么心理需求？如果这些心理需求得不到满足，婴儿会怎样？

4.2　核心动机的标准

一旦承认人类有一些基于心理需求的核心动机，接下来我们要问的问题是，这些核心动机是什么？这是一个长期困扰心理学家的问题，因为每个理论家都有自己的核心动机列表，而且这些理论家之间往往很难达成共识。

为解决这一难题，我们需要制定一套标准，使我们能够客观地确定某个动机是否是"核心"动机。

- 核心动机应具有激励性
- 核心动机应具有适应性和有益性
- 核心动机应具有普适性

人类核心动机应当引发旨在满足动机的目标导向行为。正是这一特质使得核心动机更具激励性。正如饥饿激发我们寻找食物一样，核心动机应当激发我们去寻找满足心理需求的方法。这一标准的一个含义是，这些心理需求的缺乏应当激励人们寻找弥补这些缺陷的方法。例如，当希瑟·阿伯特被迫截肢时，这很可能让她感觉与之前的生活和老朋友们之间的联系更少了。为了恢复社会联结，她从截肢者病友群体中寻求支持。这个标准的另一个含义是，核心动机应当激发广泛的行为，而且应当适用于广泛的环境。需要高度特异性反应才能实现的动机不符合核心动机的定义。例如，人都有参加竞技运动的需求，这一动机的范围太窄，不能视为核心动机。如果说人具有与他人竞争的需求（可以通过参与体育运动或其他活动来实现），该动机被视为核心动机的理由就更充分了。

写一写

核心动机的三个标准

我们在上文中提到，核心动机必须具有激励性、有益性和普适性。但并非所有动机研究者都同意这三个标准。你怎么看？你是否认为某个动机必须满足这三个标准才能被视为核心动机？你是否认为还应满足其他标准？如果是的话，这些标准是什么？

▶

4.3 自决理论

在前文中，我们介绍了研究者是如何确定核心动机的，下面我们讨论一下哪些潜在动机符合这些标准，因此称得上是"人类核心动机"。学者们提出了许多不同的动机，但只有少数几个得到广泛支持，表明这些动机符合前面介绍的三个标准。这些动机包括自主需求、能力需求和归属需求。

最直接地将这三个需求作为主要核心动机的理论是爱德华·德西（Edward Deci）和理查德·瑞安（Richard Ryan）的**自决理论**（self-determination theory），该理论指出对自主、能力和归属的需求代表追求目标的"正当理由"，因为它们对人的发展和幸福至关重要（见图 4-1）。

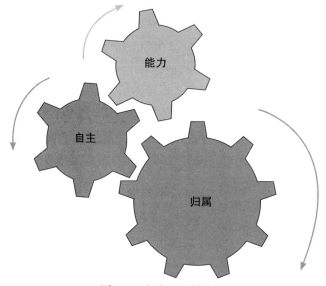

图 4-1　自决理论的应用

注：与大多数侧重动机数量（即追求这一目标的强度有多大）的动机理论不同，自决理论侧重动机的质量（即为什么追求这一目标）。根据自决理论，质量与数量同等重要，甚至更重要。这意味着，出于正当理由实现目标的人比出于错误理由实现相同目标的人取得的结果要好。

4.3.1　自决理论与目标

自决理论认为，并非所有的目标都是平等的。与那些受其他动机（如名誉和财富）驱动的目标相比，受自主需求、能力需求和归属需求驱动的目标，使人们有望获得更积极的结果。为验证这一假设，研究者要求被试描述过去一个月经历的"最令人满意的一件事"。人们列出了各种各样的事件，包括涉及家庭、性爱、成就和宗教的事件。接下来，研究者给了被试一个包含 10 个潜在动机的列表，要求他们评估自己在这一事件中受每个动机影响的程度。除了自主、能力和归属外，列表中还包括身体健康、安全、自尊、自我实现、愉悦、金钱和名望。与满意体验相关的五个得分最高的动机是：

1. 自主
2. 能力
3. 归属
4. 自尊（有人认为是能力的组成部分）
5. 愉悦（即享乐主义）

重要的是，这些结果也反映在来自韩国的被试样本中。有研究者进行的一项类似的研究发现，如果让伴侣体验到自主、能力和归属感的满足，就连性行为也被描述得更好。总之，这些研究表明，如果某一经历能够使人们实现这三个核心动机，那么人们会更享受这一经历。

由于这三个动机更加令人愉快，因此有助于我们体验到幸福并保持幸福。在一项纵向研究中，来自当地社区的成年人被随机分为四组，各组被试需要在六个月内追求以下目标。

1. 第一组追求能更好地满足其自主需求的目标，使他们能够在生活中"自主做出决定和选择"。
2. 第二组追求能更好地满足其能力需求的目标，使他们能够在生活中"感觉效率更高，更有能力"。
3. 第三组追求能更好地满足其归属需求的目标，使他们能够"感觉到与生命中重要的人之间的亲密关系"。
4. 第四组追求将"改变生活中某些重要境况"的目标，如改变居住地、改变外貌或改变拥有的东西。

请注意，前三组追求的目标旨在实现其核心动机之一，但最后一组不是。6 个月后，研究人员测量了被试从研究开始到结束时幸福感的变化（见图 4-2）。

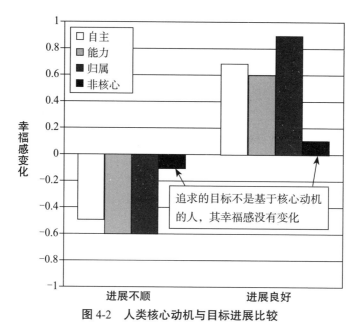

图 4-2　人类核心动机与目标进展比较

注：目标基于三个核心动机之一并取得良好目标进展的被试，其幸福感随着时间的推移而增加，而目标不是基于核心动机的被试，尽管其目标取得了良好进展，但其幸福感没有变化。

这一结果表明，基于核心动机的目标对我们的幸福感有着巨大的影响，无论影响是好是坏。如果目标进展良好，我们的幸福感就会增加；如果目标进展不顺，我们的幸福感就会降低。但是，如果追求的目标与这三个核心动机无关（即研究中的第四组），会是什么结果？这些人的幸福感没有发生很大的变化。因此，即使成功实现目标，如果这些目标不能满足三个核心动机之一，我们也不会更快乐。在知道了这些知识后，你一定要选择能够满足自己对自主、能力和／或归属需求的人生目标。

4.3.2　我们需要同时拥有自主、能力和归属动机吗

自决理论研究者探讨的一个有趣问题是，人类是否真的需要上述三个动机才能体验到快乐和幸福，或者是否仅满足其中一个或两个就够了。如果这三个动机代表核心动机，那么我们会推断，个体必须同时拥有这三个动机才能达到最佳效果。就像植物同时需要水、阳光和营养丰富的土壤才能茁壮成长一样，人类也同时需要自主、能力和归属。如果这三个需求中的任何一个被剥夺，那

么就会对个体产生不利影响。

为验证这一假设，研究者测量了人们感觉自主、能力和归属的满足程度。例如，归属满足度高的人会赞同下列陈述："我感觉与其他人联系密切。"通过分析人们的反应，研究者不仅能了解人们是否感觉每个动机得到满足，同时也能了解三个动机的满足度是否平衡。例如，一位成功的企业家在自主和能力两个方面得分很高，但在归属方面得分很低，因为他不得不牺牲陪伴家人和朋友的时间来经营自己的企业。因此，尽管整体需求满足度很高（因为三个需求中的两个得分很高），但是他三个需求的满足度分布不均匀。

通过评估人们的需求满足度，研究者发现，三个需求满足度均衡是整体幸福感的重要决定因素。例如，另一位企业家在自主和能力方面稍微低于上面那位企业家，但他感觉与他人联系很紧密，这样他的整体幸福感会更高。这些告诉我们，虽然需求满足度高很重要，但同样重要的是所有三个需求（不是其中一个或两个）都应当有所满足。

满足自己的需求

在最近的一项研究中，研究者追踪了人们每天自尊心的波动情况。该研究发现，当人们认为自己在满足自主、能力和归属需求时，其自尊心最高。因此，如果你想自我感觉更好，请考虑如何同时满足这三个动机。例如，加入运动队或读书俱乐部能让你感觉自己在掌控自己的生活和掌握新技能，同时也在与周围的人保持联系。

4.3.3　对自决理论的批评

有大量研究支持这一观点，即自主、能力和归属是公认的最佳身心健康所必需的动机。但与任何一个主要科学理论一样，自决理论也不乏批评者。

有些批评者认为，驱动人类行为的动机与驱动动物行为的动机没有本质区别。道格拉斯·肯里克（Douglas Kenrick）及其同事基于马斯洛最初的需求层次，创建了自己的需求列表。他们认为驱动人类行为的三个顶层需求是配偶获取、配偶保留和养育子女。因此，这些研究者认为，人类大部分行为可以通过传递基因的进化需求来解释。因此，他们认为，对能力或自主的担忧对人类来说并不重要。但有些人不同意这一观点，他们认为这种基于生物学的观点无法解释为什么有些人会选择不生孩子。

写一写

将生殖视为最重要的人类动机

肯里克及其同事认为，生殖和传递基因的需求是人类最重要的动机。你同意这一观点吗？你能提供什么证据来支持你的论点？

4.4 内在动机和外在动机

读到这里你已知道，在争取实现自主、能力和归属需求的目标时，人们会体验到积极的结果。但为什么会这样？为什么需求的满足会对身心产生良好的影响？每当科学家们提出这样的问题时，他们实际上是在试图寻找哪些变量介入或"调节"了某个已经确立的关系。因此，科学家们将这些"介于两者之间"的变量称为**中介变量**（mediators）。我们可以这样想：在谈论高速公路的中央隔离带时，我们指的是高速公路车道之间的长条草地或混凝土。同样，当科学家们谈论中介变量时，他们指的是出现在两个感兴趣的变量之间的变量或过程。就本主题而言，我们是在问，需求实现和积极结果这两个变量之间有什么中介变量介入，也就是说，我们在试图求解下面的"？"。

需求实现→？→积极结果

研究表明，一个能够解释需求实现和积极结果之间关系的中介变量是内在动机。

4.4.1 内在动机

内在动机被定义为，个体因某一活动本身有趣或令人愉快而做出某一行为。有时我们从事某些行为完全是因为喜欢。例如，你可能喜欢写短篇小说、弹奏乐器或爬山。如果是这样，你做这些事情不是因为你希望从中得到什么（如金钱），而是因为你喜欢。这些行为是由内在动机驱动的。当我们体验内在动机时，行为本身就是目的。你不是为了获得报酬或社会认可才这样做，而是因为你感觉活动本身很有趣。

当泰勒·斯威夫特（Taylor Swift）被问起为什么要写歌时，她答道："我喜欢写歌，当艺术家是我喜欢做的事。"同样，作家约翰·欧文（John Irving）曾说过："我如此努力写作的原因是，写作对我来说不是工作……写作对我来说意味着快乐。"

正如泰勒·斯威夫特和约翰·欧文的话所表明的那样，当我们受内在动机激励时，我们感觉工作不再像是工作。内在动机意味着我们自愿进行某项活动，有些研究者使用"自决"一词来指代受内在动机激发的人（自决理论由此而来）。

有些研究表明，内在动机可能会调节需求实现与积极结果之间的关系。首先，有证据表明需求实现会引发内在动机。根据自觉理论，任何促进自主感、能力感或归属感的行为都会激发内在动机。同样，动机分层理论也提出了类似的因果关系。根据该理论，环境中促进自主感、能力感和归属感的因素（通常是社会因素）会激发内在动机，而内在动机又会对个体的身心产生积极的影响。因此，这两种理论都将内在动机视为需求实现和积极结果之间的中介变量。

其次，内在动机会导致积极的结果，包括任务坚持性、创造力、活力、自尊和幸福感。因此，旨在提高内在动机的教育计划和健康干预在提高学生学习成绩和改善个体身体健康（如运动、减肥和戒烟）方面非常成功。

总体而言，这些研究表明，内在动机调节了需求实现与积极结果之间的关系。为了验证这一点，研究者让被试在各种环境条件下完成一项任务。结果表明，个人选择等因素增强了需求满足感，使得被试内在动机增强，而这又激发了人们更强的任务专注度、积极情绪以及未来从事这一任务的愿望。

4.4.2　外在动机

众所周知，人们做事并不总是因为有趣。你上班是为了获得报酬，阅读课本是想取得好成绩，开车不超速是想避免罚单。在这些例子中，行为被视为实现另一个目的的手段，这些行为由**外在动机**（extrinsic motivation）驱动。外在动机被定义为个体出于某种外在原因而做出某一行为。

每当我们为获得某种回报（如金钱、好成绩、赞美、奖杯）或避免某种惩罚（如超速罚单、批评、社会排斥）而做某事时，就会出现外在动机。因此，内在动机与自主、能力和归属目标相关，而外在动机与其他目标相关，包括赚很多钱、改善形象、提高知名度或与他人保持一致。

内在 – 外在连续体 到目前为止，我们似乎把内在动机和外在动机看作两个独立的类别，但事实要复杂得多。我们可以把两者视为一个从完全外在到完全内在的连续体上的两个极端，而不是将它们视为单独的类型。这样做的一个好处是有助于解决一个重要难题。年幼时，人们的行为在很大程度上受外在因素（如奖励和惩罚）的驱使；但成年后，人们更多受内在动机的影响。人们究竟是如何变得更加受内在动机激励的呢？

这一问题的答案似乎是**内化**（internalization），即个体将外部社会规则和要求转化为内部的、个人认可的价值观的过程。G.W. 奥尔波特（G.W. Allport）是第一个在其**动机功能自主**（functional autonomy of motives）概念中认识到这一点的人。这一概念表明，随着时间的推移，行为的初始动机可能与实际行为分离。例如，小孩可能为了让父母感到自豪而去学骑自行车，但随着时间的推移，她可能会内化这种自豪感，最终会纯粹出于享受而骑自行车。这个例子表明，在发展过程中，人类可能将外部的奖励或规则内化，使其成为自己的奖励和规则。因此，内化是人们将先前的外在动机转化为内在动机的手段。

为了体现连续体概念，瑞安及其同事创建了 PLOC（Perceived Locus of Causality，因果感知）内化连续体，将动机以连续体的形式呈现。此外，根据 PLOC 连续体，实际上存在四种不同类型的外在动机，从"完全外在"到"几乎内在但不完全是"（见图 4-3）。

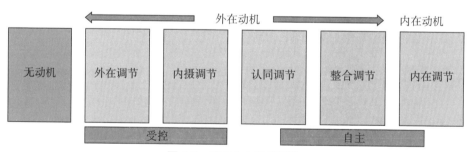

图 4-3　PLOC 内化连续体

注：根据 PLOC，动机可以呈现为从无动机到内在动机的连续体。

5 自主

泰勒的故事

　　每年，来自世界各地的雄心勃勃的艺术家们都会背着行囊来到纳什维尔，希望成为下一个大明星。尽管许多人试图实现这一远大目标，但很少有人能成功。14 岁时就能成功的人更是凤毛麟角，但歌手兼作曲家泰勒·斯威夫特做到了。这种事已够罕见了，但让泰勒的故事更加罕见的是，当她看起来已经实现目标，有机会与美国广播唱片公司签订艺术家发展协议时，她放弃了。为什么一个即将实现人生梦想的年轻艺术家会做出如此冒险的举动？答案与自主有关。

　　泰勒·斯威夫特从小就知道自己想成为一名歌手。她在宾夕法尼亚州的一个小型圣诞树农场长大，为满足自己对唱歌的热爱，她什么都尝试过：在当地展会上表演，在路边酒吧和咖啡馆演唱，参加当地的才艺大赛。但是，看了关于乡村歌手菲丝·希尔（Faith Hill）的一集《音乐背后的故事》（*Behind the Music*）后，她当下决定，一定要去田纳西州的纳什维尔。11 岁时，她说服父母带着她来到纳什维尔，这样她就可以把演唱样带交给"音乐街"（music row）上那些"臭名昭著"的唱片公司了。

　　在接连被拒绝后，泰勒很快意识到竞争非常激烈。她回到家，说服一位电脑修理工教她在吉他上弹奏三个和弦。父母试图向她解释，她才 12 岁，手指太短，无法弹奏普通型号的吉他，但这反而让泰勒更加坚定。正如她的母亲所说："永远不要对泰勒说'没门'或'不行'。她开始每天弹（吉他）几个小时，周末弹 6 小时。她的手指上磨出了茧子，茧子破了会流血，我们给她包起来，她又接着弹。"很快，泰勒就把她对吉他的热爱与她的另一个爱好——诗歌——结合起来。泰勒10岁就开始写诗，并且在全国诗歌比赛中获过奖，学会弹吉他后，她就可以为诗歌配上音乐，一位音乐人就这样诞生了。几年后，泰勒带着原创歌曲的演唱样带再次来到纳什维尔。这一次音乐街的人大为吃惊，美国广播唱片公司将与这名八年级学生签下艺术家发展协议。

但并非所有的事情都按照泰勒的计划进行。美国广播唱片公司的高管希望泰勒录制由经验丰富的词曲作者创作的歌曲，让她等到18岁再发行第一张专辑。泰勒确信这是错误的做法。虽然只有15岁，但她清楚地知道自己的歌唱生涯应该是什么样的，她不会唱其他人写的歌。于是泰勒做了一件音乐界很少有人有勇气做的事情：她放弃了签约的机会。泰勒没有成为其他人想要她成为的艺术家，而是选择冒险，以便坚持自己作为艺术家的理想。后来，她与一家新成立的独立唱片公司签约。这一冒险很值得，她的第一张专辑取得了巨大的成功。

为了能唱自己创作的歌曲，泰勒不惜放弃与唱片公司签约的机会，这说明自主和独立对这位年轻艺人是多么重要。她的大胆举动得到了10倍的回报：泰勒获得了七项格莱美奖及多项美国音乐奖和乡村音乐奖，并且入选作曲家名人堂。但她对自主的渴望并没有因为她的决定而停止。泰勒职业生涯的每一个决定几乎都是由她自己——而不是父母、经纪人或唱片制作人——做出的，因此泰勒·斯威夫特是她那一代人中最独特的成功音乐艺人。"在我的职业生涯中，向人们描绘什么，我就得经常作为什么的掌控者，"泰勒曾说过，"凡是我不赞成的，我从来不想成为那样的形象，那种别人为我设计的形象，这种事想想都让我感到害怕，甚至比失败更可怕。"

为确保完全掌控自己的职业生涯和个人品牌，泰勒拒绝聘请经纪人，而是自己做出关乎职业生涯的几乎所有决定。泰勒在接受采访时说："作为一名音乐艺人，商业是最重要的事情之一，因为你在与管理层的会面中做出的每一个选择都会影响你今后一年半的生活。"泰勒不仅在自己的生活中体现自主和独立，她也鼓励歌迷要自主和独立。对于洗耳恭听她每一句话的少男少女们，她创作了许多歌曲鼓励他们要自主。无论是歌唱不再回头［《我们再也无法回到过去》（We Are Never Ever Getting Back Together）］还是歌唱反抗欺凌［《狠毒》（Mean）］，她的歌曲都在鼓励年轻听众做真实的自己，要敢于挺身而出。

泰勒·斯威夫特的故事告诉我们一个关于人性的重要原则。和她一样，我们都想成为自己生命的主宰者，我们都希望独立，能掌控自己的命运。但这种对控制的渴望真的强于我们对金钱和名望的渴望吗？对泰勒·斯威夫特来说是这样。她冒着失去与唱片公司签约的风险，拒绝唱其他人写的歌。这样的人不只她一个。

在本章，我们将讨论为什么控制感是人类的一种基本需求，此外，还将讨论当人们感觉缺乏控制时会有什么不良后果。

5.1　自主需求

假设你在参与一项疼痛耐受性研究，实验者将你的双手捆在电导体上，告诉你机器将给你的身体带来痛苦的电击。实验者让你在下列两个选项中选一个。

选项 A：在该任务中共接受五次电击，由计算机随机启动，每次持续一分钟。电击何时发生由计算机决定，你根本无法预测。

选项 B：在该任务中电击次数和持续时间与选项 A 相同。与选项 A 的不同之处是电击引起的疼痛程度稍强，但是你可以控制电击开始的时间。实验者给你一个按钮，你感觉准备好时，只需按下按钮即可启动电击。

你选 A 还是 B？A 痛苦程度略轻，但何时开始随机确定。B 疼痛程度稍强，但你可以控制开始时间。

大多数人会选 B。这是为什么？B 项不是更疼痛吗？虽然 B 的疼痛程度更高，但它有非常积极的一面：控制。大多数人选 B 而不选 A，这一事实表明控制需求有多么重要。为了获得对局势的控制感，人们宁可遭受身体上的疼痛，疼痛可是最令人类讨厌的体验之一。人们不仅更愿意选 B，而且当被试在研究中被迫忍受电击时，如果能控制开始时间，他们就能更好地应对疼痛。在一项研究中，允许控制电击开始时间的被试，能够忍受的疼痛程度更高。

这些结果表明，自主是人类的一种基本需求。自主即对自由、个人控制和自由选择的渴望。自主如此重要，没有它，人不再像人，更像是动物或物体。正如托马斯·杰斐逊（Thomas Jefferson）所说："如果没有选择的可能性，没有机会进行选择，那么人不再是人，而是一个成员，一个工具，一样东西。"因此，在杰斐逊看来，人之所以是人，就是因为自主。

> ### 试一试：你的朋友会选择哪一个
>
> 试着问一下你的朋友，看他们选 A 还是选 B。你甚至可以把这个问题发到你的社交主页上，看大多数人倾向于选哪个，并问问他们为什么。看看他们的理由是否与自主需求有关。

5.1.1 紧急按钮效应

人们对个人控制有如此强烈的需求，这一点显然很重要。然而更有趣的是，研究发现人们不需要实际控制也能获得其益处。那些自以为能够控制电击的人，即便在根本无法控制电击的情况下，也表现出较少的压力！这一倾向被称为**紧急按钮效应**（panic button effect），这一效应是从最早的一项研究中发现的。

在被试试图完成拼图任务时，研究人员没有让被试接受痛苦的电击，而是让其经受巨大的噪音。为了操纵控制感，所有被试面前的桌子上都有一个按钮，但研究人员只告诉一半被试，按下这个按钮噪音会立即停止。他们告诉这一半被试，如果噪音变得难以忍受，可以按下按钮使其停止，但应尽量避免这样做，因为这样做会破坏实验。在整个研究过程中，没有一个被试实际按下按钮，但相对于另一半被试而言，那些被告知可以按下"紧急按钮"的人，在完成任务过程中表现出的压力更小，而且拼图任务完成得更好。

尽管这些被试从未使用过紧急按钮，但他们知道有这样一个按钮存在，让他们感觉当情境变得难于忍受时，他们对情境有一定的控制，这一想法给了他们很大的安慰。这项研究很重要，因为研究表明，控制感可能比控制本身更重要。在本章后面我们讨论控制幻觉时，还会再讨论这一点。

5.1.2 控制比金钱更重要吗

目前，已有的研究表明，控制比逃避疼痛更重要。那么人类的另一个重要激励因素——金钱呢？控制比金钱更重要吗（见图 5-1）？泰勒·斯威夫特的故事表明，有时人们愿意放弃金钱以换取个人选择感和自由感。但泰勒的情况是一个极端的例子，下面是一个离我们更近的例子。

图 5-1 动机：金钱与控制

以教过你的任何一位心理学老师为例。你的老师很可能拥有心理学博士学位，这意味着他或她读了几年研究生才获得某个职位。根据目前美国心理学会（American Psychological Association，APA）的统计数据，心理学研究生平均需要 5~6 年才能拿到博士学位。如今，很多学生就业前还要完成两年的临床实习或博士后研究，再加上获得学士学位所需的 4 年最低时限，这意味着大多数心理学教授在大学教育中投入了 12 年或更长时间。这相当于从一年级到高中又上了一遍！是什么促使一个人为一份工作牺牲这么多年的时间？肯定是因为挣钱多，对吧？

先别这么快下结论。虽然拥有心理学博士学位的人可能比拥有心理学学士学位的人挣的钱多，但相差并不是很多。事实上，你的心理学教授挣的钱可能比那些在商科或市场营销等其他领域用 2 年获得硕士学位的人挣的钱少得多。根据美国心理学会的最新统计数据，一位新任心理学教授平均每年挣 63 000 美元。对于一名本科生来说，这听起来可能不少，但是拥有商科硕士学位的人上学的时间不到这位心理学教授的一半，而赚的钱是他的 3 倍，你可能会疑惑为什么这些人做出了这样一个不合逻辑的决定。答案可能是自主问题。你的心理学教授可能不如从事其他职业的人挣钱多，但是他们拥有很多自主权。在大多数情况下，你的心理学教授可以选择教什么课、什么时候教，以及怎么教。除了教课，教授还可以决定什么时间上班，午休多长时间，什么时间下班。他们甚至可以选择是否在家工作，选择在暑期是休假还是教授短期课程以获得额外报酬，或者选择是否申请一个学期的学术休假。这并不是说教授不如其他领域的人工作努力。恰恰相反，大多数教授每周工作超过 40 小时，但区别在于，他们可以自由分配这 40 多小时。因此，对他们来说金钱上的欠缺从个人控制方面得到了弥补。事实上，根据 2013 年的一篇文章，《福布斯》（Forbes）杂志之所以将大学教授列为压力最小的工作者，正是因为这种高度的自主。这意味着，在大多数情况下，选择成为教授的人可能是那些重视自主胜于金钱的人。对他们来说，自主如金子般可贵！

与金钱相比更看重自主的不仅仅是教授们。事实上，最近一项**荟萃分析**（meta-analysis）回顾了对近 50 万人进行的 63 项研究的数据，最后得出了相同的结论。这些结果表明，更强的自主感与更强的幸福感密切相关，而财富与幸福感不直接相关。这意味着富人并不比穷人快乐，但是自主感较高的人比自主感较低的人更快乐。事实上，这些研究者发现，财富与幸福有关联的唯一原因是，因为财富让人们感觉对自己的生活有了更多的控制。因此，如果让你在自主和金钱之间做出选择，这些实验及研究结果都表明你应该选择自主。

5.1.3 自主需求引发行为

根据自决理论，自主是推动行为的三个"人类核心动机"之一。如果是这样的话，自主应符合人类核心动机的标准。我们在前文中讲过，第一个标准是，核心动机必须引发旨在满足相关动机的行为。正如缺水会引发口渴，而口渴又会激发个体寻找水的行为一样，缺乏自主也会产生寻求自主的行为。

为了研究这种可能性，研究者让大学生们反思自己在之前一周感受到的自主程度（如"我本来可以没有这么多压力"）。接下来，研究者向这些学生提供了一系列活动，让他们说明自己想做什么。其中有些活动旨在满足他们的自主需求（如"我想创造一种生活方式，其他人不再向我施压，我想做什么就可以做什么"），而有些活动则不是为了满足这种需求（如"我想找到灵魂的伴侣"）。结果表明，那些觉得自己缺乏自主性的学生，对追求恢复自主的活动更感兴趣。这一结果和这两位研究者的其他研究表明，自主是一种以缺陷为导向的需求，其原理类似口渴等生理需求。

5.1.4 自主需求产生积极的结果

人类核心动机的第二个标准是，动机的实现会产生促进生存的积极结果，反之动机实现不充分会导致威胁生存的负面结果。许多研究已经证明人们获得自主带来的好处，从而支持这一标准。

首先，那些追求满足其自主需求目标的人，比追求财富、名望或地位等目标的人，具有较高的自尊和幸福感，以及较低的抑郁和焦虑感。那些通过个人选择（如自己选择墙面装饰）支持自主的养老院中的老人，比那些不支持自主的养老院中的老人，具有更高的幸福感。

其次，当人们体验到自主感时，其目标绩效会更好。有自主动机的学生能更好地理解课程中的概念，更好地坚持学术活动和体育活动，取得更好的学习成绩，同时也更具创造性。同样，有自主动机的员工，其工作满意度更高，对工作更投入，取得好业绩的动机更强，绩效评级更高。重要的是，研究表明，自主的这些益处也发生在俄罗斯和日本等不那么提倡独立精神的文化中。

为什么自主会提高目标绩效？一种可能的解释来自最近一项神经科学研究。这项研究发现，自主增加了大脑对失败的敏感性，从而促使更高的目标绩效。

由于自主能带来这么多的益处，所以取消自主是我们惩罚他人不道德行为或非法行为的主要方式之一。囚犯无法选择在哪里住、吃什么、拜访什么人，以及每天干什么。另一个不那么极端的例子是，孩子表现不好时，父母经常用"关禁闭"来惩罚孩子。关禁闭之所以有效是因为这使孩子失去了自主，至少是暂时失去自主。

我们从自主目标中获益的一种方法是，确保我们追求的目标是"正确"的。追求"正确"目标的一种方法是选择与自己一致的目标（即自我和谐目标）。**自我和谐**（self-concordance）意味着目标与个体的自我感相符（或一致）。因此，目标越是与身份相符，人们也就越自我和谐，越会产生自主感。这意味着当我们选择最符合自己个性和价值观的目标时，我们最有可能获得自主的益处并充分发挥我们的潜力。例如，一名善于交际的性格外向的女性从事图书管理的工作可能不会成功；同样，一名性格腼腆、内向的女性从事派对策划的工作也不会成功。研究表明，采取与自我一致的目标也可以带来与自主相关的益处，如积极的情绪、较高的生活满意度、活力感及目标的实现。因此，人们认为，采取与自我一致的目标会产生积极变化的"向上螺旋"。

5.1.5　自主具有普遍性

人类核心动机的第三个标准是，自主应当是一种在不同文化中都显而易见的普遍动机。尽管大多数关于自主的研究都是针对美国被试进行的，但许多研究也对其他文化中的人是否存在自主需求进行了验证。例如，瑞安及其同事重复了其早期的一些研究，这些研究发现，强调自主目标的人比追求财富、名望或地位等其他目标的人有更高的幸福感，但这次他们把俄罗斯人作为样本。使用保加利亚人作为样本的另一项研究得出了同样的结果，即促进自主的工作环境会使人在工作中产生更强的任务动机和更好的心理适应。尽管保加利亚的政治制度、经济体制和价值观体系与美国完全不同，但这项研究在保加利亚的样本和美国的样本中发现了类似的结果。此外，许多研究发现，无论被试是来自美国、俄罗斯、土耳其、韩国、巴西还是加拿大，更多的自主都与更高的幸福感相关。因此，自主是人类核心动机这一论断在东西方文化中都得到了支持。

写一写

自主与人生重大决定

回想一下你过去做出的一个重大人生决定。你的决定在多大程度上与你的自主需求有关？你的决定在多大程度上促使你的自主感增加或减少？

5.2 归因理论

如前所述，自主概念类似于个人控制。你感觉对生活的控制越多，就越能满足你对自主的需要。许多不同的动机理论都是基于外部控制和内部控制的区别，但与这种区别最相关的理论是归因理论。

要了解归因理论，请看下面的例子。

当你在高速公路上开车，看到路边发生车祸时，你首先想到的是什么？你首先想到的很可能是"发生了什么事"。当你伸长脖子看到汽车残骸时，你自动开始猜测事故的原因。是天气原因吗？是因为司机没留心？虽然这种重构事故的倾向可能看起来有点病态，但这是基于人类的一个自然倾向，我们总是试图找出自己和他人行为的原因。这一倾向告诉我们，不只是动机心理学家试图理解人类行为的动机，我们所有人都会这样做，这是为什么？

弗里茨·海德尔（Fritz Heider）认为，我们以这种方式寻找信息是为了能够预测将来会发生什么，而且有可能对情境进行控制，使其不再发生。如果你确定引起车祸的原因是危险的交叉路口，那么你可能会避免再次穿过该交叉路口。因此，确定行为的原因——无论是我们自己的行为还是其他人的行为——有助于增加我们的自主性。关于行为或结果原因的这些信念被称为**归因**（attribution）。因此，每当我们尝试确定自己的行为或他人的行为的原因时，我们都是在进行归因。

根据伯纳德·韦纳（Bernald Weiner）的归因理论，当结果出人意料、重要和 / 或消极时，我们最有可能寻找原因。车祸的例子绝对算得上出人意料和消极。同样，当我们的考试得分低于预期或者被恋爱对象抛弃时，我们会立即采取归因思维，来确定导致这一结果的原因。在这种情况下，我们感觉事情好像不在我们的掌控之中——就好像我们的自主被剥夺——因此我们将归因思维作为重新获得某种控制的一种方式。

5.2.1　归因类型

现在，我们知道归因何时会出现，接下来需要问的问题是人们会做出什么类型的归因？根据韦纳的最初构想，大多数归因都属于两个维度：控制点和稳定性（见图 5-2）。

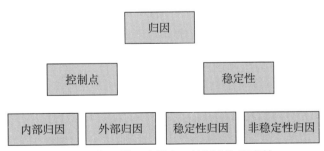

图 5-2　归因的两个维度：控制点和稳定性

控制点是指控制行为结果的力量源。**内部归因**（internal attribution）是存在于个体内部的原因，**外部归因**（external attribution）是情境方面的原因。假设一名学生化学考试不及格，如果她断定成绩不好是因为自己对考试内容不熟悉，那么她是在进行内部归因；如果她断定成绩不好是因为老师出的题太难，那么她是在进行外部归因。

稳定性是指引起事件的原因在不同时间和不同情境下是否稳定。**稳定性归因**（stable attribution）经常出现，**非稳定性归因**（unstable attribution）偶尔出现。一名学生认定自己的化学考试永远不会及格是在进行稳定性归因，而一名学生认定自己的化学考试不及格纯属偶然、再也不会发生是在进行非稳定性归因（见图 5-3）。

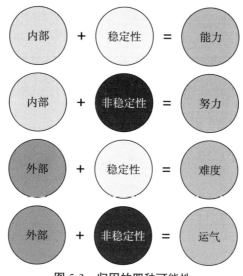

图 5-3　归因的四种可能性

注：把控制点和稳定性两个维度组合，会产生四种可能性。

尽管大多数归因可以按照这两个维度进行分类，但后来的研究者认为，其他维度也起了作用，于是对韦纳的理论进行了补充。新增的维度包括有意/无意和整体/局部。

正如研究者所料，人们对结果所做归因的类型对其未来的行为有很大的影响。以与自主主题（内部与外部控制点）相关最大的归因维度为例，越是把其结果做出内部归因，人们就会感觉越自主。把考试成绩不及格归因于缺乏能力或不够努力的学生，仍然可能觉得将来自己的分数能提高，但是把成绩不及格归因于运气不好或老师傲慢的学生，会感觉对自己未来的表现几乎无法控制。

因此，人们越是能够对自己的行为做出内部归因，就越能感觉自己的自主需求得到了满足。

5.2.2　影响归因的因素

有些人比其他人更有可能相信自己有内部控制点。朱利安·罗特（Julian Rotter）在其"控制点"人格理论中提出了这一论点。根据这一理论，内部控制点较高的人相信，他们是"自己命运的主人"，他们觉得生活中的结果是由自己的行为和选择引起的。相反，外部控制点较高的人相信，他们的生活主要由自己无法控制的因素所驱动。这些因素可能包括任何数量的外部原因，包括运气、机会、上帝或有权势的其他人的影响。因此，内部控制点较高的人更有可能做出内部归因，会感觉更能控制自己的成功和失败；外部控制点较高的人更有可能做出外部归因，因此对其成功和失败的控制感较低。

控制感不仅存在个体差异，而且还存在情境差异，也就是说，某些情境能让我们感受到更多的个人控制感。例如，在课堂上，决定学生自主感的一个重要因素是教师。一方面，采取控制方法的教师认为，其工作是确保学生做得正确，让他们做什么就做什么。另一方面，采取自主方法的教师认为，其工作是鼓励学生自己解决问题，从错误中吸取教训。

为了研究教师的这种差异对学生的影响，德西等人在学年开始时对一些小学教师进行了评估，看他们是采用控制方法还是自主方法。两个月后，研究者对学生的内在动机、学业上的能力感和自尊进行了评估。结果显示，与控制型教师教的学生相比，自主支持型教师教的学生对学习的内在动机更强，在学业上感觉更有能力，自尊心更强。对法学院和医学院的大学生进行的研究也得出了类似的结果，这些大学生从教师那里获得的自主支持越多，他们的平均成绩越高，顺利毕业或通过律师资格考试的可能性越大。

写一写

最近一次争吵的归因

回想一下最近某人做了某事让你伤心或沮丧的情形（如你与亲人或朋友的一次争吵）。当时你对此人做了什么归因可能导致你的心情沮丧？回顾往事，你是否可以对其行为做出不同的归因，以让自己不那么沮丧？

在这场争吵中你的行为呢？当时你对自己的行为做了哪些归因？现在回过头来看这

场争吵，你的归因有变化吗？

5.3 过度合理化效应

教师和管理者试图激励学生或员工的一个常用方法是提供奖励和激励。教师可以给考试分数最高的学生奖励一颗金星，管理者可以为月度销售额最高的员工发奖金。同样，父母经常试图通过赞美、提供美味的食物或答应买新玩具，来激励孩子好好学习、吃蔬菜或打扫房间。但这种方法真的有效吗？要回答这个问题，我们需要考虑内在动机和外在动机。

如果一名学生为获得金星而取得好成绩，或者一个孩子为得到甜点而吃蔬菜，那么她是受内在动机的激励，还是受外在动机的激励？

内在动机比外在动机更有效。但是，如果一个孩子已经具有完成某项任务的内在动机，而你在此基础上增加了外在奖励的承诺，那会怎么样？这会不会让孩子的动机更强，因为这样会使孩子好好表现的动机加倍？如果你问别人这个问题，大多数人会说，他们认为额外奖励只会使动机增强。过去大多数动机研究者也这样认为，直到一项特别有说服力的研究出现，我们才开始质疑这一假设。

在德西的经典实验中，一些大学生被要求完成拼图游戏，拼图由一系列塑料片组成，这些塑料片可以用多种方式拼成不同的形状。所有人完成的拼图数量相同，但是一半学生因完成任务而得到一些报酬（外在动机），而另一半学生没有得到报酬。然后是所有被试的"自由活动时间"，实验者告诉学生们他要离开房间，在他离开的时间，他们可以继续拼拼图（没有报酬），也可以做其他事情。除了拼图，房间里还有一些杂志供被试翻看，包括最新一期的《纽约客》（*New Yorker*）、《时代周刊》（*Time*），甚至《花花公子》（*Playboy*）！被试在自由活动时间拼拼图的时间长短可以作为衡量其内在动机的标准，因为这意味着被试很享受拼图游戏，即便在不是必须做或没有报酬的情况下，他们仍然继续拼拼图。在自由活动时间，哪些人玩拼图的时间最长呢？让我们看看图5-4。

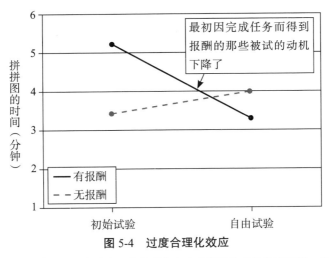

图 5-4　过度合理化效应

注：在第一阶段获得报酬的被试，在报酬停止后对拼图的兴趣急剧下降。相反，完成拼图没有得到报酬的被试，仍然觉得拼图很有趣。

这项研究的结果表明了人们通常所说的过度合理化效应，指的是当人们因为做本来喜欢做的事情而获得外在奖励时出现动机减少的现象。在这种情况下，外部奖励会削弱甚至破坏内在兴趣，最终使动机下降。这一效应已在 128 项涉及各种不同任务的研究中得到证实。有研究表明，这一效应甚至会发生在 20 个月大的婴儿身上。

5.3.1　过度合理化效应举例

不幸的是，对于演员、音乐家、艺人和运动员来说，过度合理化效应太常见了，有人突然向他们支付大量金钱，让他们去做以前自己因为喜欢而做的事情。例如，2005 年喜剧演员大卫·查普尔（David Chappelle）高调放弃了他在喜剧中心频道的一档热播节目和 5 500 万美元的合同，因为他觉得节目的成功开始削弱他对喜剧的喜爱和自主感。几年后当他开始在灯光昏暗、烟雾缭绕的酒吧里表演喜剧时，他才再一次感受到自己对喜剧由衷的热爱。同样，波士顿凯尔特人队的前篮球运动员比尔·拉塞尔（Bill Russell）曾经说过："我记得，一旦我认真考虑为谋生而打球，对我来说这项运动就失去了一些神奇的特质。"这种过度合理化可能是泰勒·斯威夫特如此努力保持对其音乐和职业生涯控制的一个原因，这样她才不会感觉写歌或表演只是为了赚钱。

　　我们也可以在大学生身上看到这种过度合理化效应。当父母用给孩子支付学费来奖励他们取得的优异成绩时，这一效应就会出现。家长们认为，帮助孩子支付这些费用能使他们专心学习而不用担心金钱问题，从而提高学习成绩。但过度合理化效应表明，事实可能并非如此。研究表明，父母为孩子的大学教育提供的经济支持越多，孩子的成绩就越低。这一令人吃惊的结果是通过分析各种大学（包括私立大学和公立大学）的真实数据得出的。甚至在研究人员对父母的社会经济地位进行控制的情况下，结果也是如此。

　　这究竟是为什么？很有可能是当大学生们自己支付学费时，他们会感觉更自主，同时会感觉上课、学习、取得好成绩是自己的责任。由父母支付学费的学生可能感觉自己在教育上投入较少，因此可能更经常逃课，满足于只达到毕业要求的最低标准。这并不是说父母不应该在经济上支持子女的教育，这只意味着，这样做的父母应该注重其他方式，让孩子对自己的学习成绩负责。最后，上大学不仅仅为了通过考试或获得学位，而是为了培养找到好工作和人生成功所必需的技能，学生们应始终牢记这一点。

5.3.2　过度合理化效应的原因

　　为什么会出现过度合理化效应？答案当然与自主有关。当我们纯粹因为喜欢而完成一项任务或参加一项体育运动时，我们会有一种极大的自主感。但是，当我们为获得报酬而做出同样的行为时，我们突然感到不再完全有掌控感。即使不喜欢，我们也必须出场、参加比赛或完成任务，因为我们的薪水依赖它。

　　这并不是说金钱或奖励没有激励作用。再看看图 5-4 你会发现，在初始试验中因完成拼图而获得报酬的人，在完成任务时花费的时间更多。这告诉我们，在短期内，外在动机可能是提高成绩的有效方式。但是，在没有报酬的情况下，学生们在自由活动时间的表现同等重要。此时，我们看到外在奖励的负面效应。这告诉我们，外在奖励可能在短期内有益，但从长远来看是有害的。研究发现，其他类型的外在激励也出现了类似的效应，包括奖励承诺、玩具承诺和惩罚威胁。

　　因此，如果你想鼓励孩子吃蔬菜，就要避免使用老一套的方法（"如果你吃西兰花，饭后就可以吃甜点"），因为这样做会削弱孩子的自主。家庭教育专家建议，你应当给孩子几个选择——"今晚你可以在胡萝卜、西兰花和豆角中选一样"——让她选择自己爱吃的蔬菜。另一个选择是让孩子参与烹饪的过程，让她给胡萝卜削皮或择豆角。在这两种情况下，你都会促进孩子的自主感，使她更有可能吃蔬菜。

虽然许多研究支持过度合理化效应，但有些研究未能找到支持性证据，导致一些研究者质疑这一效应的有效性。缘于这种科学的怀疑态度而进行的研究表明，过度合理化效应在一定条件下才会发生。

- 第一个因素是任务本身必须有趣。也就是说，任务至少具有让人们产生内在动机的潜力，这样过度合理化效应才有可能发生。当任务本身无聊或没有吸引力时（如擦洗马桶），引入外在奖励会促进表现，因为没有内在动机可以削弱。
- 第二个因素是奖励必须是人们所预期的，也就是说，在知道会有奖励的同时，个体必须完成该任务。如果个体事先期待奖励，这可能会削弱其自主和内在动机。但是当奖励出乎意料时，不会影响其内在动机。
- 第三个因素是奖励必须是物质的而不是口头的。提供物质奖励（金钱、奖杯、食物）可能会降低内在动机，但口头表扬却不会。

因此，只有满足任务有趣、人们期待奖励和奖励是物质的这三个条件，过度合理化效应才有可能发生。

控制加倍

你越是能控制自己的生活和行为，你的状态就越好。如果你能使自己的控制自动加倍，结果会是什么样？有研究表明，我们的朋友、约会对象和配偶的自我控制水平对我们的生活会产生巨大的影响。研究者发现，两个人的控制水平加起来的总数越大，他们的关系就越好。因此，提高生活满意度的一种方法是，寻找具有高度自我控制能力的朋友或伴侣。这些人对伴侣更加宽容，出现问题时更善于沟通。意志力强大的伴侣在我们需要的时候会"借力"给我们；在我们懈怠时，他们会督促我们吃得更健康或督促我们去健身。

写一写

为什么过度合理化效应仍在继续

根据你刚学到的关于过度合理化效应的知识，你认为人们为什么会继续尝试使用外在奖励来激励他人？你是否认为对于某些情况或某些行为来说，外在奖励可能更有益或更有害？

5.4 控制幻觉

在本章前面部分我们谈到，即使当实际上人们不能控制却产生能够控制的幻觉时（如紧急按钮效应），人们也能获得自主的益处。这一事实告诉心理学家，感知能够控制比实际能够控制更重要。你可能在想，这种事情实际发生的频率是多少。也就是说，实际上不能控制却产生能够控制的幻觉，出现这种情况的可能性有多大。答案是，这种情况似乎经常发生，至少大多数精神健康的人是这样。

一般而言，大多数人倾向于高估自己在生活中的自主能力，这一现象被称为**控制幻觉**（illusion of control）。在很长一段时间内，人们认为心理健康的一个基本要素是对自我和所处环境的准确感知。然而，这一假设受到谢利·泰勒（Shelley Taylor）和乔纳森·布朗（Jonathon Brown）的质疑，他们认为精神健康的人拥有积极幻想，换句话说，他们比患有精神障碍的人更有可能以不切实际的积极方式看待自己，而且他们对于自己对环境的控制程度的感觉比实际情况更好。然而，患有抑郁症的人实际上对自己的能力及其对周围环境的控制程度有更准确的感知，这一概念被称为抑郁现实主义。

患抑郁症的人的自我认识更准确，这听起来好像与人们的直觉恰恰相反，不过让我们看看下面的例子。

假设你在拉斯维加斯，一对年轻夫妇刚在教堂举行完婚礼出来，如果你走上前问他们："你们刚刚开始的婚姻以离婚告终的概率有多大？"你觉得他们会如何回答。根据当前的统计数据，第一次婚姻以离婚告终的概率约为50%。如果这对夫妇对他们的离婚概率有准确的评估，那么他们会这样回答你的问题："我们会离婚的概率有50%。"但谁会这么说呢？我们大多数人都倾向于相信，尽管有 50% 的概率会离婚，但我们的关系比其他人的关系更好。因此，我们认为我们的关系能够避免大多数夫妻容易犯的错误。

这个例子说明，持有这种过于积极的观点可能对我们和我们的关系有利。有些研究者甚至认为，持有这样的观点是人类进化的结果，因为控制幻觉有利于人类生存。我们越是高估自己的控制感，就越有可能尝试新的体验，为更伟大、更美好的事物而奋斗，同时对我们的基因延续所必需的资源进行控制。

5.4.1　选择对控制幻觉的影响

控制幻觉显然是由自主这一基本需求所驱动。因此，环境中任何突出自主的事物都会激活控制幻觉。其中一个环境特征就是选择，给人们选择权会增加其对任务的自主感，即使实际上他们并没有做出与手头任务相关的选择。拥有的选择越多，我们的自主感就越强，因此就越有可能在其他情境下高估我们的控制能力。

在一项关于选择的研究中，被试需要通过掷骰子来赌钱。在掷骰子之前被允许选择数字的被试（"我想我会掷出数字 3"）最终投注的钱多于（表明他们对结果有更多的控制）被实验者分配数字的被试。

在购买彩票的人身上也可以看到类似的选择效应。彩票玩家通常认为，自己选择的号码的中奖概率要高于随机生成的数字。这一信念反映在他们的做法上。与随机确定号码的人相比，自己选择号码的玩家，在出售其彩票时要价更高。具有讽刺意味的是，如果对彩票有所了解，你会知道大多数中奖的人使用的都是计算机生成的数字。这是因为在选择号码时，人们倾向于根据日期（如出生日期和结婚日期）选择数字，这些数字仅限于 31 以下的数字，但计算机可能会使用所有数字。因此，就买彩票而言，拥有太多的自主实际上会降低中奖的概率。

5.4.2　结果序列对控制幻觉的影响

加强控制幻觉的第二个环境因素是一系列积极的结果。经历连胜的人比经历连败的人更有可能认为自己能控制任务。体育运动中的"好运气"就是一个很好的例子。

然而，这种连胜的时机也很重要。在一项旨在验证这一点的研究中，被试进行了 30 次掷硬币游戏的试验。事实上该游戏已被操控,第一组被试在游戏开始时经历了连胜,但在结束时经常失败(即成绩下降);第二组被试在游戏开始时经常失败,但在结束时经历了连胜(即成绩提高)。第三组的胜负次数与前两组相同,但在整场比赛中随机分布。此项研究的结果如图 5-5 所示。

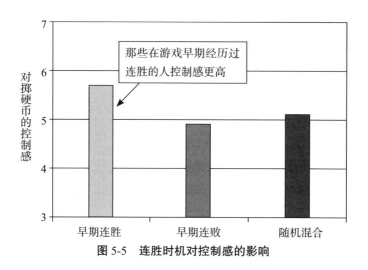

图 5-5 连胜时机对控制感的影响

写一写

生活中的控制幻觉

想想生活中你感觉自己在很大程度上能够控制的某件事,可以是你的职业道路、学习成绩、体重、财务状况或人际关系等。现在思考一下,在当时的情况下控制幻觉可能在多大程度上发挥了作用。现在看来,是否有哪些方面可能比你最初认为的更难控制?

现在你已经掌握有关控制幻觉的知识,这是否会改变你继续做某件事的方式?

5.5 奇幻思维

我们倾向于过高估计自己对随机事件或由外因决定的事件的自主和控制能

力，这可能导致一系列奇异的信念。一些运动员的奇异行为众所周知（在比赛日穿同一双袜子，总是先穿左脚的鞋子）以期提高其比赛成绩。同样，赌徒们经常在抛出骰子之前向手心里的骰子吹一两口气。每当电视烹饪女王雷切尔·雷（Rachel Ray）在烹饪中使用盐时，她都会在肩膀上撒一些盐以确保好运。

心理学家们把人们对迷信行为、来世及超心理现象的信念统称为**奇幻思维**（magical thinking）。虽然人们认为这类话题不属于科学范畴，但最近心理学家们已将注意力转向这一不寻常的话题。然而，现代研究者没有追究这些信念是否正确，而是在质疑为什么我们的社会在教育和技术方面取得了巨大的进步，但这种非理性的信念仍然存在。

一个可能答案是，奇幻思维使我们感觉我们对事件的控制比实际更多，从而实现自主这一核心动机。与这一观点一致，对自主渴望较高的人更有可能"敲木头"（敲木头被认为能带来好运），但只有当其控制感受到威胁时，他们才会这样做。另一项研究发现，在控制幻觉方面得分较高的大学生更有可能相信迷信和先知（在事件发生前知道事件即将发生）。但这些大学生并不认同与控制无关的奇幻信念，如巫术。总之，这些研究表明，只有当奇幻思维能让我们对生活和未来有更强的控制感时，对自主的需求才使我们更有可能采取奇幻思维。因此，当我们感觉主要控制方法被挫败时，迷信可以充当次要控制方法。

5.5.1　蔑视命运

除了迷信思想，另一种可能源于控制幻觉的奇幻思维是对**蔑视命运**（tempting fate）的信念。大多数人不一定相信命运，但他们有一种直觉，如果蔑视命运，就会有不好的事情发生。大多数学生避免在考试中对多项选择题的答案做出更改；当学生没有完成老师布置的阅读任务时，会觉得自己更有可能在课堂上被提问，其原因就在于此。这也是为什么大多数人不愿评论连胜的原因，因为他们担心这会带来霉运。虽然这在逻辑上讲不通，但人们有一种直觉，如果蔑视命运，某件事情就会出问题。

人们不愿蔑视命运显然是由控制幻觉驱动的。我们毫无理由地认为，一些无关紧要的行为（如更改答案或评论连胜）控制着我们未来的命运，因此不愿意这样做。

5.5.2 心控术

心控术（mind control）是另一种奇幻思维，即通过意念使他人以某种方式行事的能力。虽然你可能喜欢阅读像"哈利·波特"这样的魔法书或者观看有关巫术的电视节目，但大多数人都不愿意承认自己相信心控术。然而，无论是否愿意承认，研究表明人们确实相信心控术。

在一项非常独特的研究中，艾米丽·普罗宁（Emily Pronin）及其同事用巫毒娃娃来验证人们是否相信心控术。被试与另一名或友好或无礼的学生互动（事实上，这里的另一名学生是研究人员的助手）。

在这次互动之后，研究人员给了被试一个巫毒娃娃并告诉他们，他们将扮演"巫医"，而另一名学生将扮演"受害者"。然后，研究人员给了被试几枚大头针，告诉他们把大头针插进代表受害者的巫毒娃娃的头部。

当被试再次与该学生互动时，他们无意中听到对方说自己头痛得厉害。后来研究人员让被试说明，是否觉得自己在某种程度上致使另一名学生的头疼。

结果显示，当受害者表现得无礼时，被试对受害者有更多的负面想法，因此更有可能相信自己通过巫毒娃娃致使受害者头痛。这一结果表明，人们并不总是相信心控术。但是，当其思想（"我真的很讨厌那个人"）与负面结果（"现在他很痛苦"）一致时，人们就会错误地相信，是自己导致了结果的发生。

这种对心控术的信念也表现在帮助他人而不是伤害他人的时候。普罗宁及其同事进行的另一项研究发现，那些在脑海中想象篮球运动员成功投篮得分场景的人，更有可能相信他们对投篮者后来的成功起了一定作用。

命运与偶然

当不好的事情发生在你身上时，你是认为它们纯粹出于偶然，自己命该如此，还是认为这是你的错且你应负全部责任？相信偶然和命运的人认为他们生活中的事件是由外部因素引起的。虽然大多数时候从内部找原因更好，但有时从外部找原因更健康。当坏事发生时，尤其如此。在一项研究中，相信外部控制的女性（相信其生活是由运气或命运决定的）比相信内部控制的女性（相信其生活是由自己决定的）更能顺利地应对配偶的死亡。因此，当生活中发生灾难性事件时，应尽量从可能导致事件的外部环境找原因，而不是责备自己。

写一写

分析你的奇幻思维

写出你在生活中拥有的一种奇幻思维，它们可以是你对最喜欢的球队的一种迷信，你在每次考试前遵循的惯例，或者你对鬼魂或僵尸的非理性恐惧。不管是什么，想一想为什么像你这样聪明的人会一直拥有这种不合逻辑的信念。

▶

5.6 对失去自主的反应

很明显，控制对幸福至关重要。那么，当我们感觉失控时会怎样？通常，最令人沮丧的生活事件就是那些威胁我们自主意识的事件。当我们失去工作、生病、被恋人抛弃时，会有什么感觉？其中每一个事件都涉及不同的原因和后果，但它们的一个共同之处是，它们让我们感觉我们正在失去对生活的控制。

由于对自主的需求在人们的生活中发挥着重要作用，有些学者研究了人们对减少个人控制的情境是如何反应的。一般来说，人们对缺乏控制做出的反应有两种。第一种反应是逆反。**心理逆反**（psychological reactance）概念指出，当人们感觉自由被剥夺时，往往通过做出与要求完全相反的事来重申其自主权。例如，当两岁的孩子被告知不能玩某个玩具时，他突然觉得那个玩具更具有吸引力了，于是当他认为无人看管时，便会偷偷地玩那个玩具。因此，逆反是人们在控制受到威胁时试图收回控制权的一种方式。

但有时仅有逆反还不够，我们还试图收回控制权，但不管用。在这种情况下，我们感觉比一开始更加失控。当父母试图控制孩子的行为时，孩子可能会发脾气，但如果父母态度坚决，那么孩子发脾气只会导致被惩罚或关禁闭的结果，这意味着父母对其控制更严格。那么当我们试图收回控制却不能成功时会怎样？答案是**习得性无助**（learned helplessness），人们逐渐明白自己对结果几乎无法控制。正如人们所料，这种认识会导致抑郁和无助感。

5.6.1 逆反

回想一下你十几岁的时候，是否有过父母不让你做什么而你偏去做什么？我们经常把这种行为归咎于"青春期逆反"，但事实上，"让干什么偏不干什么"的倾向反映了逆反这一基本心理学原则。

逆反不仅存在于幼儿和青少年中，在大学生中也有。在一项研究中，大学生们被要求从五张海报中选择一张，但后来他们被告知其中一张海报已售罄。虽然售罄的海报通常不是他们的第一选择（大多是第三选择），但他们突然报告称自己最喜欢售罄的海报。就像那句老话所说："我们总是想要无法拥有的东西。"

逆反理论有助于解释为什么我们会被那些对我们不利的事物吸引。正如马克·吐温所说："凡事越是禁止，就越流行。"布拉德·布什曼（Brad Bushman）进行的一项研究证实了这一点。该研究发现，暴力电视节目中的警示标识经常适得其反。不同年龄的被试阅读了一则关于暴力电视节目的描述，有些包含警示标识，有些包含信息标识，有些则无标识。从图 5-6 中可以看出，结果与我们基于逆反理论的预测完全一致。

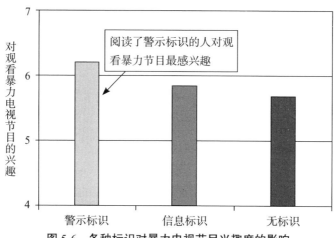

图 5-6　各种标识对暴力电视节目兴趣度的影响

与那些看到信息标识或没有看到任何标识的人相比，看到警示标识的被试对观看暴力节目更感兴趣。这表明，旨在劝阻消费者购买含不健康内容的电影、视频游戏和音乐的警示标识往往适得其反。与我们日常所说的"逆反心理"概念一致，逆反理论告诉我们，如果想让某人做某事，那么就告诉他不要这样做。

欲擒故纵

劝说专家熟谙逆反心理，他们经常利用逆反心理让人们购买其产品或为其捐款，这些统称为稀缺技巧，因为它们依赖于我们对拥有稀缺之物的渴望。当某个产品限期供应或数量有限时，这会引起逆反心理，使人们更想买。例如，在一项研究中，被试认为一罐装两块的饼干，比一罐装 10 块的饼干更令人满意。

这些稀缺技巧既可应用于产品，也可应用于人。当某一潜在配偶或潜在员工"欲擒故纵"时，就会激活这一稀缺原则，使此人在他人眼里更加令人满意。下次当你申请工作或遇到潜在配偶时，可考虑使用稀缺技巧。

5.6.2　习得性无助

当人们开始感觉丧失自主时，他们的第一反应就是逆反理论所描述的反叛。如果几个人把你摁在地上，你的第一反应可能是拳打脚踢、大声尖叫，试图运用你的自主性挣脱束缚。但如果拳打踢腿和尖叫都不管用呢？如果你反抗了几分钟甚至几小时都无法摆脱控制呢？你的下一个反应可能就是无助。你会承认，在这种情况下那几个人占了上风，你能做的就是放弃反抗，向他们的权威屈服。这种反应很正常，而且可能对精神健康有利。但这种无助感也有不好的一面，因为它经常延伸到当前情境之外。研究人员之所以将其称为"习得性无助"，就是因为有机体逐渐明白，一种情境下的无助适用于所有情境。

写一写

人类的习得性无助

有些研究者认为，没有足够的证据表明人类体验习得性无助的方式与动物相同（或有一些相似）。你怎么看？人类是否以同样的方式体验习得性无助？

如果是这样，你能够提供哪些证据来支持你的观点？

如果不是这样，那么人类有什么特质，使其不像动物那样容易产生习得性无助？

5.7 放弃控制

虽然大多数时候人们更喜欢控制自己的生活，但有时人们愿意把控制权交给他人。其中一种情况与获得良好结果的可能性有关。例如，在问答游戏节目《谁想成为百万富翁》(*Who Wants to Be a Millionaire*)中，参赛选手可以选择向场外观众求助。该节目原主持人里吉斯·菲尔宾（Regis Philbin）曾经说过，观众的答案95%是正确的，所以参赛者让观众参与其决定是有道理的。这个例子表明，当我们认识到他人可能比我们的知识更渊博、能力更强或更幸运时，我们可能会得出这样一个结论，他们比我们更有可能获得理想的结果。如果是这样，我们可能愿意把自己的一些自主权交给他们。

与此论断一致，有研究者发现，学生们愿意放弃个人控制，让另一个人抽他们的血，但只有当他们认为这个人比他们更熟练时才会这样做。最近有研究发现，在买彩票时，人们愿意让另一个人替他们选号，如果他们认为这个人非常幸运。这些研究表明，相信另一个人更有可能实现预期结果时，人们可能会放弃个人控制。但有人可能会说，这些例子并不是放弃控制，而是以一种形式的控制换取另一种形式的控制。通过放弃一种形式的控制（自己完成任务），这些人通过让更熟练的人执行任务，来获得对其幸福的更全面的控制感。

选择太多或太少 尽管我们都有对自主的强烈需求，但有时我们真的不想控制。你是否去过一个充满异国情调的餐馆，看着一长串不知道怎么念的食物，但心里想"我希望这里有芝士汉堡"？在这种情况下，有很多选择供你挑选，这意味着你的自主性远远超过去一家只有几个标准选项的餐馆。但是，面对众多选择，你不是感到高兴，而是感到不知所措。我们所处的时代是一个选择不断增多的世界。例如，买一杯咖啡，30年前，你父母只需在常规咖啡和脱因咖啡之间选择；但现在，你必须决定是要拿铁咖啡、摩卡咖啡、卡布奇诺咖啡、玛奇朵咖啡还是意式浓缩咖啡，是要热咖啡还是冰咖啡，上面是否撒上巧克力粉、鲜奶油或焦糖。早上醒来你还睡眼惺忪，就得做出所有这些决定。如今，你需要一杯咖啡，使自己足够清醒才能点一杯咖啡！

根据本章讨论的内容，如此多的选择意味着我们这一代人应当比前几代人更快乐，心理上更健康，因为这些选择能给你们带来更强烈的自主感。真是这样吗？研究表明，事实并非如此。抑郁症患者似乎在逐代增加，据估计，现在人们抑郁的可能性是世纪之交的10倍。也许选择太多与选择太少一样糟糕。

为了验证这一点，马克·延加（Mark Iyengar）和希娜·莱珀（Sheena Lepper）设计了一系列研究，被试必须在少数几个选项或许多选项之间进行选择。例如，在一项研究中，修读社会心理学课程的大学生可以就《十二怒汉》（*Twelve Angry Men*）这部电影写一篇作文，以获得额外的学分。每个学生都收到一个与电影相关的主题列表，可以根据这些主题进行写作。但学生们不知道，主题列表有两个版本。有些学生收到的列表有 6 个主题，其他学生收到的列表有 30 个主题。一周后，想获得额外学分的学生交上了作文，研究人员对作文质量进行了分析。研究人员首先注意到，拿到短列表的学生（74%）比拿到长列表的学生（60%）更有可能完成这项作业。研究人员还发现，拿到 6 个选项列表的学生的作文质量比拿到 30 个选项列表的学生的作文质量更好。虽然与我们的直觉相反，但这项研究表明，拥有更多选择会降低人们做某事和做好某事的动机。

虽然拥有自主权通常是一件好事，但好事太多有时反而对我们不利。正如亚里士多德的中庸概念所说，无论任何事物——无论是糖、咖啡因，还是我们所说的自主——适度可能是最好的。

为什么当选择太多时会对我们不利？

一种解释是，拥有的选择越多，我们就每种选择需要收集的信息就越多。只有几个选项时，选择起来相对容易，也不费力。但是，当面对多达 30 个选项时，我们几乎不可能收集所有必要的信息，因此会感觉不堪重负。选择太少会让我们感觉被禁锢，但选择太多会让我们感觉瘫痪。

如何解决生活中的这种矛盾？根据巴里·施瓦兹（Barry Schwartz）的观点，我们需要"选择何时选择"，这意味着我们要明白，有时做出快速抉择，然后继续生活就可以了。如果你想获得快乐，最好有时尝试做一个知足者（接受足够好选择的人）而不是快乐最大化者（总是想做出最好决定的人）。因此，在决定大学专业或结婚对象时，你有必要权衡所有选择，但在决定购买什么衬衫或咖啡这些事上，你无需花费太多时间和精力。

写一写

生活中太多选择

回忆生活中你面对许多选择并需要做出决定的一件事，如买东西、度假、寻找恋爱对象或选择一所大学等。想想在当时的情况下，拥有很多选择在多大程度上是一件好事。你从众多选择中获得了什么益处？

再想想在当时的情况下，拥有很多选择在多大程度上是一件坏事。拥有很多选择让你付出了什么代价？

你是否认为拥有更多选择或更少选择，做决定会更容易或更好吗？

▶

6 能力

马克的故事

考试得满分是一件了不起的事。但是，如果你上的是一所精英大学，其他人都考满分呢？在这种情况下，你如何出人头地？这就是马克·扎克伯格（Mark Zuckerberg）在哈佛大学读书时问自己的问题，他的回答是创建脸书（Facebook）。你可能每天甚至每小时都会使用脸书（或类似的网站），截止本书撰写时，脸书用户已遍及全球 170 多个国家和地区（包括南极洲），用户超过 10 亿。这意味着，如果脸书是一个国家，那它将是世界上第三大国！那么是什么驱使马克·扎克伯格创建一个如此有影响力且不可或缺的互联网工具呢？他是为了出名，还是为了赚钱？其成功背后是否有更基本的核心动机？

虽然在创建脸书时马克只有 19 岁，但他自从上初中以来一直在编写计算机软件。上高中时，马克攻读了研究生水平的计算机编程大学课程。处于这个年龄的孩子大多都在玩电脑游戏，而马克却在设计游戏。进入哈佛大学后，他下决心要找到一种方法，使自己与其他同样超级聪明的学生有所不同，于是他开始想方设法创建一个新的计算机程序。在这段时间里，马克把他的计算机技能提升到了极限，一两天就能编写一个新程序，而且他非常享受这一过程。正如马克在一次接受采访时所说："一夜之间能够创建某个很棒的东西……这绝对是我的个性的核心。"

上大学一年级时，马克设计了几个程序，不是很成功。但是上大学二年级时，他为自己定了一个新目标：创建一个能让人们在互联网上以一种新的、更好的方式分享信息的程序。他希望这一新程序不断变化，更具创新性。基于这个目的，脸书诞生了。

马克·扎克伯格总是想变得更好——比周围的人更好，比过往的自己更好——这一动力，可能是他取得巨大成功的原因。他不仅在 23 岁时成为白手起家的亿万富翁，而且被认为是那时最伟大的企业家和梦想家之一。事实上，《名利场》（*Vanity Fair*）将他评为 2010 年信息时代最具影响力百强人物第一名。马克·扎克伯格渴望成为最好的那个，这反映了能力这一人类核心动机。他创建脸书显然不是为了成为名人或亿万富翁。正如他所说，"我们不是每天早晨醒来，就把赚钱作为主要目标。"甚至在上哈佛大学之前，马克就拒绝了微软和美国在线出高价购买其所做软件的请求。他制作软件不是为了挣钱，他的主要动力是想出人头地，想做成他的同学们还没有做的事情。

就能力需求而言，虽然马克的故事是一个极端的例子，但拥有这一动机的不止他一个人。所有人都希望感觉自己聪明、成功、有成就。

在本章，我们将讨论为什么能力感是人的一种基本需求，同时讨论达不到这一目标时会有什么破坏性的后果。

6.1 能力需求

能力需求（need for competence）指的是对有效性、能力或成功的基本欲望。

图 6-1 说明了这三个要素之间的关系。

人们希望感觉自己在生活的各个方面（包括教育、事业、婚姻、交友和业余爱好）都成功。无论是烘焙蛋糕还是努力成为下一位获得普利策奖（Pulitzer Prize）的作家，人们都希望做到最好。

正如人们所料，这种对能力的需求是促使人们发展新技能、培养新才艺和应对新挑战的动力。许多像马克·扎克伯格这样的创新者和企业家都渴望创造出新东西，将自己推向新极限。

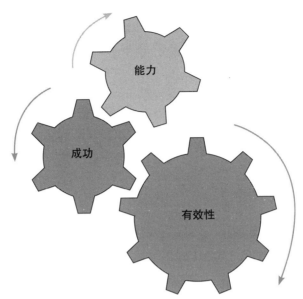

图 6-1　能力需求涉及对能力、成功和有效性的渴望

6.1.1　能力需求引发行为

就能力而言，很明显人从出生那天起就试图满足这一核心动机。婴儿对新物体表现出天生的好奇，对玩耍和探索周围环境表现出天生的渴望。随着儿童的成长，这种基本需求发展成为一种完全成形的心理动机。我们学会寻找新信息，学会设定并努力实现抽象的目标，学会避免感到自己无能的情境。由于能力需求在个体发展的早期出现，许多心理学家认为它在鼓励人类学习、发展和适应环境方面起着推进进化的作用。

无论我们是否意识到这一点，我们的大部分日常生活都受我们对能力的渴望和对无能的恐惧的驱动和引导。无论是刷牙这样简单的行为，还是获得大学学位这样复杂的事情，我们一直在寻找提高自己的方法。正如美国吉他手切特·阿特金斯（Chet Atkins）所说，"我所做的一切都是出于对平庸的恐惧。"就像切特·阿特金斯一样，我们中的许多人都渴望优于常人，尤其是当我们的能力受到威胁时。

为了检验我们对能力的需求是否会引发旨在满足这种需求的反应，研究者让大学生们完成了一项人格测试。他们给其中某些学生的反馈表明其能力存在缺陷。具体来说，这些学生被告知，测试结果表明他们具有"混乱型人格"，这种类型的人在学习上和工作中经常表现不佳。给其他学生的反馈涉及另一个领域，该领域与能力无关。收到反馈后，学生们参加了一项旨在评估其能力动机强度的测试（例如，"我可能会对某些对我来说很重要的活动非常擅长"）。正如人们所料，那些在能力方面感受到威胁的人，对能力的需求高于那些收到不同反馈的人。正如我们在营养不足时更有可能寻找食物一样，当我们感到能力缺乏时，我们更有可能寻找证明我们能力的方法。

6.1.2 能力需求产生积极的结果

许多研究表明，满足能力需求这一人类核心动机会产生积极的结果。与那些感觉自己的能力较差的人相比，那些感觉自己非常有能力的人的身体更健康，他们锻炼身体的频率更高，吃得更健康，口腔卫生保持得更好，吸烟更少。满足能力需求还能促进心理健康，那些在生活中感觉能干和成功的人感觉更快乐，更有活力，内在动机更强，生活质量更好，更少焦虑和抑郁。

此外，一项纵向研究发现，与感觉无能的日子相比，人们在感觉有能力的日子其情绪更积极，身体不适症状更少。同样，一项实验研究发现，与那些追求非能力目标的人相比，在 6 个月内追求能力目标（如提高技能）的人表现出更强的幸福感。因此，满足能力需求似乎是保持身心健康的必要因素。

然而，能力带来的益处通常只在个体同时感到强烈的自主感时才会发生。要想理解自主为什么会影响能力，想象一下你去拉斯维加斯玩赌博游戏。假设你在一项由你控制、胜负取决于你个人能力或努力的游戏中表现良好，在这种情况下，你可能会从胜利中获得一种能力感。假设你在一项胜负完全随机的游戏（如轮盘赌）中表现良好，在这种情况下，你不会从胜利中获得能力感，因为获胜不是取决于你个人。

这个例子表明，只有与个人控制和自主感结合，能力才会带来有价值的益处。

为了在实验中验证这一点，研究者让学生们完成一项找词任务，该任务要求学生们在字母矩阵内从垂直方向或水平方向寻找单词。一半学生完成的是自主性任务，任务难度中等。学生付出的努力多，任务表现就好；付出的努力少，任务表现就差。因此，任务表现在很大程度上与其在任务中付出的努力有关。

另一半学生完成的是非自主性任务，任务难度较大，非常具有挑战性。因此，任务表现在很大程度上与能力有关，但与付出的努力无关。在完成找词任务之后，学生们需要说明自己对完成任务的能力的判断，以及将来是否愿意再次参与这一找词任务。

结果表明，当任务为非自主性任务时，能力和动机之间没有关系。当任务为自主性任务时，能力和动机之间存在显著的正相关关系，即能力的提高与动机的增强相关。因此，尽管能力有其益处，但自主与能力结合可能效果最好。

6.1.3　能力需求具有普遍性

西方文化（如美国和欧洲各国）似乎比东方文化（如日本和中国）更注重"成为最好"。因此，人们可能认为能力只是西方人的重要动机。然而，如果能力真的是人类的一个核心动机，那么它应当在所有人当中都存在，无论其身处何种文化。这一点得到了科学验证，许多研究发现，西方文化和东方文化都看重能力。此外，能力的实现对身心健康带来的益处在西方文化和东方文化中都得到了验证（即核心动机的第二个标准：人类核心动机应具有适应性和有益性），从而支持能力具有普遍性这一观点。

这并不是说所有文化对能力是什么有完全相同的定义，或者对实现能力的方式的观点完全一致。东方文化可能比西方文化更重视基于群体的能力，强调提高能力的义务或责任，而且在对能力进行界定时侧重技能提高而非技能表现。因此，不同文化对成功的定义可能不同，但是几乎所有文化都表现出对成功和能力的渴望。

写一写

能力确实具有普遍性吗

你是否同意有能力是所有人的普遍愿望，无论其来自哪个国家？如果你同意，为什么你这么认为？你能提供哪些证据或实例来支持这一观点？

如果你不同意，为什么你认为能力不具有普遍性？你能提供哪些证据或实例来支持这一观点？

6.2　能力需求表达的差异性

除了文化差异，能力需求的表达和实现也存在个体差异。例如，一些老师会注意到有些学生在备考或小组项目上花费了很多时间，而有些学生则没怎么费力气。

为什么有些学生看起来比其他学生更有动力去学习和提高自己？

几个世纪以来，心理学家们一直在试图回答这个问题。在寻找答案时，研究者们发现，人们对待能力的方式存在很多差异。

- **成就动机**。在满足能力需求方面，有些人的动机可能比其他人更强烈，这一概念通常被称为成就动机，这是动机研究所探索的最早的个体差异之一。因此，我们把关于成就动机的讨论留到第 13 章，在这一章我们会专门讨论动机的个体差异。
- **目标类型**。有些人的目标旨在提高自己的能力（学习目标），而有些人的目标则旨在证明自己的能力。在下文我们讨论学习目标与成绩目标时，将探讨这一点。
- **关于能力来自何处的信念**。下文讨论本质论与递增论时将谈到，有些人认为自己的能力与生俱来，而有些人则认为自己的能力必须经过努力才能获得，这两种人的反应截然不同。
- **对能力水平的感知**。我们将讨论那些认为自己在特定领域有能力的人与那些认为自己无能力的人做出的反应有何不同。我们将在关于自我效能感的讨论中进一步探讨这一点。

6.2.1　学习目标与成绩目标

虽然所有人都需要感觉有能力，但人们可能会采用不同类型的目标来满足这一需求。

很显然，学习目标对你有益，但这是否意味着成绩目标对你不利？事实上，当我们对有关成绩目标的研究进行分析时，事情变得有点模糊。虽然有些研究表明，成绩目标与消极结果相关，但有些研究的结果完全相反。为了解决文献中这种不一致问题，出现了两个不同的说法。

第一种解释认为，大多数研究者将学习目标和成绩目标视为同一连续体上的两个极端，但实际上，它们应被视为两种独立的目标类型。这意味着某人可能同时拥有两个高目标或两个低目标，或者一高一低，这样就会出现四种目标组合：

- 学习目标高 / 成绩目标高；
- 学习目标高 / 成绩目标低；
- 学习目标低 / 成绩目标高；
- 学习目标低 / 成绩目标低。

例如，泰雷兹·布法尔（Therese Bouffard）及其同事发现，那些希望提高自己的能力（学习目标）且想向他人证明自己的能力（成绩目标）的学生最成功。同时追求两个目标，这些学生可以说是两全其美。

第二种解释认为，成绩目标有两种类型：一种是好的，一种是坏的。安德鲁·J. 埃里奥特（Andrew J. Elliot）及其同事指出，目标除了有学习目标与成绩目标之分，还有趋近目标与回避目标之分。

趋近目标着重趋近成功的愿望（"我想在这次考试中得 A"），而回避目标则着重避免失败的愿望（"我不想这次考试不及格"）。通过把这两个维度结合起来，埃里奥特创建了一个 2×2 目标分类法，确定了四种类型的目标取向（见图 6-2）：成绩 - 趋近目标、成绩 - 回避目标、学习 - 趋近目标和学习 - 回避目标。

在对目标分类进行研究时，埃里奥特和霍莉·A. 麦格雷戈（Hally A. McGregor）发现，学习 - 趋近目标最有益，而成绩 - 回避目标最不利。学习 - 回避目标和成绩 - 趋近目标产生的结果好坏参半。因此，如果你想获得最大效益，应尝试在课堂内外都采取学习 - 趋近目标。

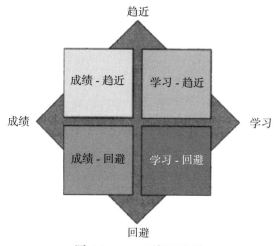

图 6-2　2×2 目标四分法

6.2.2　本质论与递增论

你认为人的智力是固定的吗？即你要么智力高，要么智力低。换句话说，出生时聪明的人一直聪明，而出生时愚笨的人终其一生都愚笨。

抑或，你认为智力是可变的？即通过教育、努力和刻苦，智力可以在很大程度上得以改变、培养和提高。

如果你同意智力是固定的，你很可能会认为你的能力是由天赋或遗传等稳定因素决定的。但如果你同意智力是可变的，你很可能会认为你的能力是努力和坚持等更具可塑性的因素决定的。个体认为其能力（如智力）是固定的还是可塑的，这一区分很重要。这一点是卡罗尔·S. 德韦克（Carol S. Dweck）内隐信念理论的核心。根据这一理论，**本质论者**（entity theorists）认为，人格特征和能力是固定的，在个体的一生中不会有显著的变化。相反，**递增论者**（incremental theorists）认为，人格特征和能力是可塑的，随着时间的推移可以改变，而且确实会改变。例如，关于黑客计算机编程方法，马克·扎克伯格曾这样说过："黑客方式是一种构建方法，涉及持续改进和迭代。黑客认为某个东西可以不断得到完善，没有任何东西是完美的。黑客要做的就是完善它——通常是当着那些说不可能的人的面来做。"就计算机技能而言，马克似乎是一个递增论者。

本质论和递增论的不同结果　当大多数人被问及智力等能力是固定的还是

可塑的，他们的答案倾向于聚集在中间，40% 的人赞同本质论，40% 的人赞同递增论，另外 20% 的人不置可否。

鉴于递增论能带来有益的结果，我们有必要知道，本质论者是否可以改变其信念，向递增论靠近。研究表明，让人们看有说服力的文章，或者向他们介绍侧重于大脑如何不断变化的干预计划，都是鼓励人们采取递增思维方式的有效方法。

写一写

你是本质论者还是递增论者

反思一下你自己的观点，你是本质论者（相信能力是稳定的，不能被改变），还是递增论者（相信能力是可变的，通过努力和坚持可以提高）？现在你知道自己持有何种信念了，请反思这一信念过去对你产生了什么影响。它是如何影响你对能做某事的定义的？它是如何影响你制定目标和采取行动的？它又是如何影响你过去对失败的反应方式的？

表扬对本质论和递增论的影响　读到这里，你可能在想，我们的递增论和本质论来自哪里。虽然这些信念可能有多个来源，但有一个答案可能会让你大吃一惊。许多研究表明，表扬是这些信念的主要来源。大多数父母认为，当他们称赞孩子"超级聪明"或"天生的棒球强击手"时，他们是在给孩子动力，使其做得更好。但研究表明，这种假设是完全错误的。

为了评估表扬如何削弱儿童的动机和表现，克劳迪娅·M.米勒（Claudia M. Mueller）和德韦克对五年级学生进行了一项研究。所有的孩子先做了一些分析题，然后他们被告知，"你得分很高"。对于第一组学生，这句话后面加了一句对其能力的表扬（"你肯定擅长做这些题"）。对于第二组学生，这句话后面加了一句对其努力的表扬（"在做这些题时你肯定下了不少功夫"）。第三组是对照组，没有得到任何表扬。然后，研究人员测量了学生们的内隐信念。正如人们所料，那些因其能力而受到表扬的孩子本质论得分更高，那些因其努力而受到表扬的孩子递增论得分更高。因此，孩子们得到的表扬的类型改变了他们对自己能力的看法。

在测量了这些信念之后，米勒和德韦克用第二次分析测试来评估孩子们是采取了学习目标还是成绩目标。为了衡量目标选择，孩子们可以在两个测试之间进行选择。成绩目标测试中的项目"很容易，大多数人都得分较高"，而学习目标测试中的项目"即便你没有全做对，也能从中学到很多东西"。正如人们所料，被表扬有能力的孩子更有可能选择成绩目标测试，而被表扬努力的孩子选择这一测试的可能性最小。因此，表扬类型反过来影响了孩子们选择的目标类型。

最后，为了评估表扬如何影响这些孩子对失败做出的反应，研究人员就孩子们在第二次测试中的表现，给所有孩子提供了负面反馈。在这次失败后，孩子们又参加了一次分析测试。为了评估失败后的动机，研究人员测量了孩子们在这次最终测试中所用的时间（见图 6-3）。

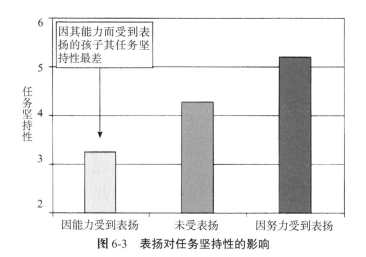

图 6-3　**表扬对任务坚持性的影响**

6.2.3　自我效能感

在本章前面我们谈到，满足能力需求的一种方法是追寻学习目标。但是，提高能力并不是满足我们能力需求的唯一途径，与我们的实际能力水平同等重要（甚至更为重要）的是我们所感知的能力水平。

自我效能感是指我们对自己完成某一特定任务的能力的看法或信念。自我效能感越强，我们就越相信自己拥有成功完成某件事所需的技能。

我们来看看《小火车头做到了》（*The Little Engine That Could*）这则儿童故事。在这个故事中，一列长长的满载货物的火车抛锚了，需要一辆强大的火车头把它拉上山。它请几个大火车头来帮忙，它们都拒绝了，说货物太重了。在绝望中它请一个小火车头来帮忙。尽管小火车头个头小，但它还是答应了。小火车头吃力地向山上缓慢前行，但它始终没有放弃，一遍又一遍地唱着"我想我可以，我想我可以"，直到成功爬上陡峭的山坡。这则故事实际上讲的是一个具有强大自我效能感的小火车头，故事告诉我们，相信我们有足够的能力实现自己的目标是多么重要。

请记住，自我效能信念不是整体的信念，而是针对特定任务而言的。例如，对于在乒乓球比赛中击败对手，你可能有很高的自我效能感；但对于数学考试，你的自我效能感可能较低。

需要注意的是，自我效能感与实际能力不同。为使自己在某个领域有能力，你不仅要掌握必要的技能，而且还要具备将这些技能转化为成功绩效的能力（见图 6-4）。当任务具有挑战性或在非理想情况下发生时尤其如此，你可能对"海姆立克急救法"很熟练，但如果与你一起就餐的人突然开始窒息，你可能也无法立即采取行动。因此，我们的能力水平既取决于我们的技能，也取决于我们在必要时应用这些技能的能力。因此，对于实现目标而言，我们认为自己能够运用技能的程度与实际的技能水平同样重要。

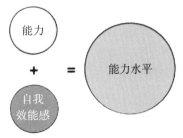

图 6-4　我们的能力水平取决于我们的能力和我们感知的能力（即自我效能感）

为了研究能力和自我效能感之间的这种动态关系，一项研究让一些在数学方面自我效能感低和自我效能感高的儿童进行一次数学测试。研究人员根据第一次测试成绩，把这些学生的数学能力分为低、中、高三等。然后，所有学生都有机会重做第一次测试中做错的数学题，此外还要参加第二次数学测试。正如人们所料，数学能力高的学生在第二次测试中表现得更好。但是不管数学能力如何，那些在数学方面自我效能感高的学生，在第二次数学测试中表现也更好，而且他们也更有可能重做他们在第一次测试中做错的数学题。这一结果表明，就实际表现而言，能力和自我效能感对绩效的影响是相对独立的。

正如上述研究所表明的那样，自我效能感会对动机产生一系列的影响。当对特定目标具有很高的自我效能感时，人们更有可能选择该目标，会付出努力并坚持实现该目标，在追求目标的过程中体验的情绪压力更少，并最终实现目标。因此，对于学习成绩不佳的学生，当其自我效能感增强时，他们更有可能坚持具有挑战性的任务，并在这些任务中表现得更好。

研究发现，在其他方面，自我效能与绩效之间也存在类似的效应，这些方面包括：

- 体育
- 音乐
- 学术
- 自卫
- 使用电脑
- 安全性行为
- 节食
- 戒烟

事实上，对100多项自我效能感研究的荟萃分析发现，自我效能感对任务绩效的作用大约为30%。所以，你越是对自己说"我想我能做到"，你实际上就越能做到。

归因与自我效能感　你认为我们的自我效能信念来自哪里？如果你的回答是"来自我们的经历"，那么你只说对了一部分。以前的成功和失败经历，使我们在特定领域发展出了相当稳定的自我效能信念。与一直经历失败的孩子相比，在数学方面一直表现良好的孩子很可能会发展出有关数学的高自我效能感。但是，请注意我们用的是"很可能"这个词。

这是因为成功并不总是引发高自我效能感，而失败并不总是导致低自我效能感。在生活中，你很可能遇到过技术娴熟却顾虑重重的人，或者技术一般却过于自信的人。这些人的例子表明，过去的经历不是决定自我效能感的唯一因素。个体如何诠释这种经历同等重要。人们对成功或失败的原因的归因方式，在很大程度上决定了失败是否会影响其自我效能感。

我们在上文中谈到，归因可以是内部的也可以是外部的，可以是稳定的也可以是不稳定的。我们将失败或成功归因于内部 / 外部原因和稳定 / 不稳定原因，可能会对我们的自我效能信念产生巨大的影响。例如，第一次在生物考试中得 A 的学生，可以将这种成功归因于内部原因（"我擅长学生物"）或外部原因（"这次考试老师出的题容易"）、稳定原因（"这位老师每次考试出的题都容易"）或不稳定原因（"下次考试老师出的题会很难"）。这说明，归因不同，个体对同一事件会有不同的反应。

就成功而言，内部归因会增加个体的自豪感和成就感，稳定归因会增加个体对未来良好表现的希望。就失败而言，内部归因会增加个体的内疚感和羞耻感，而稳定归因会降低个体的希望。总之，这一归因理论表明，当事件归因是内部 / 稳定原因（如能力）时，将影响我们的自我效能信念。将成功归因于内部 / 稳定原因会增加我们的自我效能感，而将失败归因于这些原因会降低我们的自我效能感。然而，将某一结果归因于外部 / 不稳定（如运气不好、睡眠不佳）对我们的自我效能信念几乎没有影响。

有些研究支持这一论断，即人们的自我效能信念在很大程度上受其归因的影响。在一项研究中，教师们从班级中选择了功课不好的 9 岁儿童，然后测量了这些孩子在学习方面的自我效能感。最后，他们为这些孩子提供了其先前学业成功可能的归因清单，其中包括能力归因（内部 / 稳定："我擅长这一点"）、努力归因（内部 / 不稳定："我学习努力"）和运气归因（外部 / 不稳定："我只是运气好"）。结果显示，将成功归因于其能力的儿童的自我效能感最高，而将成功归因于运气的儿童的自我效能感最低。根据这项研究和其他类似研究得出的结果，有些研究者制订了干预计划，旨在培训教师如何给予学生强调内部 / 稳定归因的反馈。

试一试：确定归因

扎克是一名大学三年级的学生，正在考虑攻读心理学研究生。扎克知道，要想考上研究生，他必须在研究生入学考试中考出好成绩，于是他决定先在网上进行模拟考试。看到模拟考试时自己的分数，扎克知道这个分数太低，他意识到自己正处在一个重要的十字路口：他可以努力提高自己的成绩，继续攻读研究生学位；也可以放弃读研究生的想法，改变职业规划。他的决定很可能会受他对自己模拟考试分数低所做归因的影响。对于以下每个陈述，请确定扎克的归因是：（1）内部归因还是外部归因，（2）稳定归因还是不稳定归因。此外，请根据他在每个陈述中所做的归因，说明你是否认为扎克会继续攻读研究生学位。

1. 扎克断定，他在进行模拟考试时受到了干扰，因为他是在家里进行的，当时还开着电视。

2. 扎克断定，他过于自信，对模拟考试备考不充分。

3. 扎克断定，他在这方面的能力不足，在标准化考试中总是考不好。

4. 扎克断定，他在模拟考试时非常紧张，因为这是他第一次参加这类考试。

6.2.4　心流

你是否曾在做某事时沉浸其中？或许当时你正在跑步机上跑步，欢快的歌曲与你的步速完全一致；或许你正在画一幅画，你全神贯注于画笔的笔触而达到忘我的境界。在生命中的某些时刻，你很可能有过这样的体验，你如此专注于手头的任务，以至于沉浸其中，而在那一刻时间似乎都停止了。心理学家将这种体验称为**心流**（flow），即人们感觉完全被吸引而专注于某项活动的一种主观状态。

心理学家米哈里·齐克森米哈依（Mihaly Csikszentmihalyi）是第一个提出心流理论的人。他想知道在没有外在报酬的情况下，为什么人们会连续几个小时进行一些非常耗时的活动。于是，他访谈了一些看起来喜欢自己职业的人，包括运动员、画家、舞者、攀岩者和国际象棋冠军。他发现当完全沉浸在任务中时，人们感受到的愉悦感常常最强烈。许多受访者对这种经历的描述是，好像有一条河流，他们漂浮在上面，毫不费力地完成了任务。因此齐克森米哈依将这种体验称为"心流"。

处于心流状态时，我们所有的担忧、焦虑、承诺，甚至时间的流逝似乎都消失了。各行各业的人都有描述这种经历的词语：运动员称之为"进入状态"，跑步者称之为"跑者的愉悦感"，滑板运动员称其为"达到极限"。但不只是运动员会出现心流，任何人都可以在任何活动中体验到这种状态。然而，心流状态往往是例外而不是常规。当人们被问起"你是否曾全神贯注于某件事，以至于忘记了时间，其他任何事似乎也都不重要了"时，只有 23% 的人说"经常"，12% 的人说"从未有过这种经历"。

引起心流的原因 如果心流如此罕见，那么它究竟是由什么引起的？研究表明，当我们感知的技能水平（即自我效能感）与任务所需的能力相匹配时，最有可能发生心流。要了解感知的技能水平和任务需求如何共同产生心流，参见图 6-5。

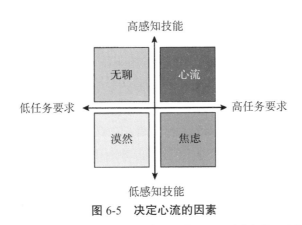

图 6-5 决定心流的因素

注：该图描绘了感知的技能水平与任务要求匹配或不匹配时会怎样。当任务要求高水平的技能，而个体认为自己具有高水平的技能时，就会出现心流。

横轴表示成功完成任务所需的技能水平。例如，在平地徒步旅行 2 千米，任务要求较低，而在陡峭的地形徒步旅行 20 千米，任务要求就比较高。纵轴表示个体认为自己具有的技能水平（即自我效能感）。新手徒步旅行者会认为自己的技能较低，而经验丰富的徒步旅行者会认为自己的技能较高。

两个因素交叉，可能会产生四种结果。当任务要求太高（要求高 / 技能低）时，个体会感到不知所措，担心自己不具备完成任务所需的技能。如果新手徒步者突然决定攀登阿巴拉契亚山脉，就会发生这种情况。相反，当任务要求不够高（要求低 / 技能高）时，个体会感到无聊，可能会放弃任务。如果让一名有经验的徒步旅行者步行 2 千米，就会出现这种情况。在这两种情况下，个体感知的技能水平与任务要求不匹配，个体会经历负面情绪，并且可能会放弃任务。

但是，当感知的技能水平与任务要求相匹配时会怎样？这取决于任务对个体的挑战性。如图 6-5 所示，当任务要求和感知的技能水平都很低时，个体会感到漠然。事实上，在这四种结果中，这种情况是最糟糕的，因为它产生的动机水平最低。因此，即使技能和任务要求匹配，个体对任务也不够关心。重要的是，这告诉我们匹配不足以产生心流。必须是最佳匹配，即任务要求和技能都相对较高时，才能产生心流。由于高技能与高任务要求匹配时会产生心流，所以当我们处于活跃状态（即便这意味着我们在工作）时，心流更有可能发生。例如，大学生在做作业或工作时，而不是在看电视时，更有可能出现心流。大多数人报告称，在工作中出现心流的频率高于从事悠闲的活动。因此，当你认为你把自己的能力发展到极限时，最有可能发生心流。

心流的益处 正如人们所料，心流体验对动机有很多益处。其中一个益处是良好的任务绩效，这已在各个领域得到证明，包括学术、体育、创意写作、音乐、教学和电脑游戏。例如，在一项研究中，研究人员对正在练习某种才艺（如音乐、舞蹈和美术）的 14 岁儿童进行了调查，要求他们报告其心流经历。三年后，研究人员又对这些学生进行了调查，看他们是否还在学习那种才艺。在 14 岁时经历过心流的学生更有可能在 17 岁时仍然学习那种才艺，但是 14 岁时没有经历过心流的学生更有可能放弃他们的追求。

有关心流的益处更有说服力的证据来自一项实验，其中实验者诱导（而不是测量）心流体验。在这项研究中，大学生们玩一款俄罗斯方块视频游戏，游戏的玩法是摆放下落的物体，使它们在屏幕底部排列成完整的一行。为了操纵学生的技能水平与游戏要求的匹配程度，研究者创建了三种游戏模式。

- 在无聊条件下，游戏中的物体缓慢下降，玩家没有任何办法让其加速。
- 在心流条件下，物体下落的速度与玩家的表现有关。每当玩家成功使用 30 个物体，在屏幕底部排列成完整的五行，物体下落的速度便会增加一档。每当玩家用 30 个物体仅排满三行或更少时，物体下落的速度就会降低一档。因此任务要求在不断调整，以匹配玩家的技能水平。
- 最后，在焦虑条件下，物体下落速度很快，只要玩家成功填满五行，速度就会增加。

在玩了三种游戏中的一种之后，被试报告了他们对游戏时间的感知及其在游戏中的专注度。结果显示，玩心流版本游戏的被试感觉时间过得更快，专注度更高，最终表现也比其他两个版本的被试更好。因此，当任务要求与我们的技能水平相匹配时，最有可能出现心流。

在后续的一项研究中，玩心流版本游戏的被试，其心率变异性低于那些玩无聊版本或焦虑版本游戏的被试。重要的是，这一结果表明，心流不仅仅是一种心理体验，也是一种生理体验。

写一写

心流有不好的一面吗

心流显然有其益处，但你能否想出心流可能产生的任何负面影响？心流太多是否也不好？人们是否会对心流的感觉上瘾？请思考这些问题，并举例加以说明。

6.3 自我的作用

自我意识很大程度上源于心理学家们所说的**自我概念**（self-concept），即个体自我认知的集合。你的自我概念就是你认为你是谁，这种自我认知的集合正是动机的主要来源。如果你认为自己擅长数学，你可能会学数学专业。如果你认为自己是一个有环保意识的人，你可能会对回收的物品再利用。

这些例子告诉我们，我们的能力（无论好坏）构成了我们认为自己是谁（即自我）的基础。我们是根据自己擅长或不擅长哪些活动，来定义自己是谁的。能力不仅是构成我们自我的基础，能力也决定了我们将来成为什么样的人。人们为自己列出的目标，通常都侧重于提高其在特定领域的能力（例如，学习绘画，提高平均成绩，增强体力）。总而言之，这些见解表明，能力是构成我们的自我意识的基础。

6.3.1 目标融合

如前所述，我们都有构成自我概念基础的目标和技能。然而，其中有些目标和技能在我们的自我意识中的内化程度更高。人们自认为目标融入自我概念的程度被称为**目标融合**（goal fusion）。目标融合的程度较高时，人们感觉目标不仅是其做的事情，而且是其自我的一部分。例如，有人慢跑（低目标融合），而有人则认为自己是慢跑者（高目标融合）。

目标内化程度越高，我们可能越有动力实现这些目标。为了验证这一点，有研究者开发了一种单项测量工具，来测量人们自认为其目标融入自我概念的程度（见图 6-6）。

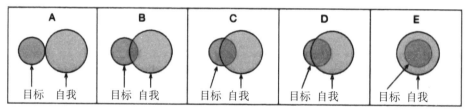

图 6-6　目标融合的测量

接下来，他们研究了目标融合差异如何引发动机差异。结果表明，目标融合程度高的人更有可能为其目标付出努力，因此更有可能实现其目标。此外，这些研究者还发现，对于目标融合程度高的人，获得正面目标反馈会增强其认同感，而收到负面反馈会破坏其认同感。

总体而言，这些研究表明，目标与自我概念之间的关系很紧密。当我感觉目标与自我没有融合时，该目标的成功和失败对我们几乎没有影响。然而，当我们感觉目标与自我融合的程度越高，我们感受到的成功的喜悦和失败的痛苦就越强烈。

6.3.2 自尊

就像我们对自己有看法（自我概念）一样，我们对自己也有感觉（自尊）。

自尊指的是人们对自我评价的好坏程度。

动机研究者们提出了许多关于自尊的问题。其中一个问题是自尊是否对动机有影响。在本章后面我们会谈到，许多人认为自尊是人类行为的一个主要激发因素——如果不是唯一的激发因素的话。

　　动机研究者们还想知道哪些因素决定了自尊。这一问题的答案可能看似很简单，能力强的人应当比能力差的人的自尊心更强。但事实上，决定自尊的因素要复杂得多，并非所有的成功和失败都以同样的方式影响我们。对于像马克·扎克伯格这样的人来说，在一项需要计算机知识的任务上失败无异于一场灾难。而对有些人来说，在计算机任务上的失败根本无所谓。有些大学生觉得每门课都考 60 分难以想象，而有些人更在意在大学期间交友和玩乐。这说明人们对决定其自我价值的领域具有高度的选择性。为了解释这一概念，珍妮弗·克罗克（Jennifer Crocker）及其同事发明了**自我价值感领域权变性**（contingencies of self-worth）模型。

　　根据该模型，某一事件对某个人的自尊的影响，取决于该事件与此人自我价感领域的相关性。人们越是将自尊建立在某个特定领域（如数学、体育、外貌），其自我价值就越依赖该领域。当自我价值感依赖某个领域时，这意味着该领域的成功和失败将极大地影响人们的自尊。相反，如果自我价值感不依赖某个领域，该领域的成功和失败对自尊几乎没有影响。因此，我们没必要在各个领域都感觉有能力，更重要的是在我们认为对自己非常重要的领域感觉有能力。

　　为了研究自我价值感领域权变性是如何影响学生的自尊心的，克罗克等人在两个月的时间里对申请上研究生的大学毕业生进行了研究。这些学生首先参加了自我价值感领域权变性测试，该测试包括学术、外貌和家庭等多个领域。例如，一个将自我价值基于学业能力的学生会认为："当我在考试中取得好成绩时，我的自尊会得到提升。"同样，一个将自我价值基于外貌的学生会认为："当我看起来很有魅力时，我的自我感觉很好。"在下一个阶段的研究中，研究者要求学生们报告其收到相关研究生院拒绝或录取信息时任何一天的自尊情况。结果显示，对于自我价值基于学业的那些学生，与之前没有收到研究生院任何消息的日子相比，他们在收到录取信息后自尊有所增加，而在收到拒绝信息后的日子自尊有所下降。然而，那些自我价值基于任何其他领域的学生没有出现类似的模式。一个将自我价值基于外貌的学生，在收到研究生院的录取信息后，其自尊没有提升，在收到拒绝信息后其自尊也没有下降。这表明，只有在决定我们自我价值的领域，成功和失败才会影响我们的自尊。

坐直了

你想轻松快速地提升自尊心吗？那么试着端正坐姿吧。有一项研究显示，在面试时，与那些被告知要蜷缩着坐着的大学生相比，那些被告知要端正坐姿的大学生认为自己是更好的求职者。这可能是因为坐直身体会让我们感觉更自信。因此，下次参加面试或在办公时间与他人会面时，请你一定保持良好的姿势。这不仅能让别人觉得你有信心，还能让你感觉更自信！

写一写

确定你的自我价值感领域权变性

选择一个对你非常重要的任务领域，可以是数学、体育、绘画、写作、弹吉他或你希望做好的任何事情。假设你在该领域遭遇了重大的失败，这对你的自我感觉有什么影响？这对你的自尊有何影响？然后再选择一个你不怎么在乎的任务领域。如果你在该域遭遇失败，你会对自己有什么看法？如果说人人都希望自己有能力，没有人想失败，那么你认为为什么人们会对这两种失败经历做出不同的反应？

▶

6.4 自我评价动机

以上讨论表明，我们对自己的看法（自我概念）和感受（自尊），在很大程度上受我们对能力需求的影响，但是要想知道我们是谁，我们对自己是什么感受，我们必须获得自我认识。那么自我认识来自哪里？你怎么知道自己是一名优秀的学生还是一名普通的学生？你怎么知道自己篮球打得好不好？你怎么知道自己是否有吸引力？

每当人们试图对自我概念的各个方面（包括能力）进行判断时，其实是在进行**自我评价**（self-evaluation）。如果有客观测试来诊断我们的技能（例如，在美国车辆管理局进行的旨在评估驾驶能力的驾照考试），那么这类判断就很简单。但是，生活中的大多数领域都没有这样的测试来告诉我们，我们是否有能力。在没有明确测试的情况下，我们如何获得自我认识？虽然人们可以使用各种策略来获取有关自我的信息，但最常见的策略（特别是在没有明确测试的情况下）是将自己的技能与周围的人进行比较。心理学家把这种倾向称为社会比较。

6.4.1　社会比较理论

利昂·费斯汀格（Leon Festinger）是第一位正式提出社会比较观点（即通过与他人比较来评估自己的能力）的心理学家。根据其**社会比较理论**（social comparison theory），很多时候只有通过与他人进行比较，我们才知道自己是谁，有什么能力。我们知道自己很聪明，因为我们的考试成绩超过大多数学生。我们知道自己篮球打得不好，因为我们的投篮次数比对手少。从这个意义上讲，在评估自己的能力水平时，我们会把其他人作为标准来进行比较。

在费斯汀格最初提出的理论中，他认为人们有一种准确评估其能力和观点的固有需求。这意味着当没有可用的确定性测试时，我们会把其他人当作参照，看自己与他们比起来怎么样。如果我们的表现比大多数人好，我们会得出结论，自己在该领域非常有能力。如果我们的表现比大多数人差，我们会得出结论，自己在该领域的能力较差。尽管费斯汀格指出我们只是在没有确定性测试的情况下才与其他人（特别是相似人群）进行比较，但后来的心理学家们认为，即使有这样的测试，如果你不知道其他人的得分，你的得分也几乎没有意义。想一想课堂上老师发回考试卷的情形。首先你想知道自己的分数，紧接着你想知道班级平均分。如果你得了 77 分，而班级平均分是 55 分，你的分数就很高。但如果你得了 77 分，而班级平均分是 88 分，你的分数就很低。请注意，在这个例子中，你的实际分数没有变，但你与周围人的得分比较情况发生了变化。这表明社会比较在评价自我能力方面的影响力有多么大。

虽然费斯汀格最初认为，社会比较倾向是由人们对准确性的需求驱动的，但后来的理论家们认为，自我评价可能是由多种动机驱动的。有时我们想准确评估自己的能力，有时我们可能想提高自己的技能，有时我们可能只是想自我感觉良好。事实上，研究者们确定了四种驱动我们行为的自我评价动机：自我评价、自我验证、自我增强及自我提高。在下面的内容中我们将讨论这四个动机如何指导我们评价自己的能力（见图 6-7）。

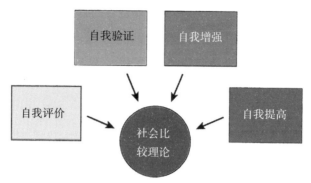

图 6-7 评价自我能力的动机

6.4.2 自我评价：做真实的自己

在莎士比亚的戏剧《哈姆雷特》（*Hamlet*）中，波洛涅斯（Polonious）向他的儿子雷欧提斯（Laertes）提出这样的建议："首先要忠实于自己。"波洛涅斯是想告诉儿子，生活中最重要的事情就是做真实的自己，而不是伪装、矫饰。如果从动机的角度理解这句话，我们会得出这样的结论，波洛涅斯是在鼓励儿子进行准确的自我评价。

> 自我评价指的是对自己的能力进行准确评价的动机。

就像费斯汀格在其社会比较理论中首先指出的那样，我们需要诊断性信息来确定我们的实际能力，从而减少对自己能力水平的不确定性。因此，受自我评价动机驱动的人会寻求准确的自我信息，无论这些信息是正面的还是负面的。

自我评价如何激励人们？自我评价带来的一个行为后果是对诊断性任务的偏好。**诊断性任务**（diagnostic task）是提供准确的信息，减少对某人能力水平不确定性的任务。一般来说，喜欢阅读占星术或填写性格测验的人之所以这样做是因为他们喜欢了解自己。寻找此类诊断性信息是人们实现自我评价动机的一种方式。

6.4.3 自我验证：肯定自己

莎士比亚说得对，我们都应当进行准确的自我评价，但有时我们没有听从这一建议。有时，我们进行自我评价不是为了获得准确的自我评价信息。例如，有时我们从事某一行为不是因为我们想知道自己是否擅长这一行为，而是因为我们想要证明自己擅长这一行为。因此，在有些情况下，我们知道自己是否擅长某事，我们只不过想证实自己的看法。在这种情况下，我们对寻求准确信息不太感兴趣，而是对寻求一致信息更感兴趣。

自我验证是指保持自我概念与新信息之间一致性的动机。根据这一动机，人们希望得到反馈，以证实（或"验证"）他们对自己已经形成的看法。

自我验证如何激励人们？自我验证的一个行为后果是，拥有这种动机的人会积极寻找能够验证其自我观念的信息。如果我们持有积极的自我观念，我们会寻找能证实自己积极一面的信息，但如果我们持有消极的自我观念，我们会寻找能证实自己消极一面的信息。

假如你刚刚完成一系列诊断测试，并且被告知有两名专家对你的得分进行评估，以填写你的能力概况。其中一个概况是负面的，另一个是正面的。由于时间限制，你只能看其中一个。你会选择哪一个？

事实上，这正是有些研究者所发现的。当被试具有积极的自我观念时（高自尊），只有 25% 的人选择了负面的能力概况。但是当被试有消极的自我观念时（低自尊），64% 的人选择了负面能力概况。当被试的自我观念极为消极时（在临床上有抑郁症状），82% 的人选择了负面能力概况。

自我验证还会促使人们与那些能验证其自我观念的人为伍。在一项研究中，有积极或消极自我观念的人被要求在两个互动伙伴之间进行选择，一个伙伴对其有正面印象，另一个伙伴对其有负面印象。结果显示，大多数具有积极自我观念的人都选择了对其有正面印象的互动伙伴（72%），而大多数具有消极自我观念的人选择了对其有负面印象的互动伙伴（78%）。

此外，研究表明，认为配偶对自己的看法太好的人，更有可能与配偶离婚；大学生更有可能拒绝那些对他们印象太好的室友；抑郁的人更偏爱那些虐待他们的朋友和伴侣。这些行为可能看起来有些奇怪，但是如果说具有消极自我观念的人愿意与那些和其观点一致的人交往，那么这些行为就很容易理解了。

自我验证对行为的另一个影响是，我们向他人表现自我的方式，会使他们对待我们的方式与我们的自我观念相一致。根据**符号自我完成理论**（symbolic self completion theory），我们经常选择能向周围的人表明我们身份的服装或穿戴此类服饰。如果你想让你的同学知道你是一名优秀的运动员，并希望他们以你想要的方式对待你，你可能会穿上运动衫去上课。如果你想让他人知道你是一名乳腺癌幸存者，你可能会在乳腺癌宣传月期间在衬衫上系上一条红丝带。因此，我们的服装不仅能表达我们的自我观念，而且还能鼓励他人以符合这些观念的方式对待我们。

6.4.4　自我增强：让自己感觉良好

虽然我们希望我们的自我评价尽可能准确和一致，但有时我们只想自我感觉良好。

> 自我增强是指增强自我概念的积极方面、减少自我概念的消极方面的动机。

自我增强如何激励人们？简单来说，人们希望看到自己最好的一面。为此，人们希望认为自己在尽可能多的领域能力比较强。

写一写

比较

回想一下，你是否曾经与某个不如你的人进行比较？描述一下当时是什么因素促使你与那个人进行比较。然后再描述一下你与此人进行比较以后的感受。

6.4.5　自我提高：让自己变得更好

> 自我提高是指提高自己的能力、幸福感和人格魅力的动机。

我们在生活中的许多任务都涉及提高特定技能的愿望。你上大学的原因之一是不是为了获取知识，培养批判性思维能力，提高找到好工作的概率？但学校并不是人们表达自我提高动机的唯一地方。除此之外，我们也会努力改善我们的工作、业余爱好和个人关系。由于自我提高和自我增强都寻求积极的自我认识，因此两者看起来可能有些相似，但是感觉自己好像有能力（自我增强）不同于实际上变得更有能力（自我提高）。此外，自我提高的第一步是认识到自己不像希望的那样好，在这一点上自我提高也不同于自我增强，因为它突出自我缺陷。

那么自我提高如何激励人们？很多研究表明，自我提高动机对行为的影响是，具有自我提高动机的人通过与那些比自己强的人进行比较，来寻求**向上社会比较**（upward social comparisons）。通过与能力强的人进行比较，我们会受到激发，想在某个领域变得更有能力，同时也会了解提高能力所需的步骤。例如，有研究者发现，把自己与一个更成功的同伴进行比较的学生，其学习成绩要好于那些没有这样做的学生。

虽然向上社会比较是我们实现自我提高动机的一种有效途径，但这种比较本身存在一种风险。承认别人比自己好，可能会使我们感到灰心、无能、嫉妒和自卑。那么，如何才能知道向上社会比较何时会激发人而不是打击人？首先，要考虑成功的可能性。如果你可以像你的榜样那样获得成功，那么把你的能力与他们的能力进行比较会让你感到兴奋，受到激励。但是，如果你永远无法像你的榜样那样获得成功，那么这种比较会让你感到灰心和沮丧。

此外，必须考虑进行比较的领域。当有人在我们非常看重（我们的自尊依赖于此）而不是无关紧要的某个领域超越我们时，我们更有可能感觉到威胁。假如你是一位有抱负的音乐家，你花了四年时间向唱片公司兜售样带，却发现你的一个熟人刚刚签订她的第一个唱片合约，这样的消息可能会让你止不住流泪。但是，假如你认识的人的成功是在一个你根本不在乎的领域（如她被医学院录取），作为一个有抱负的音乐家，你不会因听到这个好消息而感受到威胁。

6.4.6　这么多的动机，这么少的时间

在上文中我们讨论了四种不同的自我评价动机，这些动机可能影响人们的能力感并指导其行为。但是，我们如何知道某个特定的动机何时优先于另一个动机？

有些人似乎更倾向于采用一种动机而不是另一种动机。自尊心强的人更有可能自我增强，这可能是维持其能力感提升的一种方式。相反，高度焦虑的人更有可能进行自我评价和自我提高，以作为缓解对其能力不确定的一种方式。

此外，某些情境特征可能激活一种动机而不是另一种动机。其中一个情境特征是负面反馈（即自我威胁）。在收到负面反馈后，人们更有可能采取自我增强动机。例如，有研究者发现，那些被告知在智力测试中得分较低的被试认为自己比其他人更聪明（即自我增强判断），但那些接受中性反馈的人却不这样做。

不确定性也可能在不同情境下激活不同的动机。当对自己的能力不确定时，人们更有可能进行自我评价。但是当对自己的能力确定时，人们更有可能进行自我验证。

另一种情境因素是认知资源的可用性。神经科学领域的研究表明，自我增强与大脑活动减少有关。此外，有研究表明，当我们的认知资源缺乏时，我们更有可能进行自我增强，但是当这些资源充足时，我们则更有可能进行自我评价。总之，这些都表明自我增强是我们的默认动机，因为我们不用经过太多思考就会自动这样行事。

然而，有些研究者对自我增强是默认动机这一说法提出了质疑。他们认为，对于来自西方文化（美国和欧洲各国）的人来说，自我增强可能是其默认动机，因为这种文化强调个性和自立。但对于来自集体主义文化（日本和拉丁美洲国家）的人来说，自我增强可能不是其默认动机，因为这种文化强调社会群体的身份。支持这一论点的证据是，日本人似乎比美国人更喜欢自我批评。然而，也有可能来自两种文化的人都有自我增强动机，只不过他们进行自我增强的领域不同。有人发现，日本和美国的被试都声称，在其文化高度重视的人格特征方面，他们比同龄人更好。在日本，这些人格特征之一是讨人喜欢；而在美国，人们高度重视的人格特征之一是负责任。由于这项研究，许多研究者认为自我增强自带泛文化倾向。

通过玫瑰色眼镜看你的伴侣

我们在上文中谈到，用积极的方式看待自己有利于精神健康。对伴侣也一样，用积极的方式看待伴侣的人，比不这样做的人对他们与伴侣的关系更满意，而且他们的关系更持久。夫妻之间对伴侣产生这种积极幻想的一种方式就是把他们的缺点变成优点。如果他凡事都不喜欢提前计划，不要把这看成他的缺点，而要这样想：这说明他是一个"性情中人"。不要把她的顽固视为一种消极特征，而要这样想：这说明她诚实，说明她"坚持自己所信奉的东西"。这并不是让你走极端——把伴侣适当理想化是有益的，但过于理想化可能就有害了。尽管如此，我们还是应尽量看到伴侣最好的一面。

写一写

自我增强是主要动机吗

有些专家认为，自我增强是主要的自我评价动机，而有些专家则不同意这一观点。你怎么看？在回答这一问题时，用生活中的具体实例来说明。

6.5　对丧失能力的反应

如果自我增强是我们的主要动机，那么我们大多数时候都以为自己比实际更聪明、更有吸引力、整体上更好。但这种错觉是不是经常被现实打破？关于人类思维的一个奇怪现象是，它拥有大量的自我防御策略，使我们即使在面对相互矛盾的证据时也能继续保持我们的积极幻想。在很多时候，这些自我防御策略使我们能够在某些信息威胁到我们的能力感时将其外化。下面我们讨论三种这样的策略（见图 6-8）。

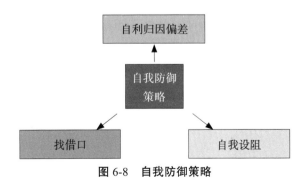

图 6-8　自我防御策略

6.5.1　自利归因偏差

通过策略性地使用内部归因和外部归因，我们能够在面对相互矛盾的证据时，保持过度积极的自我评价。根据**自利归因偏差**（self-serving attributional bias），人们倾向于把其成功视为自己的功劳，但否认其失败是自己的过错。换句话说，人们倾向于为其成功做内部归因，但为其失败做外部归因。在考试中获得好成绩的学生可能会说："我考了 100 分，因为我很聪明。"如果他的成绩很糟糕，他可能会说："我考了 50 分，因为教授不喜欢我。"通过内化成功归因和外化失败归因，我们能够选择让哪些信息影响我们的能力感。如果只允许积极的信息通过，那么即使有负面反馈，我们也能够保持甚至提高自己的能力感。

虽然这种思维方式可能听起来有点欺骗性，但所有人都这样做过，而且它有一定的益处。例如，将其被解雇归咎于外部原因的失业工人，会付出更多的努力去寻找另一份工作，而且研究发现，他们比那些将其被解雇归咎于缺乏技能等内部原因的人更有可能找到新工作。鉴于其如此有益，难怪东西方文化中都存在自利归因偏差。

6.5.2　自我设阻

人们外化失败归因的另一个有趣方式是**自我设阻**（self-handicapping），即创造外部障碍以阻碍自己绩效的倾向。通过创造必定导致失败的障碍，人们可以把糟糕的结果归咎于这一外部原因，从而避免将之归咎于自身原因。有的学生在重要考试前一整晚都参加派对，有的运动员在重要比赛前不进行热身训练，有的歌手在重大复出演出前放弃排练，其原因就在于自我设阻。通过预先采取自毁行为，这些人可以把其糟糕的表现归咎于外部原因，而不是指责自己缺乏能力。因此，当个体预计在不久的将来自己在某方面会失败时，最有可能发生自我设阻。

自我设阻似乎是一种极端措施，但许多研究表明，当预计可能会失败时，人们确实会采取这种策略。在史蒂文·巴格拉斯（Steven Berglas)和爱德华·E.琼斯（Edward E. Jones）进行的一项经典研究中，一些男性大学生参加了简单或较难的智力测验，测验结果有的公开，有的保密。

然后，研究人员告诉学生们，他们正在调查两种暂时影响认知功能的新"实验性"药物。其中一种药使人暂时更聪明，另一种药使人暂时更愚笨。然后，这些学生参加了第二次智力测验，但在测验之前，他们可以在两种药物中进行选择。一般情况下，人们都不会选择让自己变得更笨的药。但令人惊讶的是，之前参加了较难智力测验的人就是这么做的（见图 6-9）。

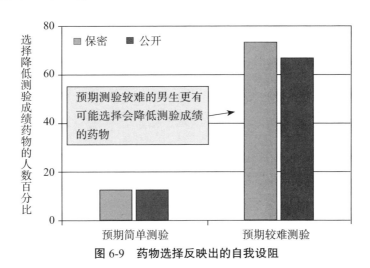

图 6-9　药物选择反映出的自我设阻

由于之前的经验，这些学生预期第二次测验也比较难，这意味着他们失败的可能性很大。通过服用损伤智力的药物，这些学生可以将其不可避免的失败归咎于药物，而不用承认他们失败是因为自己不够聪明。另外，之前参加过简单测试的学生选择了增强智力的药物。由于之前的经验，他们预期未来不会失败，因此不需要自我设阻。值得注意的是，药物选择似乎不受测验成绩是公开还是保密的影响。这一点很重要，因为它告诉我们，被试自我设阻不仅仅是为了在别人眼中看起来很有能力，重要的是他们在自己眼中看起来很有能力。

虽然自我设阻确实有助于人们在面对失败时保持一种能力感，但它也是有代价的。与那些没有自我设阻的人相比，预期艰巨任务而自我设阻的人在准备任务时付出的努力、时间和练习更少，他人对他们的评价更为消极。因此从长远来看，自我设阻似乎弊大于利。

6.5.3　找借口

人们也常常通过找借口把其失败归咎于外部原因。**找借口**（excuse making）反映了人们企图把负面结果的归因从内部原因转向外部原因。例如，一名学生可能会将其糟糕的考试成绩归咎于外面令人分心的施工噪音或令人不舒服的室内温度。如果这听起来很像自我设阻，那是因为这两者非常相似。这两种策略都是将失败归咎于外部原因以逃避个人责任。这两者的区别在于，自我设阻是在失败之前使用的行为策略，而借口是在失败以后使用的认知策略。自我设阻为了失败而制造障碍，而找借口是在失败以后把原因归咎于某个事物。

正如人们所料，找借口有利也有弊。从有利的方面讲，研究发现找借口能保护自尊、减少焦虑和抑郁，甚至能促进健康和免疫功能。但这些短期益处伴随着长期成本，包括动机下降。

写一写

你何时为自己的行为找借口

回想一下你以前找的一个借口，对该借口及找借口的原因（即你试图为哪种行为辩解）进行描述。然后分析该借口如何试图外化行为的起因。最后，描述该借口带来的积极和消极的后果，可以是情感方面、动机方面或行为方面的后果。

7 归属

菲比的故事

作为一名转学生，菲比·普林斯（Phoebe Prince）在马萨诸塞州的南哈德利镇开始上高一。菲比出生在爱尔兰，随家人刚移民到美国波士顿地区。在她这个年龄，招人喜欢和得到认同似乎是头等大事，而此时她身处一所新学校和一个新国家，必须努力理解并适应一种新文化。由于是"外来者"，学校里那些盛气凌人的女孩都不喜欢她，她们对她的欺凌始于在洗手间给她轻蔑的脸色，背着她说长道短。在菲比与一位名叫肖恩的高三橄榄球运动员有过短暂交往后，情况变得更糟了。那些女孩觉得她不知天高地厚，所以得教训她一顿。

关于"爱尔兰荡妇"的笑话开始在学校流传，人们散布着关于菲比的谣言，在脸书和推特（Twitter）上用侮辱性的字眼称呼她。挂在学校墙上的班级照中，有人把她的脸涂掉了。在图书馆签名簿上，一名学生在她的名字旁边写了诋毁她的话语。对菲比的欺凌在线上与线下持续了三个月，每天既有口头攻击，也有身体威胁。菲比向她的母亲倾诉，于是她的母亲向学校报告了此事，但是任何努力都无法阻止这种无休止的攻击。对于菲比来说，最后一根稻草是 2010 年 1 月 14 日那天发生的事。在放学回家的路上，一辆汽车一直跟着她，里面坐满了学生。当汽车开到她身后时，其中一人探出车窗，把一个压瘪的饮料罐扔到她头上，此时汽车里的所有人都大声喊着："妓女！"当菲比发现她的前男友竟然容忍这些恶霸似的行为时，她彻底崩溃了。她在短信中写到，"我认为肖恩容忍这种行为是在我的棺材上钉的最后一根钉子。"感觉如此被排斥，没有任何人可以依靠，菲比就这样走回家，并且给朋友发短信，"我再也受不了了"。然后，她在自家公寓的楼梯间上吊自杀了，用的是她的姐姐在圣诞节时给她买的一条围巾。

虽然这一事件令人震惊，但这只是最近一系列年轻人被"欺凌致死"事件中的一个例子。对于儿童和年轻人来说，欺凌一直是一个社会问题。但在现代，互联网和社交网站使欺凌变得永无休止，覆盖面更广，而且无法逃避。这不再是把洗手间的侮辱性文字擦掉，甚至是转学就能解决的。因此，目前美国 50 个州都有反欺凌法，要求欺凌者对其行为负责。

菲比·普林斯的故事很有震撼力，因为她的故事表明，为逃避社会排斥，人们甚至会采取极端的方式。就菲比而言，她宁愿去死也不愿继续过一种没有归属感、不被接受的生活。被排斥为何如此令人痛苦？为什么我们如此在乎他人是否接受我们？社会排斥真的比死亡更糟糕吗？

在本章，我们将讨论为什么人有被喜欢与接受这一基本需求，同时讨论被周围人排斥产生的惨重后果。

7.1 归属需求

你是否曾感觉自己不被别人接受？也许在上高中时你曾被自以为了不起的一伙人取笑，也许当恋人说不再爱你时你感到很伤心，也许有人在网上说过你的坏话。无论这些是何时发生的，以及如何发生的，任何一件事都可能让你感觉很糟糕。即便现在想起这件事，你仍然可能感觉很糟糕。不幸的是，这种排斥是日常生活的一部分，71% 的学生表示欺凌是一个持续存在的问题，10% 的学生因欺凌而辍学或转学。此外，42% 的儿童报告曾在线上被欺凌或威胁。由于每年都有许多欺凌案件没有报告，因此这些数字很可能是保守估计。但校园欺凌并不是人们在一生中遭受排斥的唯一形式。被排斥可以在任何年龄、任何环境下发生，也可以由任何原因引起。

为何被排斥如此具有杀伤力？为何我们如此在乎别人的看法？

这两个问题的答案在于人类具有基本的归属需求，即形成并维持持久的、积极的人际关系的普遍驱力（有时也被称作"亲和需求"或"关系需求"）。

不管有些人怎么说，每个人都需要被别人接受。这种需求是如此必要，许多心理学家认为这是人类与生俱来的需求。

仔细想想，确实是这样。我们人生的大部分时间可能都在与他人互动，无论是面对面的互动、在线联系，还是阅读关于他人的书籍或在电视上观看他人。即使在睡觉时，我们也会在梦中梦见他人！人生就是持续不断的社会体验。

这并不是说人类是地球上唯一的社会性生物，其他动物以某种形式表现出一定的社会性倾向，但很少有物种表现出人类的选择性依附和关系互动。例如，配对结合是人类的常态，但只有 3% 的哺乳动物表现出这种行为。因此，就社交互动而言，人类肯定是独占鳌头。同样，人类和动物都成群聚居，经常与同类中的成员互动，但人类还具有被周围人接受的强烈需求。我们不只是想与他人在一起，我们也迫切希望他们喜欢我们。

当然，大多数人都希望被他人接受，但是否是所有人都这样？有些人喜欢孤独，有些人隐居乡野。这些人的存在是否说明归属需求是人类的共同需求这一观念不成立？研究孤独的专家沃伦·琼斯（Warren Jones）说得好："我见过很多人说他们没朋友，但我从未见过任何人不想有朋友。"事实上，即使那些自称喜欢孤独和自称隐士的人也会与朋友或家人保持联系。至于那些独居或没有社交关系的人，研究表明这通常不是他们自己的选择。当被问起时，这些人表示他们希望有更多的社会联系和更密切的关系。所以，每一个人，包括喜欢孤独的人，似乎都有基本的归属需求。

7.1.1　归属需求引发行为

如果归属需求是人类的一个核心动机，那么它应当引发旨在满足这一动机的行为。人们很容易迅速与照料者、群体成员及相识的人建立联系，从这一倾向中我们可以看到这一点。汤姆·汉克斯（Tom Hanks）的电影《荒岛余生》（*Castaway*）就是一个非常生动的例子，说明归属需求对行为的影响。在影片中，故事的主人公查克（Chuck）被困在一座无人的荒岛上，最终他与他称之为威尔森（Wilson）的排球建立了友谊。通过创造威尔森这一假想的朋友，查克能够在完全与世隔绝时满足其归属需求。为了感觉自己被接受而创造一个假想的朋友，虽然这一想法可能看起来很荒谬，但电影作者声称，这一故事情节的确是基于荒岛幸存者的个人叙述。

不经过深入调查，人们会很快与其有一面之交的人建立关系，从这一倾向中我们也能看出人类的归属需求。例如，一些研究表明，仅仅在物理空间上与某人离得近（即接近），就是发展友谊和人际吸引力的一个重要决定因素。一旦与朋友或恋人建立关系，我们就不愿意断绝这种关系，即使这种关系具有破坏性或侮辱性。

当一段关系结束后，我们也可以看到满足归属需求的行为证据。我们经常试图用另一种关系填补之前关系留下的空缺，用这种方式来恢复我们的归属感。例如，刚与恋人分手的人，很可能会紧接着发展另一段新恋情。同样，被迫与朋友和家人中断联系的囚犯，很容易在监狱内结交新朋友。因此，当归属需求得不到满足时，我们与他人建立联系的动机就更强烈。为了在实验中验证这一假设，研究者让被试完成了一项人格测试，并给了他们虚假的反馈，表明他们缺乏自主、能力或归属。例如，研究者告诉一组被试，他们有"社交回避型人格"，这种类型的人往往社会关系不好，最终会孤身一人。在各组被试收到人格测试反馈后，他们又参加了一项旨在评估其归属动机强度的测试（例如，"我希望能找到完美的恋人，让我感觉我终于找到了'梦中情人'"）。正如人们所料，此前在归属方面感受到威胁的人报告的归属动机最强。正如我们在饥饿时更有可能寻找食物一样，当归属感缺乏时，我们更有可能寻求社交联系。我们也可以通过"吃社交零食"（即寻找当前或过去的社会关系中勾起回忆的象征性物件）来满足我们的归属需求。

就像我们吃零食以填补饥饿的肚子一样，在社交方面我们也会"吃零食"，以填补我们未得到满足的归属需求。我们可能会触摸与朋友一起旅行的纪念品，重读从亲人那里收到的电子邮件或信件，翻看老照片或孩子的成长记录册，或者在钱包里或办公桌上放亲人的照片（实际上85%的人都这样做）。这种"社交零食"真的能帮我们暂时满足我们的归属需求吗？被迫想象整天独处的人，表现出更高的"社交零食"需求倾向，从而为这一观点提供了支持。即使对方不在我们身边，这些符号也能满足我们的归属需求。

7.1.2　归属需求产生积极的结果

现在我们讨论归属需求是否会产生促进生存的积极结果。很明显，在人类进化的过程中，形成和维持社会关系的愿望是为了适应生存环境。我们的祖先通过联合形成社会群体，来弥补他们在速度和力量上的不足。与孤单的个体相比，群体能够更好地捕获大型动物、分享食物、抵御食肉动物和入侵者，以及照顾幼小者。因此，在我们祖先的进化环境中，有强烈归属需求的人更有可能生存下来，而那些归属需求较低的人则无法延续其遗传密码。

试一试：归属与生存

我们的祖先可能需要其他人才能生存，但从古至今情况没有发生太大变化。请列出今天你已经完成或仍需完成的所有任务，看看其中有多少需要他人的帮助。也许你需要上课，这得有教授来上课才行；也许你需要吃午饭，这需要有人为你做饭才行。如果你在家吃饭呢，想想需要多少人的劳动，那些食物才能在食品店供应？即使在现代工业化时代，我们仍然需要他人才能生存。

很明显，在人类进化过程的早期阶段，拥有强大的社会关系有利于健康和生存，但是今天仍然是这样吗？社交关系带来的益处是否仍然是我们的健康和幸福所需要的？答案是肯定的。

正如菲比·普林斯的例子所表明的那样，归属已被证明是精神健康和幸福所必需的。有报告显示，多达 15%~30% 的人感觉长期处于孤独状态，而这种孤独感导致抑郁、人格障碍、自杀念头或自杀行为的发生率增加。许多研究还表明，孤独与痴呆症（包括阿尔茨海默病）之间存在着密切联系。另一方面，有归属感的人不太可能患精神疾病，而更有可能报告生活质量更高，更有活力，感觉更幸福和更快乐。

有研究表明，归属也是身体健康所必需的。与那些感觉归属需求没有得到满足的人相比，归属需求得到满足的人更有可能锻炼身体，从事更多体力活动，饮食更健康，口腔卫生保持得更好。相反，缺乏归属需求的人更容易出现各种健康状况不良的问题，包括高血压和肥胖。例如，一项纵向研究测量了儿童的社会孤立感和孤独感，在这些人 26 岁时，研究人员又对他们进行了调查。结果显示，孤独的孩子在成年后有重大的健康问题，包括肥胖、高胆固醇和高血压。

鉴于归属与身体健康之间的这种联系，孤独与较高的死亡率相关也就不足为奇了。例如，研究者对美国 50 岁及以上成人的全国代表性样本进行了纵向研究。在研究开始时，研究者对样本的孤独感进行了评估，然后利用国家死亡索引将这些人的孤独感与之在此后六年中的死亡率进行了相关性分析。结果显示，在六年的研究中，孤独感最强的老年人的死亡率几乎是孤独感最弱的老年人的两倍。遭受排斥与死亡之间的这种联系有助于解释为什么古人使用流放这种惩罚方式。在古代文化中（如古希腊），被判有罪的公民会被驱逐出城市，被迫在城墙外自生自灭。当时，人们认为被流放、与所有社会关系断绝联系，比死亡更糟糕。对于像菲比·普林斯那样为逃避极端社会排斥而自杀的人来说，遭到排斥仍然比死亡更糟糕。

7.1.3　归属需求具有普遍性

就归属需求而言，人类学家们一致发现，地球上的每个人都属于某个面对面互动的小团体。无论来自哪种文化或哪个国家，人们都会从归属感中受益。研究表明，高度归属感能提高西方文化和东方文化人群的整体幸福感。

大脑中的归属　归属具有普遍性这一事实表明，归属动机植根于生理学。因此，研究者们试图确定到底哪些生理过程负责我们的归属需求。其中一个生理因素是大脑。现在，许多专家认为，随着动物进化为人类，这一过程创建了新的大脑系统，来监测和回应社会信息。有些理论家认为，进化不是创造一个全新的大脑区域，而是把处理社会信息的结构依附到现有的处理疼痛和愉悦的结构上。

负责监控身体愉悦和疼痛的大脑区域也负责监控我们的社交关系，乍一想这似乎有些奇怪，但是社交关系在本质上是愉快和有益的，而社会排斥在本质上是痛苦的，这样一来就容易理解了。事实上，一些脑影像研究显示，人们想到其他人时激活的大脑区域（前扣带皮层）与人们想到奖励时激活的大脑区域相同。同一个大脑区域既对社会关系负责，也对身体感觉负责，这一事实说明，社会排斥有可能与身体疼痛产生的效果相同，在本章最后我们会讨论这一点。

约个伴儿

下次当你想锻炼身体时，约个伴儿一起去。在一项研究中，344 名男性和女性参加了为期两年的锻炼计划。一半被试单独完成了该计划，另一半被试与一两个家庭成员或朋友一同完成了计划。结果，与朋友或家人一起锻炼的人减掉的体重最多：几乎是单独锻炼的人的两倍！所以下次去慢跑或去健身房时，约几个朋友一起去吧。没有朋友和你一起去？别担心。另一项研究发现，拥有锻炼视频游戏中常见的虚拟锻炼伙伴同样有效。

归属与催产素 催产素是一种神经化学物质，在动物和人类之间的社会归属和配对结合中发挥作用。例如，当母亲母乳喂养婴儿时，其神经垂体会释放催产素，进入循环系统，这可能是为了促进母子之间的联系。

但催产素的作用远远超出母子之间的关系。例如，研究表明催产素对治疗自闭症等社交障碍有一定的作用。患有自闭症的人缺乏社交技能，很难与他人建立有意义的关系。自闭症患者缺乏社交处理技能与催产素的无效处理有关。对自闭症患者通过鼻腔喷雾给予一定剂量的催产素，就能使他们处理社交信息和面部识别的大脑区域的活动增加。在不久的将来，催产素可能成为自闭症和其他社交障碍的常规疗法。

催产素还能使没有社交障碍的人变得更擅长社交。对有关该主题的 23 项研究的分析发现，催产素确实提高了人们回忆面孔的能力，同时也增强了人们对他人的信任。例如，在一项研究中，被试与一位获得金钱的同伴玩信任游戏。游戏的规则是，如果被试的合作伙伴值得信赖，把钱分给他，两者都会受益；但如果合作伙伴贪婪，不把钱分给他，那么钱就归合作伙伴，被试就得不到钱。因此，被试在游戏中的反应很大程度上取决于他们对合作伙伴的信任程度。当被试在正常条件下玩这个游戏时，只有 21% 的人表现出对合作伙伴的信任。但是当被试接受小剂量的催产素后，45% 的人表现出对合作伙伴的信任。

写一写

归属需求取决于遗传还是环境

首先，考虑一下我们对归属的渴望在多大程度上基于生理，即受遗传驱动。除了关于催产素的研究，你还能提供其他例子来支持你的观点吗？其次，考虑一下我们对归属的渴望在多大程度上是基于社会和文化，即受环境驱动。你能否提供一个例子来支持你的观点？最后，你认为我们的归属需求受遗传驱动更多，还是受环境驱动更多？你能提供哪些证据或例子来支持你的观点？

▶

7.2 社会计量理论

如前所述，我们对归属的基本需求促使我们做出各种各样的行为，以提高我们被接受的可能性，减少被排斥的可能性。这些使接受最大化、排斥最小化的尝试可以被概念化为维持和增强我们**关系价值**（relational value）的努力，关系价值反映他人对与我们互动及与我们建立关系的重视程度。当我们感觉自己的关系价值很高时，我们感觉被接受。但是当我们感觉自己的关系价值很低时，我们会担心自己可能会被排斥，因此会做出试图提高自己关系价值的行为。

努力完成一项任务，性交时使用避孕套，帮助有需要的人，行事霸道，做整容手术，罹患饮食失调，这些都与人们为增加自己在他人眼中的关系价值而做出的努力有关。请注意，这些行为中既有积极行为（如努力工作），也有消极行为（如行事霸道）。这告诉我们，人们做出有害或危险行为，有时只是为了给别人留下深刻的印象，从而增加自己的关系价值。例如，青少年和大学生们试图通过酗酒、吸毒、鲁莽驾驶、过度节食、炫耀危险特技及运动时受伤而不去治疗，来获得他人的认可。为获得他人的认可，我们不惜伤害自己，这充分说明归属的诱惑力有多大。

我们如何判断自己的关系价值是高还是低？

根据**社会计量理论**（sociometer theory），这一问题的答案是自尊，自尊在很大程度上受能力感驱动。然而，社会计量理论认为，自尊受归属感的影响更大。

根据该理论，自尊就像一种监测我们关系质量的心理指标。当我们的关系价值很高，感觉被别人接受时，我们的自尊心也很高。当我们的关系价值低，感觉被排斥时，我们的自尊心就很低。就像汽车中的油表对油量进行监测，当汽油有耗尽的危险时给你警告一样，社会计量器对你的社交关系进行监测，当你有被排斥的危险时给你警告（通过低自尊）。因此，根据社会计量理论，自尊本身不是目的，而是达到目的的手段。还用汽车油箱里的汽油来打比方，我们把油箱加满，不是为了让油表指针上升。我们真正想要的是满满一箱汽油，但知道油箱已满的唯一方法就是看油表指针。自尊也一样，我们追求高自尊不是为了自我感觉良好。我们追求高自尊是因为高自尊告诉我们，我们得到了他人的认可。

接受会增强自尊，排斥会降低自尊　许多研究结果支持社会计量理论，这些研究表明，接受会增强自尊，排斥会降低自尊。例如，在一项研究中，实验者把被试分成五人一组，让他们在小组内讲讲有关自己的一些具体情况。然后，实验者告知被试，他们中的某些人将被选中，组成一个小组共同完成一项任务，而其他人将单独完成该任务。一半被试被告知他们已被列入该组，而另一半被告知他们被排除在外，必须独自完成任务。但是哪些被试加入小组，哪些被排除在外，这一决定是如何做出的，研究者给出了两种不同的说法。有些被试被告知这一决定是随机的，而其余被试则被告知该决定是由其他小组成员做出的。换句话说，实验者让一些被试认为，其他小组成员不希望他们加入小组。最后，所有被试都完成了一项自尊状态测试。

你认为研究结束时谁的自尊最低？结果与社会计量理论一致（见图 7-1）。

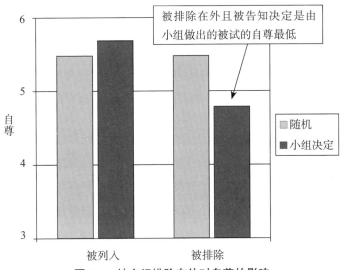

图 7-1　被小组排除在外对自尊的影响

未被列入小组的被试的自尊会降低，但只有当其他小组成员不同意其加入时才会这样。如果未被列入小组是随机确定的，不是因为被小组排斥，那么被试的自尊保持不变。这表明未被列入小组不足以降低自尊，只有当人们认为，由于他人反对导致自己被排斥在外时，他们的自尊才会降低。

还有一些研究表明，即使被陌生人排斥，被其鄙视的人排斥，或者被非知觉实体排斥，人们的自尊也会降低。因此，我们的归属需求是如此根本，不管被谁（或什么）排斥，我们的自尊都会降低。

写一写

评价社会计量理论

根据社会计量理论，我们追求高自尊是因为高自尊告诉我们，我们已被他人接受而不是因为我们想自我感觉良好。因此，这一理论表明，自尊更多关乎别人对我们的看法，而不是我们对自己的看法。你是否同意关于自尊本质的这一说法？请提供证据或例子来支持你的观点。

7.3　如何获得并保持归属感

归属是双向的，要想满足归属需求，我们必须尝试与他人联系，同时也需要其他人想与我们联系。

那么我们究竟如何获得认可呢？一旦被认可，我们如何继续保持？简单来说，我们必须让他人相信，我们拥有成为好朋友、好恋人和 / 或优秀团队成员的品质（即提高我们的关系价值）。

心理学家将这种给人留下积极、令人满意社会印象的尝试称为**自我呈现**（self-presentation，也称印象管理）。成功的自我呈现很重要，因为给他人留下好印象是建立社交关系所涉及的重要的任务之一。例如，如果你正在参加求职面试，希望给面试官留下好印象，你可能会改变你的穿着、说话的方式，甚至是你的个性，来展现出最令人满意的公众形象。

因此，自我呈现说明我们如何创造特定印象，但接下来要问的问题是，人们试图创造哪些类型的印象？我们能列出一大串人们为增加关系价值所做的事，但一般而言，为获得并保持关系，人们会尝试呈现特定类型的特质。在下一节中我们将讨论其中两种特质：亲和力和能力。

7.3.1 亲和力

在其他条件相同的情况下，有亲和力的人比没有亲和力的人更受重视，更容易被接受。因此，在他人面前，人们经常尽量表现得友好、令人愉快、和蔼可亲。事实上，当大学生们被问起想给他人留下什么样的印象时，他们总是列出表明其有亲和力的特质。

伸出援助之手

研究表明，提高亲和力的一种方法是慷慨大方。我们都喜欢向他人伸出援助之手的人。在一项研究中，那些经常帮助同事的人，其社会地位和工作效率都高于那些不那么慷慨的人。因此，如果你想让你的同事、老师或同学们喜欢你，请伸出你的援助之手。你很可能会发现，你付出什么就能得到什么。

我们如何才能提高自己在他人眼中的亲和力呢？研究表明，决定亲和力的首要因素是你与互动伙伴之间的相似程度。人们与你越相似，你就越喜欢他们。许多网络婚介服务之所以根据兴趣和个性的相似性来配对征婚对象，其原因就在于此。人们甚至在外貌吸引力方面也寻找相似性，这种效应在文献中通常被称为匹配假说。极具吸引力的人倾向于和极具吸引力的人结婚，而吸引力一般的人往往与吸引力一般的人结婚。鉴于相似性与亲和力之间的联系，提高关系价值的一个简单方法是强调你与互动伙伴之间的相似性，或者与他们的喜好保持一致。当第一次见到某人时，我们经常会尝试选择一个能够展示共同点的话题（如天气、近期上映的电影）。我们这样做不仅仅是想更多地了解对方，而是想寻找一种相似感，这种相似感将构成潜在关系的基础。

7.3.2 能力

在上文中我们谈到，人类的基本需求之一是感觉自己有能力，感觉自己成功。事实确实如此，但很多时候我们不是为了成功而追求成功，而是因为成功能带来他人对我们的认可。能力强的人，其关系价值也更高：他们更有可能受邀加入某人的团队，更有可能吸引他人，更有可能有追求者。有研究就证实了这一点。研究者要求一群高三学生说明他们为什么在学校努力学习，在收到的297 份陈述中，51% 的学生谈到，希望得到认可是促使其学习的主要原因。以下是几个例子："我不希望人们认为我很笨""我希望人们大吃一惊，'哇，从没想到你能取得这么好的成绩'""我想向我的妈妈证明我能做到这一点，这样她就可以闭嘴了"。

写一写

能力需求是否就是归属需求

在上文中我们谈到，感觉有能力是人类的基本需求之一，但有些研究者认为，这只是因为他人认为我们有能力时，我们更容易得到认可。这些研究者认为，能力需求其实根植于归属感——你对能力的渴望更多是因为你希望别人认为你有能力，而不是想自认为有能力。你是否同意这种观点？请提供证据或例子来支持你的论点。

▶

7.4　在群体中满足归属需求

到目前为止，我们讨论的重点是通过形成亲密的友谊或恋爱关系来满足我们的归属需求，但是二元配对并不是满足归属需求的唯一方式。我们也通过隶属于大型团体来获得认可。就像人们很容易与陌生人和一面之交的人快速建立关系一样，人们也很容易与群体建立关系。

我们通常认为，人们根据一些重要方面的相似性（如种族、性别、宗教、喜欢的运动队或所在大学）形成群体，但在实验室进行的研究表明，群体很容易形成，极其随意、毫无意义的联系都可以创造群体。这些研究使用的程序被称为最简群体范式，因为这表明群体是根据最简单的条件创建的。在这些实验中，群体是通过任意方式创建的，如抛硬币或标记颜色（红队与绿队）。这些最简单的群体一旦创建，人们便开始对群体内的人表现出偏爱，而对群体外的人敌对或抱有偏见，这一模式被称为内群偏爱。

为什么我们如此愿意形成群体？在下一节，我们将讨论这一问题的三个可能的答案。

7.4.1 社会认同理论

社会认同理论（social identity theory，简称 SIT）指出，我们迅速形成群体并表现出内群偏爱，因为我们的自尊的主要来源是群体。SIT 认为，人们自动将其他人分为群内（我们）和群外（他们）。这样做会引起竞争的感觉和获胜的欲望，我们不仅想属于某个群体，我们还希望属于更好的群体。这种愿望使我们迅速形成群体（如前面介绍的最简群体范式研究所表明的那样），并立即表现出对群内成员的偏好（即内群偏爱）。

SIT 还认为，人们能从群体成员身份中获得自尊感。当我们的群体表现良好时，我们的自尊会提高。当我们的群体表现不佳时，我们的自尊就会下降。

SIT 给我们的一个启示是，个体越是感觉与群内人员的关系紧密，就越感觉被他们接受，我们就越喜欢他们，而不是群外人。虽然有很多方法可以促进群体认同，但一种有趣的方法是使用催产素。虽然催产素能增进个体之间的关系和信任，但它是让我们与任何人建立关系，还是只与群内人员建立关系？

为研究这一问题，有研究者向被试提出了一个道德困境，被试被告知一辆失控的电车正朝着五个人猛冲过去。除非拉动开关，让电车朝其中一个人撞去，否则五个人都会被撞死。被试需要在一个人的生命与五个人的生命之间权衡，但事情并非如此简单。对一部分被试，这个人被描述为群内人员（同一国籍），而对其他被试，这个人被描述为群外人员（非同一国籍）。在正常条件下，无论受害者是什么国籍，被试都做出了合理的选择，即牺牲一个人来拯救五个人。但是当被试吸入催产素之后，他们的偏好发生了变化。他们毫不犹豫地选择牺牲五个外国人，来拯救那个同胞。因此，催产素增强了被试的内群偏爱。

另外有研究表明，催产素还使人们更有可能与群内人员保持一致，而且更有可能不与那些具有威胁性的群外人员合作。

7.4.2 恐惧管理理论

人类具有想象未来的独特能力，但这也意味着我们会想象未来的威胁（如疾病、全球变暖和恐怖主义）。无论我们如何努力避免这些威胁都必须认识到，在不远的将来，我们都将不复存在。许多人认为，认识到自身死亡这一能力必定是人类进化过程中的一个重大变化。

由于意识到自己终将死亡的命运，人类可能不得不想办法应对这一意识产生的巨大焦虑。一种应对机制是，发展群体共同世界观。我们所属的群体（即我们的文化）为我们提供了一种共享的现实感和意义，并最终带来一种不朽感。有时群体向我们保证字面上的永生，如某些宗教团体会提供来世的承诺。有时，群体向我们承诺象征性的永生，这是指在我们死后很久，群体还会纪念我们，记住我们曾经做出的贡献。早已去世的音乐家、作家、演员和科学家们的作品表明，躯体消亡后很久，人们的遗产仍能继续存在下去。因此，我们需要属于某个群体的一个主要原因是，群体使得我们的遗产在我们去世后很长时间内能够继续存在。

群体成员保护我们，使我们不惧怕死亡，这一见解是**恐惧管理理论**（terror management theory）的基石。根据该理论，人们通过促进和捍卫自己所属的群体和机构，来应对对自身死亡固有的畏惧（或恐惧）。如果我们的群体和我们的文化为我们提供永生和人生目的，那么提醒人们终将死亡的命运应当激发人们与群内人员"抱团"，同时，保护他们不受群外人员的伤害。

恐惧管理理论的证据　为了验证这些论断，研究者们使用各种死亡凸显方法来提醒人们死亡不可避免，如观看有关大屠杀的纪录片，或者在殡仪馆或墓地前回答问题，但最常用的方法是让被试写一篇作文，详细描述他们死后其躯体会发生什么变化。

> 试想一下，你能否想象出死去后你的躯体会怎样？你能否想象出你手指上的皮肤与指甲分离，你的眼球变瘪，各种液体从你的躯体渗出，弄湿棺材底板？很不舒服是吧？那是因为我们不喜欢思考自己的死亡，就像该理论的名称所暗示的那样，思考自己的死亡让我们感到恐惧。

在想象这些令人毛骨悚然的景象后，研究者通常会让被试完成一项旨在评估内群偏爱的任务。例如，在一项研究中，被试是美国大学生，一部分学生写了一篇上面所说的死亡作文，而其他学生写了一篇关于中性经历（即吃食物）的作文。然后，每个人都阅读了一篇文章，文章作者或者支持美国，或者批评美国（见图 7-2）。

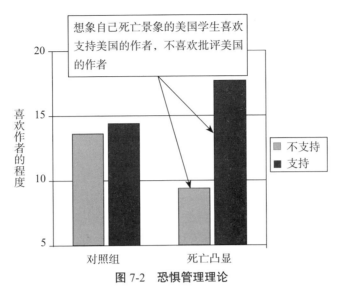

图 7-2　恐惧管理理论

注：描写自己死亡（死亡凸显）的美国学生喜欢支持美国的作者，不喜欢批评美国的作者。描写吃食物的学生（对照组）没有表现出这种偏好。

这项研究表明，思考自己的死亡使我们更有可能捍卫我们的群体。事实上，对使用死亡凸显的 277 项实验进行的荟萃分析发现了一致的证据，即提醒我们自己的死亡提高了内群捍卫和偏爱。

研究表明，死亡凸显能促使人们通过多种方式增进社交关系，包括遵守群体规范、对性别和种族的认同，以及对群外人员的消极陈旧观念。此外，死亡提醒往往会增强人们的责任感、亲近感以及对恋人的爱。请注意，这些都是群体或二人关系的归属和接受带来的反应。

尽管这些研究支持恐惧管理理论，但也遭到了很多批评。例如：

- 该理论与进化论不一致；
- 该理论无法解释某些行为，如自杀；
- 非死亡问题，如不确定性或意义，可能引起同样的反应；
- 该理论缺乏证据，无法证明人们在思考自己的死亡时确实会经历恐惧。

然而，也有一些人认为，该理论对于理解我们对社会关系的渴望、对减少偏见，以及对促进世界和平，均具有重要意义。

7.4.3　最优特性理论

群体成员身份可能是一把双刃剑，因为在许多方面，它使我们的归属需求与我们的自主需求和能力需求相对抗。一方面，我们希望感觉自己与周围的人相似，被群体所接受。另一方面，我们希望感觉独特，感觉能控制自己的命运，感觉自己好像为该群体做出了独特的贡献。那我们到底想要怎样？想融入群体，还是想从群体中脱颖而出？

如果你对该问题的回答是两者都正确，你就说对了。根据**最优特性理论**（optimal distinctiveness theory，简称 ODT），人类不断地摇摆于这两种相反的欲望之间。我们对**同化**（assimilation）的渴望意味着我们想与其他人相似，这是由我们的归属需求驱动的。另一方面，我们对**差异化**（differentiation）的渴望意味着我们想感觉极其特别，这是由我们的自主需求和能力需求所驱动的。问题在于，在群体环境下这两种欲望是辩证的对立面，满足其中一个就不能满足另一个。我们越是感觉相似，就越想脱颖而出，变得独特。我们越是感觉独特，就越想与人群相似并融入其中。

如果我们经常在渴望融入和渴望超群之间陷入一场拉锯战，那么我们如何解决这一矛盾？

根据 ODT，我们通过寻求有助于我们在同化和差异化之间保持最佳平衡的群体成员身份来解决这一难题。这意味着我们希望自己属于独特但又不过于独特的群体。例如，学生们认为自己不仅仅是"某某大学的学生"，因为校园里有成千上万类似的群体成员。学生们通常根据自己的专业（如"我学的是数学专业"）、爱好（如"我是戏剧爱好者"）或课外活动（如"我是一名女生联谊会成员）来定义自己。以这种方式定义自己的身份，可以让人们感觉自己属于一个包容但又有选择性的群体，从而同时满足他们对同化和差异化的渴望。

写一写

是否存在其中一种渴望占优势

最优特性理论指出，每个人都既想感觉与他人相似（同化），又想感觉与他人不同（差异化）。但是，你认为所有人感觉两种渴望同等强烈，还是有些人感觉其中一种渴望更强烈？你认为在某些文化中人们感觉两种渴望同等强烈，还是有些人感觉其中一种渴望更强烈？请提供证据或例子来支持你的观点。

7.5　在网络空间满足归属需求

过去，人们相互沟通是通过面对面、电话或书信。现在，互联网的出现极大地改变了社交沟通的格局。如今，与他人沟通有多种选择：电子邮件、聊天室、短信、社交网站、即时消息或博客。很多社交网站的推出，也对人际关系产生了很大影响。当然，这对你来说不是什么新闻，大学生是这类社交网络的主要用户群之一。根据一项调查，超过 95% 的美国大学生拥有脸书专页，78% 的人每天访问该网站至少两次。由于社交网站的广泛使用，心理学家们越来越关注人们使用这些网站的动机，以及使用这些网站带来的后果。

7.5.1　网络空间对归属感有利还是有害

关于网络空间，一个主要问题是它对归属需求有利还是有害。一些研究表明，互联网和社交网络的使用与一些消极的心理结果有关，包括归属感降低，幸福感降低，抑郁和孤独的可能性增大。

然而，也有许多研究表明，网络空间是人们满足归属需求的一个好方法。例如，一系列研究调查了美国大学生使用脸书的原因和后果。在第一项研究中，这些研究人员要求学生们说明在过去一周内与他人的联系感（例如，"我感觉与那些对我很重要的人联系很紧密"）及孤立感（例如，"我与平时合得来的人有了分歧和冲突"）。有趣的是，他们发现这两个指标之间只是弱相关，这意味着联系感高的人不是孤立感自然就低，反之亦然。因此，联系感和孤立感是评估归属感满足度的两个独立的指标。然后，这些学生报告了他们访问脸书的频率，最低是"根本不访问"，最高是"每天超过一次"。

当研究者对大学生使用脸书情况与之报告的联系感和孤立感进行相关性分析时，他们发现两者都呈正相关。这一结果有些自相矛盾。

为什么脸书的使用同时与高归属感和低归属感相关联？

为了解开这一令人困惑的问题，研究者进行了几项后续研究。结果表明，出现这一悖论是因为，归属感既是使用脸书的原因，也是使用脸书的结果。那些与社交关系中断联系的人使用脸书的动机更强，因此中断联系是其使用社交网站的主要原因。但是真正使用脸书以后，他们会感觉与社交关系的联系感增强：联系感增强成为使用这些网站的主要结果。研究者发现，强迫学生完全退出脸书 48 小时降低了他们的联系感（但没有增强其孤立感）。然而，在这 48 小时内，越是因为与中断脸书无关的原因而感到孤立，学生们就越有可能在 48 小时结束后访问脸书。这些研究对我们有什么启示？对于大多数人来说，使用脸书看来是有益的，确实有助于（至少是暂时）满足个体的归属需求。然而，对于那些在现实世界中感到孤立的人来说，退隐到脸书上无助于减少其寂寞感和孤独感。

7.5.2　网络空间是否会减少面对面的接触

关于网络空间，第二个主要问题是，人们是否会用在线关系取代面对面的互动，从而导致丰富多彩、联系紧密的社会关系退化。好消息是，针对这一主题的大多数研究表明，这种担忧是没有根据的。对大多数人来说，在线工具能够促进关系，丰富面对面的互动。例如，一项研究找到 208 名 20 世纪 90 年代中期家中还没有电脑的匹兹堡居民，研究者给他们每人一台联网电脑。三年后，研究者发现，在互联网上花费的时间越多，被试与家人和朋友面对面接触的时间就越多（而不是越少）。

还有一些研究表明，大多数人没有用互联网和电子邮件来代替面对面接触或电话交谈。他们往往用这些在线工具来保持与外地关系对象的联系，这些人即使想见也见不到。此外，大多数发展在线关系的人（66%）最终会将这种关系转为线下面对面的关系。因此，网络空间不仅可以帮助人们与朋友和家人保持密切的联系，而且还有助于人们形成新的关系。

如果说使用网络空间来满足归属需求有一个秘诀的话，那就是人们最终必须把在线关系转变为现实世界中的面对面互动。好消息是，通过这种方式，人们很可能会建立密切、有意义的关系，这与传统方式建立的关系没有什么不同。事实上，从网上开始的关系实际上可能比传统的关系更好。一些实验研究对一对从未谋面的男女第一次见面的方式进行了操控。有些人面对面见面，有些人在网上聊天室通过聊天的方式见面。结果表明，在网上与对象见面的人比那些面对面见面的人更喜欢对方。在被试不知情的情况下，即便是网上见面对象和面对面见面对象是同一个人，情况也是如此！为什么会出现这种情况？这可能是因为人们感觉在网上能更好地表达"真实的自我"，这使得他们在最初介绍中感觉与恋爱对象关系更亲密。在现代社会，很少有什么环境鼓励我们走向陌生人，与他们开始交谈。但网络空间的一个根本目的就是与陌生人交谈，根据共同的爱好和经历（如聊天室）结识新朋友。因此，网络空间为人类满足归属感这一古老需求提供了一种现代工具。

写一写

网络空间对归属感是否利大于弊

　　互联网是改善了社交关系，还是削弱了社交关系，这是一个备受争议的话题。你怎么看？网络空间对归属感利大于弊，还是弊大于利？在回答这个问题时，请你用生活中的例子来支持自己的论点。

▶

7.6　对失去归属的反应

　　鉴于人类具有强烈的归属需求，当这种需求受到威胁时会怎样？要回答这个问题，想象一下：在一个阳光明媚的日子，你正在公园散步，一只飞盘突然落在你脚边。你捡起飞盘环顾四周，想看看它是从哪儿飞来的，你看到两个人正向你挥手，你把飞盘扔向他们，其中一人接住飞盘，并把它扔给同伴，同伴又把飞盘扔给你。你们三个人用这种方式玩了几分钟，然后没打任何招呼，另外两个人就停止向你扔飞盘，不再理你了。在这种情况下你会有什么感觉？你会难过？愤怒？这正是发生在吉普·威廉姆斯（Kip Williams）身上的经历，但是吉普可不是普通人，他是一名社会心理学家。多年后在进行研究时，他想起了那次飞盘事件，想起当时被两个陌生人排斥在群体外有多痛苦。因此，他的整个职业生涯都在研究当某人被拒绝或排斥在外时会发生什么。

在生活中的某个时刻，我们都经历过被拒绝、被忽视或被排斥的感觉。也许你坐在公交车上，没有人和你说话；也许你是最后一个被选中加入运动队的人；也许你想和某人约会，对方没有答应你。所有这些经历都是**排斥**（ostracism）的例子。每当个体或群体忽视、拒绝或排除某人，就会出现排斥的情况。说起排斥，我们通常会想到在这一章开始时菲比遭受的那种公然的排斥。但是，排斥的形式多种多样，可以是完全将某人从某种关系中移除（如流放、单独监禁、与恋人分手），也可以是更加微妙的疏忽暗示（如不立即回电话、不进行目光接触、不回答你的问题）。

虽然几乎所有人都经历过某种形式的排斥，但令人惊讶的是，直到最近，很少有研究专门探究这一问题。关于这一主题最早的研究出现在 20 世纪 50 年代和 60 年代，其中大部分都侧重身体（而非心理）的隔离。然而，从 20 世纪 90 年代中期开始，心理学家们开始将注意力转向心理隔离。

虽然引发最近有关排斥的研究骤然增多的因素可能有很多，但其中一个原因与近年来欺凌、网络欺凌和校园暴力事件的增多有关。

7.6.1　研究者如何研究排斥现象

在讨论这种排斥研究的研究结果之前，我们有必要介绍研究者们是如何研究排斥问题的。一种方法是在排斥事件实际发生后把它记录下来。例如，有研究者让当地社区的成年人记两个星期的日记，每次感觉自己被排斥时就把它记录下来。平均而言，这些人报告了 11 天内的 35 次排斥事件。大多数排斥事件来自陌生人（32%）或熟人（30%），但近 1/3（38%）来自朋友、亲戚或恋人。此外，大多数排斥事件都是当面发生的（71%），但也有少数排斥事件（19%）发生在电子邮件或聊天室等网络空间。

一旦研究人员能够测量或操纵排斥体验，下一步就是看这种体验如何影响人们的反应。在本章剩余部分，我们将探讨当人们遭受社会排斥时会有什么不良后果（见图 7-3）。我们先讨论个体遭受排斥时发生的内部变化，然后讨论遭受排斥引起的明显行为变化。

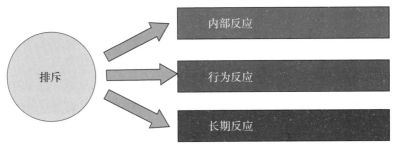

图 7-3 排斥的后果

7.6.2 对排斥的内部反应

回想一下你被某人排斥的经历，这一经历对你的感受或思想有何影响？研究表明，排斥会导致许多内部反应。下面我们将重点讨论排斥的三个负面影响：伤心、情感麻木、认知障碍。

伤心 虽然个体在遭受排斥时会出现其他负面情绪（如悲伤、愤怒、恐惧和孤独），但最常见的负面情绪是伤心。根据马克·R. 利里（Mark R. Leary）及其同事的观点，每当我们感觉关系价值很低时，就会很伤心。

为验证这一点，研究人员要求被试"回想某人说了什么或做了什么让你伤心的经历"。被试列出的事件几乎全都属于六个类别（见图 7-4）。

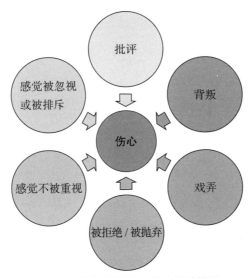

图 7-4 导致感情受伤害的六种体验

为什么社会排斥与其他负面事件对个体的"伤害"方式不一样？一个有趣的答案是，与社交痛苦和身体疼痛相关的大脑过程是同一个。在上文中我们谈到过，理论家们推测，进化实际上是把处理社交信息的结构依附在已经存在的处理痛苦和快乐的结构之上，而不是创造一个全新的大脑区域。这意味着负责监测身体愉悦和疼痛的相同大脑区域也负责监测社交愉悦（接受）和社交痛苦（排斥）。

为验证这种可能性，研究者让被试在功能性磁共振成像机器中体验了网络掷球游戏。被试在三种不同条件下玩网络掷球游戏：（1）只是观看其他两个人玩；（2）作为第三个玩家，被包括在内；（3）作为第三个玩家，被排除在外。通过比较三个版本的游戏中被试的脑成像扫描，研究者能够确定在哪种情况下大脑的哪些区域是活跃的。结果显示，负责监测身体疼痛的大脑区域——前扣带回——在排除在外期间比包括在内期间更活跃。排除在外期间，前扣带回越活跃，越多人报告从该体验中感到社交苦恼。同样，研究者发现，观看前任照片的人，其前扣带回的活动与在其手臂上施以火烧刺激的情况相似。因此，就像大脑在身体受到伤害时警告我们一样，当社会关系受到伤害时，大脑的同一区域也会警告我们。"爱即是伤害"这句话确实有一定的道理。

> 如果因社会排斥导致的伤心激活的大脑区域与负责身体疼痛的大脑区域相同，那么治疗身体疼痛的药物是否也能治疗社会排斥导致的痛苦？

在一项旨在验证这种可能性的实验中，被试被分为两组：一组被试早晨服用500毫克对乙酰氨基酚（如泰诺林），晚上也服用500毫克，持续三周；另一组服用安慰剂。在这三周中的每一天，学生们都要说明是否感觉到被排斥（如"今天，被他人戏弄让我很伤心"）。结果显示，服用安慰剂的学生在这三周内的被排斥感下降。有趣的是，安慰剂没有减轻与排斥无关的负面情绪。

在后续的一项研究中，研究者使用功能性磁共振成像证明，三周的对乙酰氨基酚方案也减少了与社会排斥相关的神经反应。虽然这些只是初步结果，但这些结果表明，与朋友吵架或与恋人分手后，用于治疗身体疼痛的药物对精神恢复也可能有帮助。

人类最好的朋友

你很可能已经知道，养宠物对身体有好处。例如，养狗的人每天比不养狗的人多运动 30 分钟，这甚至刨去了他们遛狗的时间。但是，你是否知道养宠物对情绪和心理也有好处？最近一项实验室研究发现，只是想想你的宠物就足以让你摆脱社会排斥的负面影响。因此，当你感到悲伤或受到排斥时，让宠物陪伴你。如果你没养宠物，可以把朋友的宠物借过来！有他人的狗在场时遭受排斥的人，比那些单独一人时遭受排斥的人，较少表现出负面体征。

情感麻木　如上所述，大多数关于排斥的研究表明，排斥会导致伤心。但并非所有研究都支持这一结果，有些研究表明，排斥会导致"情感麻木"。当身体经历轻微伤害（如戳了脚趾）时，其自然反应是产生疼痛。但是，当经历严重伤害（如断肢）时，身体会进入休克状态，对疼痛变得不那么敏感，至少暂时是这样。在比赛中骨折的职业运动员往往在比赛结束后才意识到自己骨折了，其原因就在于此。如果社会排斥激活了同时负责身体伤害的大脑区域，那么某些类型的社会排斥可能导致我们的情感系统"陷入休克状态"，使其暂时失灵。

在一项旨在验证这一观点的研究中，研究人员使用了上文介绍的"孤独终老"方法，被试首先完成一项人格测试，然后被告知他们要么是拥有健康社会关系的人，要么是将孤独终老的人。为确保结果是由排斥反馈而不仅仅是负面反馈引起的，研究人员引入第三个条件作为对照组。具体来说，这些被试被告知他们是有很多伤害和事故的人。然后，被试完成了一项情绪共情测试。他们阅读了某人手写的一篇文章，文章写的是作者与恋人分手后撕心裂肺的感受。被试需要表示对文章作者的同情程度。结果显示，被排斥组被试对文章作者感到最不同情，暗示其情绪系统已经失灵。

此外，在研究结束时，被试被问及是否愿意将其参与研究获得的一部分钱捐赠给帮助贫困学生的慈善机构。被排斥组被试不太愿意捐钱，即便他们捐钱，捐出的钱也比其他组的被试少。总之，这些结果表明，排斥会使人们的情感变得麻木，因此不太可能帮助其他有需要的人。

如果被排斥会导致情感麻木，那么是否也会导致身体麻木？

这看似有些借题发挥，但考虑到社交痛苦和情感痛苦共享大脑的相同区域，这是有一定道理的。事实上，对使用动物进行的研究的回顾发现，当被排斥在群体之外时，动物表现出更高的疼痛阈值。有了这些信息，研究人员就排斥是否会对人类产生类似的影响进行了测试。在这项研究中，被试经历了排斥，然后参加了身体疼痛测试，研究人员使用的是压痛计，这是一种把压力施加到被试手上的装置。被试被告知，第一次感觉到疼痛（即疼痛阈值）时，请说"现在"；当疼痛变得令人不舒服时（即疼痛耐受力）时，请说"停止"。正如人们所料，被排除在外的被试，其疼痛阈值和疼痛耐受力都比较高。例如，被排斥组的被试在感到疼痛之前承受的压力（46 个单位）是包括组（11 个单位）和对照组（14 个单位）被试的四倍。因此，社会排斥似乎既会导致情感麻木，也会导致身体麻木。

认知功能受损　排斥不仅会让人麻木，而且还会让人变得愚蠢。研究表明，由于经历了惊愕感，排斥会损害人的思考能力。例如，老年人样本中的孤独感与四年后较差的认知功能和记忆相关。在一项研究中，研究者使用"孤独终老"的方法来诱发排斥，然后让学生们完成一项智力测验。与包括组的被试相比，被排斥组的被试尝试回答的测试题更少，而且答错的题更多。在另一项研究中，被排斥组被试在一项困难的阅读理解测试（不是写作测试）中的表现，不如那些包括组或不幸组（对照组）的被试（见图 7-5）。

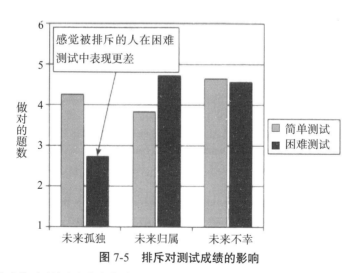

图 7-5　排斥对测试成绩的影响

注：被试收到反馈表明他们将总是独自一人（即排斥）、在生活中总会有他人相伴（即归属）或总是容易遭遇不幸。然后，他们参加了简单版本或困难版本的标准化测试。那些感觉被排斥的人在困难测试中表现更差，表明排斥会削弱其认知功能。

不幸组的被试没有出现认知损伤，这一事实很重要。这告诉我们，思考充满不幸的消极未来不一定会损伤认知功能，但思考孤独的未来却会损伤认知功能。总而言之，这些研究告诉我们，被欺负或被排斥的人不太可能做出明智的理性决定。

7.6.3 对排斥的行为反应

到目前为止，我们讨论了排斥如何影响人们的内部体验，包括情绪和思想。但排斥也会对人们的行为产生重要影响。下面重点讨论两个行为后果：攻击性和自我调节受损。

攻击性 像科罗拉多州科伦拜恩、康涅狄格州纽敦、弗吉尼亚州布莱克斯堡等地发生的校园枪击案在美国已司空见惯。虽然每个暴力行为的细节各不相同，但许多校园枪手的一个共同点就是被排斥的经历。对这些校园枪手的行为研究显示，大多数人在学校感觉被排斥、被欺负，大多数人被同龄人称为"蠢货"或"书呆子"。此外，对 1995 年至 2001 年间美国发生的 15 起校园枪击案进行的系统分析显示，其中 13 名枪手是长期遭受同龄人恶意排斥的年轻男子。这一模式证实了美国特勤局的调查结果，即美国超过 2/3 的枪击案涉及欺凌和排斥。当然，排斥本身不足以把某人变成杀人狂，但排斥是导致这一后果的重要因素。我们在前文中讨论过，排斥会使人变得麻木，那么排斥使人变成杀人犯也就容易理解了，反复的排斥经历使人对身体疼痛和惩罚的恐惧越来越不敏感。没有了这种恐惧，这些人更有可能做出极端的反社会行为，包括攻击行为和大规模暴力行为。

许多研究支持排斥与更多攻击性和暴力行为相关这一论断。例如，对小学三年级到初中二年级学生进行的为期四年的纵向研究发现，经历过朋友排斥或群体排斥的孩子更有可能表现出攻击性和做出违法行为。更糟糕的是，排斥的影响会逐渐加重，因此在四年内越是感觉被排斥的孩子，就越具有攻击性。但是被同龄人排斥不是导致暴力的唯一原因，感觉被父母排斥的儿童也面临更大的暴力风险。此外，恋爱关系中的排斥（即单相思）是家庭暴力的主要原因。

为确定排斥是否会直接导致攻击性，研究者把大学生们分成小组，让他们互相认识。后来，排斥组被试被告知："很遗憾，没人选择与你合作。"然后，这些被试与一个曾侮辱过他、说他不够聪明的新人一起玩一款"排斥时间"计算机游戏。游戏的规则是尽可能快地按下按钮，谁按得最慢就会通过耳机接收到来自对手的噪音。被试可以控制噪音的音量，因此从某种意义上说，被试可以控制给对手施加多少痛苦。整个游戏的设置是，对于侮辱过自己的对手，被试可以用巨大音量震他们的耳朵，但他们对这些并不知情。然后，研究人员对被试发出的噪音音量进行了测量。结果，之前被小组排斥的被试发出的噪音是之前被小组接受的被试的两倍。

后续的一项研究更加令人担忧，该研究发现，被排斥的人甚至对那些没有侮辱过他们的人也具有攻击性。因此，排斥不仅会让我们对排斥者具有攻击性，而且也会使我们对无辜的旁观者更具攻击性。为什么会出现这种情况？

排斥似乎使人们对排斥信息更加敏感，而且更有可能将无害信息视为敌对信息。与此观点一致，在完成拼词任务（如"R_PE"）时，被排斥的人更有可能使用攻击性词汇（RAPE 意为强奸），而不是中性词汇（RIPE 意为成熟），而且更有可能将模糊行为（如拒绝与销售人员交谈）视为敌对行为。

但并非所有的消息都是坏消息，人们可以通过打破排斥与攻击性之间的联系，来增强自己的归属感。例如，一项研究发现，与实验者进行简短、友好的互动足以减少被试被排斥后的攻击行为。这种积极的接触使他们恢复了对他人的信任感，从而减少了攻击性。然而，这项研究还发现，观看喜剧片不能打破排斥与攻击性的联系。因此，参与积极的活动足以减少排斥后的攻击性：人们必须参与积极的社交活动。只要被排斥的人在生活中有某个人可以求助，排斥的负面影响就可以避免。

来自朋友的一点帮助

下次当你感觉自己被他人排斥时，想想某个朋友。一项研究发现，只需想想某个朋友就足以减少社会排斥后的攻击性。想想某个家庭成员，甚至是最喜欢的名人，也能起到这种效果！

自我调节受损　在电影中，通常人们如何应对分手？在我们看到的例子中，人们的应对方式似乎有两种：要么去酒吧借酒浇愁，要么猛吃冰淇淋或饼干，"借吃浇愁"。

人们真的是以这种方式应对分手吗？如果是这样，为什么？

这几个问题的答案在于自我调节。

自我调节（self-regulation）是指人们改变自我反应的能力。每当我们试图控制自己的思想、情绪和行为冲动时，我们都依赖自我调节能力。我们在后文中会详细讨论自我调节，现在你只需知道，成功的自我调节是实现任何目标所必需的。当自我调节被削弱时，我们更有可能放弃目标，屈服于诱惑。例如，放弃节食、网购奢侈品、选择参加派对而不是准备考试，或者欺骗配偶。

事实证明，排斥是影响我们成功调节自我行为能力的一个因素。当人们被排斥时，其自我调节能力会受到损害，因此会做出各种各样的自我挫败行为。与那些被接受的人相比，被排斥的人更有可能把备考时间推迟，这样就可以参加更愉快的活动、无谓的冒险、尝试违禁药物、吃不健康食品、乱花钱。

例如，在一项研究中，被排斥的大学生和被接受的大学生参加饼干口味测试。研究人员在每人面前放了一盒饼干，让他们判断饼干的味道、气味和质地，告诉他们想吃多少就吃多少。结果，被排斥的人吃的饼干（平均九块）是被接受的人吃的饼干（四块）的两倍。有趣的是，被排斥的人并没有说饼干味道更好，他们只是无法阻止自己进食。此外，一项神经影像学研究发现，排斥降低了已知控制自我调节的大脑部分的活动，被排斥的人的这部分大脑活动越少，他们在自我调节任务中的表现就越差。总之，这些研究表明，被排斥的人不太愿意或不太能够抵制诱惑。这一结果有助于解释我们之前谈到的社会关系差与身体健康之间的联系。

7.6.4　对排斥的长期反应

对于大多数人来说，排斥是暂时的。虽然短暂的排斥事件会产生许多不良后果，但通常这些事件持续时间很短。只要人们能够修复受损的关系或寻求与他人建立联系，以取代现有的关系，那么其痛苦只是暂时的。但对于有些人来说，排斥是长期的，有些人一辈子都感觉自己被排斥，这些人可能属于特定群体、身体残疾或缺乏社交技能。此外，有些人时常成为恃强凌弱者攻击的目标，就像本章开篇故事中的菲比·普林斯一样。

到目前为止，我们回顾的大部分研究都聚焦于持续几分钟的短期排斥事件。

如果在实验室中几分钟的排斥会产生如此有害的后果，那么长期遭遇排斥会有什么后果呢？

长期被戏弄、被欺凌或被排斥的人，其负面心理指标（包括羞愧、羞辱、低自尊和抑郁）往往更高。此外，长期被排斥或孤立的人会产生一些自我毁灭倾向，包括饮食失调、反社会行为、犯罪和辍学。与菲比·普林斯的情况一样，长期缺乏归属感的人也更有可能尝试自杀，以此作为逃避痛苦的手段。

近1/10的大学生和1/4的高中生报告称有过自杀的想法。此外，目前自杀是大学生死亡的第二大原因，也是青少年死亡的第三大原因。更令人担忧的是，在过去30年中，10～14岁儿童的自杀率增长了128%。

导致年轻人自杀念头和自杀行为急剧上升的一个原因是，欺凌、网络欺凌和排斥普遍存在，就像菲比·普林斯所经历的那样。事实上，许多专家认为，无论年龄大小，长期缺乏归属感是人们考虑自杀和企图自杀的首要原因。

研究表明，归属感与自杀之间存在联系。在许多不同类型的低归属情形中都发现了这种联系，包括社会排斥、独居、由于死亡或离婚失去配偶，或者被关押在监狱的单人牢房。一项内容翔实的研究分析了600多人的绝命书，研究发现43%的绝命书中明确提到缺乏归属感。

相反，拥有婚姻、子女或许多家人/朋友带来的高归属感是防止自杀风险的有利因素。事实上，在家庭和社区聚会期间，无论是因为庆祝活动，还是因为国家悲剧（如肯尼迪总统被暗杀），自杀率都会下降。因此，为了预防自杀，我们需要加强公民（特别是年轻人）的归属感和社会联系。

写一写

欺凌

如果说欺凌是自杀的主要原因，那么我们需要寻找减少自杀的方法。你认为父母、老师和整个社会如何做才能减少欺凌？你认为哪些反欺凌方法更好？为什么？

8 目标设定

乔丹的故事

回想一下你 13 岁时的情形，那时你在做什么？你为自己定了什么目标？如果你与大多数 13 岁的孩子一样，那么你可能已经开始上八年级（即初中二年级），你的主要人生目标就是有朋友，玩得开心，学习成绩好，这样父母就不会惩罚你。而乔丹·罗麦罗（Jordan Romero）在 13 岁的时候，打破了世界纪录，成为有史以来登顶珠穆朗玛峰的最年轻的攀登者。

即使对于经验丰富的登山者来说，攀登珠穆朗玛峰也是一个巨大的挑战，许多登山者在试图登顶珠穆朗玛峰时受伤或死亡。事实上，有 140 多人在试图攀登珠穆朗玛峰时死亡。因此，攀登珠穆朗玛峰被认为是最令人生畏的身心挑战之一。实现一个如此充满挑战的目标，一生有一次足矣，但乔丹并没有就此止步，他的目标比珠穆朗玛峰高得多——他想在 16 岁生日之前征服世界著名的七大峰，七大峰代表七大洲的最高峰。2010 年当乔丹到达珠穆朗玛峰的顶峰时，他已经登顶了其中五大峰。到达珠穆朗玛峰后，他开始准备登顶第七座也是最后一座山峰（南极洲的文森峰）。2011 年圣诞节前夕，乔丹完成了长达六年的目标，成为登顶七大洲最高峰的最年轻的登山者。现在他鼓励其他孩子"去寻找自己的珠穆朗玛峰"。

在大多数孩子玩电子游戏或担心代数考试不及格的年龄，乔丹冒着生命危险去实现他的愿望。是什么原因使得这个小男孩设定了如此宏伟的目标？一个原因可能是他的父亲是一名登山者。这意味着在乔丹成长的家庭环境中，在异乡攀登危险的山峰与后院烧烤一样正常。这也意味着身边有一个人可以在身体上和精神上训练他，使他能够忍受旅程中难免遇到的障碍和挑战。据他的父亲说，当乔丹第一次告诉他，他想攀登七大洲的最高峰时，他设计了一套严格的训练方案，包括"长时间艰苦、肮脏、枯燥的训练，数天甚至数周背着装备，进行漫长、残酷的徒步旅行"。但是，乔丹没有被这些艰苦的训练吓倒，他很快便准备好攀登他的第一座高峰。

在本章我们将讨论什么是目标，为什么目标很重要，为什么人们选择某些目标而不是其他目标。读完本章后你会发现，并非所有的目标都是平等的——有些目标比其他目标更有可能被选中，也更有可能实现。

乔丹·罗麦罗的故事为这类目标的特征提供了一些线索。仅举一个例子，考虑一下乔丹实现其目标的可能性有多大。对于大多数人来说，攀登一座山都觉得不太可能，更不用说世界上最高的七座山峰了。但由于乔丹的父亲是一名登山者，这个目标似乎更容易实现。对乔丹而言，他觉得实现这一目标的概率可能很高。

在本章后面你会了解到，对成功可能性的估计（即预期）是影响个体选择特定目标的一个因素。通过了解哪些因素能提高实现目标的概率，将来你更有可能做出正确的目标决策。

8.1　目标

大多数人大致知道什么是目标。在体育比赛时我们经常听到这个词，这是指球进网或越过终点线。我们也经常用目标一词来指代生活中我们想做到的事。在学校，你的目标可能是把每门课都学好，把大学课程修完，获得大学学位，毕业后找一份好工作。在校外，你的目标可能是保持身体健康，经常锻炼，学会一门外语，学会一门乐器，甚至是写一部小说。

即便你觉得自己知道什么是目标，你仍然需要回答几个重要的问题：目标的确切定义是什么？目标与愿望或幻想有何不同？为什么我们选择追求某些目标而不是其他目标？目标对动机有什么影响？

8.1.1　什么是目标

目标一直被认为是动机的一个重要组成部分，但有时人们在谈论目标时使用了不同的词，例如：

- 当前关注；
- 个人奋斗；
- 生活任务；
- 个人规划。

把目标个性化

当事物与自己相关时，我们往往会记得更牢，这种现象被称为自我参照效应。因此，如果你想让自己记住为目标而努力，一定要把目标个性化。要尝试不同的健康食品，以确定哪些你可以经常吃。在健身房，请尝试不同的课程，如有氧运动、动感单车、跆拳道。越是根据自己的喜好把目标个性化，你就越有可能坚持下去。

8.1.2　为什么目标很重要

设定目标有很多益处，这也是动机研究者对目标如此感兴趣的原因。设定目标的一个主要好处是它往往能提高绩效。一般而言，设定目标的人的表现优于未设定目标的人。对各种目标的大量研究表明，情况确实如此。与没有设定目标的人相比，那些在任务开始之前设定目标的人摄入的热量更少，完成的仰卧起坐更多，重新组成的词更多，对疼痛的耐受力更强，在视频游戏中表现更好，考试前准备更充分。例如，在一项研究中，与没有设定目标的卡车司机相比，那些定下目标每天多跑几趟的卡车司机，其生产效率大大提高。事实上，在 18 周的时间里，由设定目标带来的生产效率的提高，为卡车运输公司节省了270 万美元！

为何目标能提高绩效？

其中一个原因与目标对注意力的影响有关。目标把人们的注意力指引到与目标相关的信息和行动上，使之远离与目标无关的信息和行动。例如，在一项研究中，让高中生阅读一段文字。研究人员指导一部分学生设定特定的学习目标（如"确定直接导致第一次世界大战的一系列事件"），而其他学生则没有设定目标。然后，研究人员观察学生们阅读文本时眼球的转动，并计下学生阅读与学习目标相关或无关文本的时间。结果表明，设定学习目标的学生把注意力更多地放在文本中与目标相关的部分，而且对这部分信息记得更牢。换句话说，拥有目标有助于我们专注于促进目标的事物，忽略那些有损于目标的事物。

目标对个体的心理健康也有好处，与没有目标的人相比，那些有目标的人表现出更积极的心理功能和更高的生活满意度。拥有目标且拥有实现这些目标所需资源的人，比没有目标的人更快乐。有趣的是，无论目标是否真正实现，目标与心理健康之间的联系都会出现。事实上，有时当我们在实现目标方面取得良好进展时，我们的感觉甚至比实际实现目标时更快乐。过程比结果更加令人愉快，在这一点上目标与旅行很相似。

8.1.3　目标从何而来

考虑一下你为自己设定的目标，然后问自己：为什么我选择那些努力实现的特定目标？就可能的目标而言，人们可以有无数个选择，但是大多数人倾向于一次只争取有限的几个目标。事实上，通常一般人在任何时间都有大约 15 个目标。但是，是什么原因导致他们在无数个可能的目标中选择了这 15 个目标？

有三个因素会影响人们采取特定目标的决定：需求、要求和文化。下面主要讲一下需求因素。

著名人格心理学家亨利·默里认为，人们选择特定目标的一个主要原因是需求。需求指的是推动个体选择目标的内部压力源。请记住，需求可以是生理方面的，也可以是心理方面的。当需求被激发时，个体可能会采取目标来满足自己的需求。例如，如果今天早上你没吃早餐，你的身体需要营养，这可能会导致你设定寻找食物的目标。同样，如果恋人与你分手，这种排斥让你感觉没有归属感，而这很可能会让你寻求与他人建立关系。就人类行为而言，人们选择的绝大多数目标都是由前面几章讨论的三个需求驱动的：

- 自主需求；
- 能力需求；
- 归属需求。

因此，这三种心理需求是人们采取特定目标的主要内部来源。例如，个体学习法语的目标可能是因为在国外旅行时需要有掌控感（自主），需要感觉自己聪明、有成就（能力），或者需要拉近与法语课上某个人的关系（归属）。

8.1.4　目标是如何组织的

之前我们提到过，大脑组织思想是把它们组合成一个层次结构。为了说明这一基本认知原则，请把大脑想象成一台计算机。计算机硬盘中存储了大量的信息，为了方便取用，你可能会把不同的信息放在不同的文件夹里。例如，你很可能有一个标记为"课程"的文件夹，其中可能有一个标记为"数学"的文件夹，里面存放的是你的作业、课程大纲和其他课程材料。

我们在大脑中使用类似的组织结构。例如，考虑一下你对鸟类的心理表征。你的大脑中可能有一个标记为"鸟类"的象征性文件夹，在此文件中你可能有一个文件夹标记为"会飞的鸟"，另一个标记为"不会飞的鸟"。在"不会飞的鸟"文件夹中，你可能还有两个文件夹，一个是适合生活在炎热气候中的鸟（鸵鸟），另一个是适合生活在寒冷气候中的鸟（企鹅）。就像你的计算机上的所有文件都没有分散在桌面上一样，你对鸟类的所有想法也没有分散在你的大脑中。这些想法被分成不同类别，通常我们称之为图式。这些类别按层次结构组织，其中一些概念在其他概念之下。

如果目标是定义中所说的认知表征，那么我们会期望这些认知表征也按照层次结构进行组织。

目标层级　目标层级是指由广泛、抽象的目标到具体目标行为的目标组织方式（见图 8-1）。

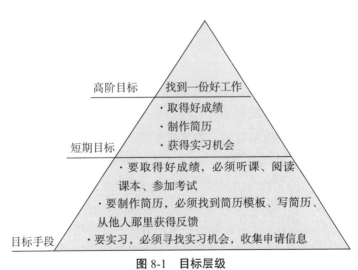

图 8-1　目标层级

注：目标层级中有三个级别，近期目标位于金字塔底部，远期目标位于金字塔顶部。

目标系统理论 当我们只关注一个短期目标时，创建目标层级比较容易。但正如上文所述，人们往往在任一时间同时追求多个目标，而这多个目标并不总是彼此独立的。根据**目标系统理论**（Goal System Theory），目标通常在一个更大的系统内相互联系（见图 8-2）。

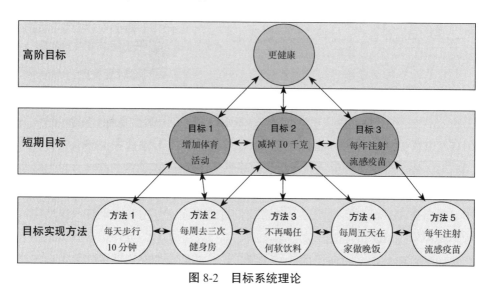

图 8-2 目标系统理论

注：多个目标在更大的目标系统内相互联系，图中的箭头表示目标之间的联系。

当多个目标被置于同一个高阶目标之下时，我们会期望这些目标相互关联，以至于考虑其中一个目标也会使你思考其他目标。目标之间的这种联系如图 8-2 中的箭头所示，这些箭头将各个目标连接起来。在这个例子中，思考增加体育活动的目标也会激活对减肥目标的思考，因为这两个目标被置于同一个高阶目标（变得更健康）之下。

同样，同一个目标下面的多种方法也是相互联系的，如图 8-2 中的箭头所示。例如，思考减肥所需的行动（如去健身房）也会激活对实现其他健康目标所需行动的思考（如注射流感疫苗）。请注意，有些目标下面有多种方法（如目标 2 下面有三种方法），而有些目标下面只有一种方法（如目标 3）。

目标在实现方式的数量（即方法数量）方面有差异，这一特点被称为**等效性**（equifinality）。如果某个目标有多种实现方法，这表明该目标可以通过多种方式来实现。例如，减肥目标可以通过改变饮食或运动（甚至是胃旁路手术等其他选择）来实现。因此，这种类型的目标等效性较高。而方法很少或只有一种方法的目标等效性较低，注射流感疫苗或参加马拉松比赛这样的目标只能通过实际做出该行动来实现，因此等效性较低。

从逻辑上讲，等效性高的目标实现的方法多于等效性低的目标，因此更有可能成功。其中一个原因是等效性高的目标更灵活。例如，你在试图通过运动减肥时不小心把脚崴了，这样你就无法通过运动减肥了。但是，你还可以通过其他方法（如节食）来实现目标，所以你仍然可以实现这一目标。只要目标的等效性高，一种方法行不通，就还有其他方法可用。但是，如果目标的等效性低，实现目标的方法只有一种，这就意味着如果这种方法行不通，就没有其他方法可用了。如果你想跑马拉松，可你的脚崴了，那你就别无选择了，只能放弃目标，至少在你的脚伤愈合之前。因此，等效性高的目标为人们提供了更大的灵活性，尤其是在面对挫折时。

虽然等效性高的目标更有可能促成目标的实现，但这种目标给人们带来一个新的困境。如果有多种方法可以实现目标，这意味着个体必须在几种不同的方式之间进行选择。但是怎么选呢？根据目标系统理论，这需要看目标的多效性。

多效性（multifinality）是指不同方法服务的目标数量不同这一特点。如果一种方法一次只能为一个目标服务，那么其多效性就很低。在图 8-2 中，方法 5 只服务于一个目标。相反，如果一种方法同时服务于多个目标，那么其多效性就很高。在图 8-2 中，方法 2 同时服务于两个目标。因此，如果不得不在方法 1（只服务于一个目标）和方法 2（同时服务于两个目标）之间做出选择，人们很可能会选择方法 2。"一箭双雕"岂不更好？与此论断一致，研究表明，同时追求多个目标的人通常更喜欢多效性高的方法。

写一写

低等效性有好处吗

研究表明，等效性高的目标（即有许多不同的方法实现目标）往往更有益。你是否认为通过多种不同的方式实现目标也有不足之处？在某些时候或某种情况下，只能通过一种方式实现的目标是否更好？在回答这两个问题时，请指出你是否认为等效性总是有好处。请用证据或个人实例来支持你的论点。

8.2　目标特征

很明显，目标在激励过程中起着重要作用。但设定目标并不能自动保证我们能够实现目标。其中一个原因是并非所有目标都是平等的——你采取的目标类型将在很大程度上决定你是成功还是失败。因此，目标的某些特征将决定你成功实现目标的概率。

8.2.1　期望与价值

期望-价值理论认为，行为是由两个因素的共同作用产生的。这两个因素是：期望和价值。就乔丹·罗麦罗来说，他接受的训练和他的父亲是登山者这一事实使他对攀登七大洲最高峰这一目标抱有很高的期望。但是，经验不足或没有榜样的人，可能会对此抱有很低的期望。此外，乔丹认为成为七大洲最高峰最年轻的登顶者这一目标具有很高的价值。对于大多数人来说，这一目标的价值似乎没有那么高，不足以让我们为此冒生命危险。因此，乔丹的目标期望和价值都很高。

根据这一理论，当期望和价值较高时，人们更有可能追求目标，而当期望和价值较低时，人们追求目标的可能性较小。此外，人们认为这两个因素之间是乘法关系，即

行为 = 期望 × 价值

因为等式中有一个乘号，如果期望为零或价值为零，那么行为也将是零，这意味着个体不会执行该行为。例如，如果一名大学生认为自己没有机会（期望 = 0）通过某门课程的考试，那么她就不会选修这门课程，即使这门课程非常有价值。同样，如果她认为某门课程对她取得学位没有帮助，或者不能提供有价值的知识（价值 = 0），那么即便通过的概率很高，她也不会选修该课程。

与此论断一致，许多研究表明，当期望和价值都很高时，动机最高。需要注意的是，期望和价值都被认为是主观估计，这意味着这些估计会因人而异。例如，有些学生可能认为每门课程获得 80 分的可能性很高，而有些学生则认为这一可能性很低。由于这种主观性质，研究人员试图确定哪些因素会提高或降低人们的期望和价值估计。

就期望估计而言，研究表明影响因素来自多个方面，包括个体的：

1. 感觉执行目标导向行为的能力（即自我效能感）；
2. 这些行为会促成目标实现这一信念（即结果预期），或者好结果会出现这种一般性信念（即乐观主义）。

就价值估计而言，答案更为直接。当实现目标的益处超过追求目标的成本时，人们会认为目标的价值较高。

8.2.2　目标难度

想一想我们为自己设定的目标在难度上差异有多大。一个人可能给自己定了每天跑 2 千米的目标，而另一个人可能想努力做到每天跑 8 千米。一名学生可能只想通过一门课程，而另一名学生可能会争取得满分。**目标难度**（goal difficulty）是指实现目标所需的知识和技能水平。

人们更有可能实现简单的目标还是困难的目标？乍一看，这个问题的答案显而易见：根据定义，简单目标就是更容易实现的目标，因此人们更有可能实现简单目标。然而，实证研究表明，结果并非如此。虽然困难目标很难实现，但它们通常与更好的绩效相关。

让我们举例说明这一点。假设有两名房地产经纪人在推销房屋。经纪人 A 给自己设定了一个困难目标，即每月出售 12 套房，而经纪人 B 给自己设定了一个简单目标，即每月只出售两套房。虽然经纪人 B 可能先实现目标，但他可能不会为实现这一目标付出太多努力，一旦完成月度指标，他就会懈怠。而经纪人 A 可能会为实现目标投入大量精力，即使只实现目标的 50%（即每月六套房），其绩效仍然是经纪人 B 的三倍！

人们也倾向于认为，实现困难目标带来的益处大于简单目标。因此，目标越难，人们在追求目标时所付出的精力和努力就越多。

如果说困难目标更好，那么你如何确保你的目标足够难，并且能够确保你成功？一种简单的方法就是缩短完成时间。对科学家、工程师和文职人员进行的研究都发现，任务期限较短比期限较长时他们的工作速度更快。但是，需要注意的是，目标难度确实也存在……

量力而行

我们在上文刚谈到，设定困难目标的人比设定简单目标的人更容易成功，但目标难度的影响是有一定限度的。目标应具有挑战性，但不应超出一定的范围。请记住，期望 - 价值理论指出，你需要对成功抱有很高的期望。如果你设定的目标高得不切实际，即超出了你的能力，那么你很可能会失败。例如，一项研究发现，计划攒很多钱（3 000 美元）的人实际上比计划攒少量钱（300 美元）的人攒的钱更少。关键是要适度，我们应设定有难度但不超出实际能力的目标。

写一写

有人喜欢简单目标吗

根据愿望水平的悖论，人们倾向于不断为自己设定越来越难的目标。你认为每个人都这样，还是有些人可能偏好越来越具有挑战性的目标，而有些人可能偏好简单目标？如果你认为后一种情况是正确的，那么哪些人格特质或个体差异可能会导致某些人倾向于设定困难目标，而有些人倾向于设定简单目标？

8.2.3　目标具体性

人们未能实现目标的一个主要原因是，首先设定具体的目标。例如，人们的新年决心通常都是用抽象语言来表达的，比如"我想减肥"或"我想成为一名作家"或"我想提高学习成绩"。这些陈述没有用具体的语言设定一个明确的目标。也就是说，这些陈述缺乏目标具体性，即某人定义目标的精确程度。具体目标详细说明了在特定环境中，通过特定行为实现的具体的、有形的回报（如"为了增加体育运动，我要每天散步 20 分钟"）。相反，模糊目标不包含具体行为或具体环境，而是反映更抽象、更笼统的目的（如"我要多散步"）。鉴于具体目标优于模糊目标，你可能想知道如何才能把目标定得更具体。要把模糊目标转化为具体目标，最简单的方法之一就是用数字重新表述目标。让我们看一看表 8-1。

表 8-1 模糊目标与具体目标

模糊目标	具体目标
写一部小说	每天写 2 000 字 每天写 2 小时
提高学习成绩	……
更健康	……
攒更多钱	……

一项研究表明了目标具体性的重要性。学生们必须决定如何宣传几种产品，然后说明其决定的理由。一半学生被指定去完成一个模糊目标（"尽你最大努力"），另一半学生则被指定去完成一个具体目标（"为每款产品找出至少四个理由"）。结果表明，与分到模糊目标的学生相比，分到具体目标的学生会花更多时间进行任务规划，而且在任务中投入更多的努力。

8.2.4 目标难度和目标具体性的共同作用

目标难度和目标具体性单独对目标进展产生一定的影响，但是两者结合时会产生强大的力量，进而显著提高目标实现的可能性。很多研究表明，困难 / 具体的目标能提高动机和绩效，而简单 / 模糊的目标会使动机和绩效下降。困难 / 具体的目标不仅能提高产出数量，而且还能提高产出质量。

目标难度和目标具体性共同作用的一个例子来自研究人员的一项研究。学生们被要求列出改进其所在学院的建议，他们被分到的任务目标在难度和具体性方面各不相同，有的简单，有的困难，有的模糊，有的具体。简单 / 模糊组的被试需要"列出少数几项改进建议"，而简单 / 具体组的被试需要"列出两项改进建议"。同样，困难 / 模糊组的被试需要"列出许多改进建议"，而困难 / 具体组的被试需要"列出四项改进建议"。结果表明，当目标具体时，目标的难度水平对绩效的影响最大（见图 8-3）。

当目标具体时（图的最右侧），目标难度的每次增加都会促使目标绩效的提高。因此，当目标难度和目标具体性结合时对绩效的影响最大。

要了解这两个概念如何相互协作，假设你正在公路上行驶，你的目标是尽

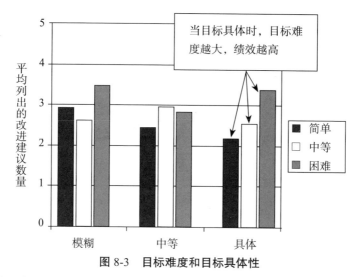

图 8-3　目标难度和目标具体性

注：被试被要求列出改进所在学院的建议，他们需要完成的任务或容易或困难，或模糊或具体。当目标具体时，目标难度影响最大。

快到达目的地。实现这一目标的一个方法是提高车速。车速越快，你就能越快到达目的地（只要不超速）。但是，如果没有一张地图来帮助你规划路线，那么提高速度就根本没用。任何在开车时使用 GPS 的人都知道，规划好路线，有明确的方向可以大大缩短行程。因此，要想快速到达目的地，需要速度和方向两者结合。在尝试实现目标时也是如此。困难的目标提高了追求目标付出的精力和努力，因此困难目标类似于你的车速。具体目标提供明确的方向，因此类似于你的地图或 GPS。当两者结合时，目标难度会激发你的行为，而目标具体性会将这种能量引向正确的方向。

8.2.5　目标距离

来猜一个谜语：你怎么吃大象？

答案是什么？一次吃一口。

换句话说，要想实现一个看似不可能的大目标（如吃大象），你必须把它分解成更小、更易管理的单元。大目标令人生畏的一个原因是，完成大目标比完成小目标需要更多的时间。减掉 50 千克或试图获得博士学位都是特别困难的目标，部分原因是这要求我们付出多年的努力。在有关动机的文献中，目标能在不久的将来或在遥远的未来实现，这一概念被称为**目标距离**（goal proximity）。在遥远的未来要实现的长期目标被称为远期目标，在不久的将来要实现的短期目标被称为近期目标（见图 8-4）。

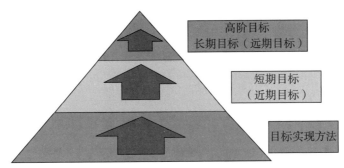

图 8-4　远期目标和近期目标

　　目标越接近，我们就越有动力去实现它，克拉克·赫尔是较早表明这一点的研究者之一。例如，赫尔发现，跑迷宫的饥饿老鼠在接近放有奶酪的终点时会加快速度。赫尔使用目标梯度假说这一术语来指代有机体随着目标变得更近而加大努力的趋势。

　　如果近期目标比远期目标更具有激励性，那么提高动机的一种方法就是把远期的大目标分解为较小的近期目标。例如，当乔丹·罗麦罗最初选择攀登七大洲的七座最高山峰这一目标时，该目标似乎让人无从下手。即便是为这一巨大的远期目标做准备，他也不得不把目标分解成更小的部分。他分解目标的一种方式是一次专注于一座山。他需要从某座山开始。对乔丹来说，他是从非洲的乞力马扎罗山开始的。这座山高 5 895 米，比他列表上最高的山峰（珠穆朗玛峰）低将近 3 000 米。但是，即使是攀登乞力马扎罗山的目标，也要分解成更小的单元。为准备第一次攀登，他把所有装备装进登山包，把包绑在背上，然后在家附近完成了一次徒步旅行。每次实现其中一个近期中级目标，他都会对自己的成就感到很满意，这些积极的感受会推动他向最终的远期目标迈进。

　　研究倾向于支持这种"一口一口吃大象"的方法来实现目标。设定较小近期目标的人往往比设定较大远期目标的人的动机更强，表现也更好。

　　在一项研究中，有严重数学缺陷的儿童参加了为期七周的教学干预。远期目标组儿童应当在第七周结束时完成 42 页数学题；近期目标组儿童应当连续七周，每周完成 6 页数学题；第三组儿童没有得到任何关于目标的指示。所有孩子在教学干预前和干预后都参加了数学测试，以确定其数学能力提高的程度。如图 8-5 所示，与其他两组儿童相比，近期目标组儿童的数学成绩进步更大。

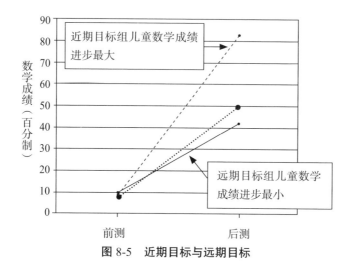

图 8-5　近期目标与远期目标

根据儿童的自我报告，近期目标组的儿童更享受做数学题，对自己的数学能力更有信心。这些结果表明，近期目标是有益的，因其提供了指导绩效的即时激励。每当实现较小的近期目标时，人们会对自己的能力感到满意和充满自信，这些积极情绪会推动人们前进。

解释水平理论（construal level theory）把目标距离这一概念进一步扩展。根据该理论，远期目标通常被认为是抽象的、无形的，而近期目标则被认为是具体的、可观察的。例如，乔丹攀登七座山峰的远期目标非常模糊，而他带上所有装备在当地完成徒步旅行的近期目标更加具体。

为验证这一论断，研究人员让人们想象自己参加明天（近期）或明年（远期）的一项活动。结果显示，对于近期活动，人们用具体的语言来描述。但是对于远期活动，人们用抽象的语言来描述。例如，在描述"明天读书"活动时，人们使用了"翻页"这种具体的描述。但是，在描述"明年读书"活动时，人们使用了"阅读开阔视野"这种抽象的描述。

8.2.6　趋近目标与回避目标

我们通常认为目标就是取得某个理想的结果。例如，一名女性想戒烟可能是为了使身体更健康、省钱，或者为了延长预期寿命。但请记住，目标有趋近目标和回避目标之分。例如，一名有肺癌家族史的女性想戒烟，可能是为了避免自己患上肺癌。尽管对趋近目标和回避目标加以区分有其作用，但是吸烟这个例子清楚地表明，许多目标既可以用趋近的语言（如活得更长），也可以用回避的语言（如避免患癌症）来表述。

尽管趋近目标和回避目标可以有很大的激励作用，但它们影响行为的方式不同。趋近目标倾向于把人们的关注点聚焦于直接促成理想结果的目标实现方法。因此，此类目标只会促进使个体更接近目标的行为。而回避目标则倾向于把人们的关注点引向任何使个体远离其不期望的最终状态的行为。因此，与趋近目标相比，回避目标会产生更加混乱、不可预测的行为。

例如，想取得好成绩的学生（趋近目标）会有取得好成绩所需的行为（如去听课、做笔记和进行考前复习）。而那些想避免失败的学生（回避目标）有时会表现出这些良好行为，但有时会表现出一些负面行为（如逃课、不努力）。因此，与那些在学习上采取趋近目标的学生相比，采取回避目标的学生会使用更多不良的学习策略，因而他们的学习成绩也更差。

趋近目标和回避目标导致不同行为的一个原因可能与之对不同大脑系统的依赖有关。心理学家认为，情绪和行为受两种相反的神经系统的调节。**行为激活系统**（behavioral activation system，简称 BAS）被认为位于大脑前庭的左侧，负责调节有机体对奖赏的敏感性。就像交通信号灯中的绿灯一样，BAS 告诉我们何时通行。因此，当我们面前摆放着美味的甜点，或者遇到一个极具魅力的人时，我们的 BAS 就会被激活。

行为抑制系统（behavioral inhibition system，简称 BIS）是一种反作用力，被认为位于大脑前庭的右侧，负责调节有机体对惩罚的敏感性。就像交通信号灯中的红灯一样，BIS 告诉我们何时停止。因此，当我们听到狗的咆哮声或站在悬崖边上时，我们的 BIS 就会被激活。

这两个大脑系统一起工作，把有机体推向生存与幸福所需的刺激（如食物和繁殖），使之远离对生存与幸福造成威胁的刺激（如疼痛和死亡）。因此，BAS 似乎与趋近目标相关，而 BIS 似乎与回避目标相关。

在结束对 BAS 和 BIS 的讨论之前，有两点需要注意。

- 第一，虽然最初的概念将 BAS 定义为对奖励敏感，而 BIS 对惩罚敏感，但更现代的方法对两个系统的定义略有不同。最近，BAS 通常被认为是对正面刺激敏感的系统，而 BIS 是对负面刺激敏感的系统。

- 第二，虽然我们都有 BAS 和 BIS，但两个系统孰强孰弱因人而异。这意味着有些人对趋近目标高度敏感，而有些人则对回避目标高度敏感。

表 8-2 是对 BAS 和 BIS 的总结。

表 8-2　BAS 与 BIS

	行为激活系统 (BAS)	行为抑制系统 (BIS)
对刺激的敏感性	被认为对正面刺激敏感	被认为对负面刺激敏感
目标方向	具有这种敏感性的人更多受朝向期望事物型目标的驱动	具有这种敏感性的人更多受远离非期待事物型目标的驱动
举例	如果事后给甜点作为奖励，孩子在吃饭时更有可能吃蔬菜	一名学生害怕考试不及格让父母失望，这比考 100 分让父母骄傲更能促动他

8.2.7　非动机因素

到目前为止，我们讨论了几个能够提高动机从而提高目标实现可能性的目标特征。然而，对绩效产生影响的不仅仅只有动机，其他一些特征也会影响任务绩效，包括技能水平、培训、指导以及获取资源的机会。也就是说，你有动力实现目标，并不一定意味着你会实现目标。

假如你的一个朋友想成为职业篮球运动员。无论他的动机有多强，能否实现这一目标部分都取决于他的身高、竞技水平以及是否拥有一个好教练。但是，假如两个人在技能、培训和资源方面都相当，那么设定的目标具有困难、具体、近期和趋近特征的个体，可能比缺乏这些目标特征的个体的表现更好。

写一写

哪个目标特征最重要

在本节，我们讨论了目标的期望、价值、难度、具体性和距离对动机和绩效的重要性。在这些目标特征中，你认为哪一个是特征的影响力最大？在回答这个问题时，请考虑你成功实现的一个目标，并指出这一成功可能与该目标特征有何关系。

8.3 目标承诺

根据目标的定义，目标是个体致力于实现的结果。但是，我们都有这样的经历：设定了某个目标却没有付出太多努力。也许你有过新年决心，但一个月后就放弃了；也许你曾尝试节食，但只坚持了一周。这些经历告诉我们，目标承诺度有很大的差异性。有些人对目标全力以赴，而有些人则不是。即便是同一个人，对不同目标也会表现出差异性，对某些目标的投入较其他目标更多一些。

目标承诺（goal commitment）是指个体形成追求目标意图的过程。高度承诺意味着个体愿意把资源（时间、精力、金钱）投入到实现目标的过程中，而且在达到目标之前不会放弃。因为承诺是目标定义的一部分，这表明至少要有一定程度的承诺才能视其为目标。但这并不意味着每个人都同样致力于实现其目标，人们对目标的承诺度可能有很大的差别。但正如我们所料，越是致力于实现目标，人们就越有可能实现目标。

8.3.1 目标承诺的原因和结果

大多数关于目标承诺的研究都试图回答以下两个问题：

1. 哪些因素会提高目标承诺？
2. 目标承诺对目标过程有何影响？

关于第一个问题，研究表明有许多因素会影响个体的目标承诺度。其中有些因素已在本章讨论过，包括期望、价值及等效性。

例如，有一项研究调查了等效性对目标承诺的影响。研究人员让被试想出两个与工作相关的目标（如提高计算机技能和按时完成任务）。对于其中一个目标，要求被试只列出一种目标实现方法；对于另一个目标，要求被试列出至少三种。结果，较之只列出一种实现方法的目标，被试对列出几种实现方法的目标承诺度更高。因此，当感觉有多种方法实现目标时，人们会对目标有很高的期望，因此会更投入。

关于第二个问题，目标承诺度高的人更有可能：

1. 在困难目标上表现良好；
2. 努力实现目标；
3. 即使面对逆境或失败也坚持实现目标；
4. 做出与目标一致的行动；
5. 抵制诱惑；
6. 完成目标。

8.3.2 提升目标承诺度的心理策略

除了目标特征，我们还可以通过使用某些心理策略来提高目标承诺度。研究发现，目标过程涉及三种心理策略：沉溺于未来、沉溺于现实和心理对照。

在这三种心理策略中，哪一种效果最好？根据幻想实现理论，心理对照是提高目标承诺度的最佳策略，许多研究都支持这一论断。

例如，研究者给小学生们两周的时间记住 15 个单词的定义，并且告诉他们，如果表现好就会得到一袋糖果。研究者让所有儿童写下，因在考试中表现良好而获得奖励最大的好处是什么（即沉溺于未来）。然后，研究者让一半儿童列出表现良好的第二大好处（即再次沉溺于未来），但让另一半儿童列出哪些行为会影响其表现及赢得奖励的可能性（即沉溺于现实）。这意味着第一组儿童两次沉溺于未来，而第二组儿童进行了心理对照（一次沉溺于未来，一次沉溺于现实）。

结果表明，与那些只是幻想的儿童相比，进行心理对照的儿童对自己的良好表现有更高的期望，而且他们的测试成绩高出 35%。还有研究发现，进行心理对照的人在多种目标中都表现出更高的目标承诺度。这些目标包括在数学与外语学习方面及解决人际关系问题方面有良好的表现。

心理对照为什么会提高目标承诺度？这可能是因为心理对照使我们对目标感到兴奋，充满活力。在一系列的研究中，进行心理对照的人报告称感觉更有活力，而且实际表现出的心理唤醒程度更高，具体表现为血压升高。重要的是，心理对照带来的能量的增加被认为是后来目标成功的原因。然而，需要注意的是，做到心理对照并不容易。这需要人们付出努力，把积极的幻想与当前的障碍进行对比。事实上，一项使用生理指标测量大脑活动（即脑磁图）的研究发现，与沉溺于未来相比，心理对照会引发与解决问题相关的大脑区域更活跃。只是坐在椅子上幻想积极的未来很容易，但要弄清楚如何从当前的现实走向幻想的未来，却需要花费很多精力。

8.3.3　对不间断目标的承诺

到目前为止，上述所有因素之所以会对目标承诺产生影响是因为它们会影响个体致力于某个目标的最初决定。然而，最近研究者们认为承诺不只是发生在某一时间点，而应被视为一个动态的动机过程，在整个目标过程中时增时减。在一开始你的目标承诺度很高，但并不能保证几个月之后你依然如此。如果这种说法正确，那么可能还有其他因素会影响人们对不间断目标的承诺。

8.4　动机过程

假设你已经（基于上文描述的目标特征）选择了正确的目标，并且全力以赴要实现该目标，接下来会发生什么？

一旦个体选择了某个目标，复杂的动机过程就会开始，使个体沿着实现目标的路径前进。在许多方面，动机科学实际上就是对目标选择和目标绩效之间的过程进行研究。为更好地理解这一复杂过程，有些研究者将其分解为几个动机阶段。

8.4.1　四个动机阶段

分解动机过程的一种方法是把它划分为卢比孔模型（Rubicon Model）的四个不同阶段（见图 8-6）。

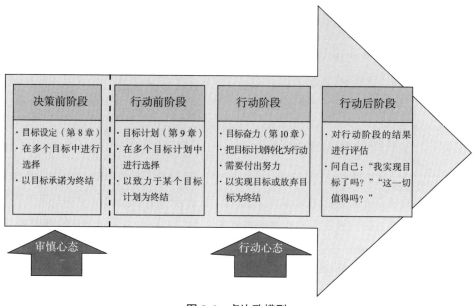

图 8-6　卢比孔模型

8.4.2　目标心态

通过暗示在不同的阶段需要不同的思维方式，皮特·戈尔维茨（Peter Gollwitzer）进一步扩展了阶段概念。他将这些总体认知取向称为心态，认为动机过程中使用了两种心态。

戈尔维茨认为每种心态都在特定阶段出现，并且具有促进该阶段所需行为的特征。当人们处于与相应阶段所对应的心态时，其表现就会得到促进，从而更有可能完成目标。

审慎心态　审慎心态对应的是决策前阶段（见图 8-6），其特点是思想开放（见图 8-7）。

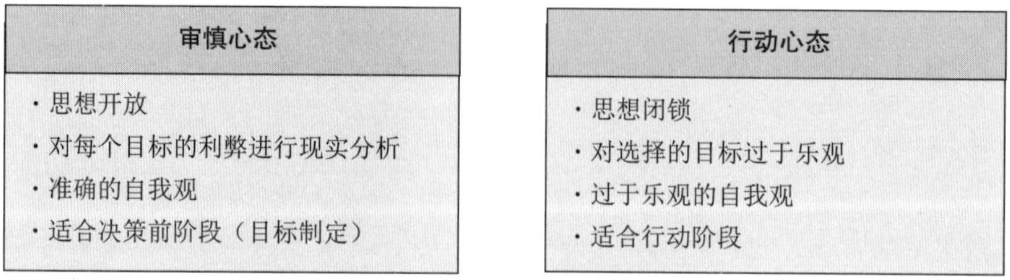

审慎心态	行动心态
·思想开放	·思想闭锁
·对每个目标的利弊进行现实分析	·对选择的目标过于乐观
·准确的自我观	·过于乐观的自我观
·适合决策前阶段（目标制定）	·适合行动阶段

图 8-7　审慎心态与行动心态

因为决策前阶段涉及决定追求哪个目标，所以我们需要一种认知方法来帮助我们做出明智的决定。为尽可能多地获得信息，我们必须保持开放的心态，在选定某个目标之前考虑各种不同的目标选择。同样，我们还要以现实、客观的方式权衡每个目标选择的利弊。

例如，一名学生正试图决定从事什么职业，为确保做出正确的职业选择，她应当：

1. 考虑几种不同的职业选择；
2. 找出每个职业选择的利弊；
3. 对自己能做什么、不能做什么有一个现实的认识。

如果她正在考虑从事工程和医护领域的职业，而且知道医护领域前景更好，那么这些信息将有助于她做出正确的决定。同样，如果她不是一个好学的人，那么她应当避免从事需要博士学位的职业。如果看到血就恶心，那么她就应该避免从事医护职业。对职业选择的利弊及自己的能力有一个现实的认识是这种审慎心态的核心。

采取这种审慎心态可能听起来很容易，但是通常个体很难做到客观地看待自己。人们往往以过于积极的态度（即积极幻想）来看待自己的能力。因此，在决策前阶段必须避免这种倾向，要对自己的能力保持客观、现实的态度。

行动心态　行动心态对应行动阶段（见图 8-6），其特点是思想闭锁（见图 8-7）。在动机过程的这一阶段，我们已选择目标，因此需要一种能够促进目标导向行为的认知方法。继续使用思想开放的方法可能会使我们偏离既定行动方针，因此我们需要一种思想闭锁的方法。

假如上文举例中的学生决定从事市场营销职业。一旦她选定这一目标并已开始学习学位课程，此时开始质疑自己的决定对她没有任何好处。为确保实现职业目标，她应当：

1. 忘记之前考虑过的所有其他职业选择；
2. 避免负面信息，只寻找与职业选择有关的积极信息；
3. 对自己实现这一职业目标的能力过于乐观。

通过改变方向，采取一种封闭但过于积极的方法，她更有可能坚持既定行动方案，从而实现自己的目标。

如果你对两种心态的区别还不太清楚，举一个约会的例子你可能就明白了。

假设一名女性在随意约会几名男性，她必须决定哪一位是长期关系的最佳选择。在这种决策前阶段，她需要做的是认真分析所有的选择，分析每个人的优缺点，对自己与每个追求者成功保持长期关系的可能性持现实态度。因此，在选择未来伴侣时，她应当留有选择余地，采取审慎心态。

假如她已做出选择，与其中一个人建立了稳定关系（即行动阶段），那么她还应继续约会其他男性以保留选择余地吗？她应继续观察现有伴侣的缺点，还是应专注于其优点？

如果她的目标是忠实于伴侣，那么她最好转向行动心态（见图 8-7）。这意味着她会把生活中其他可能的恋爱关系屏蔽掉，只关注现在的伴侣。

8.5 目标冲突

在上文中，我们讨论的动机过程描述了人们一旦选择特定目标，从头到尾会发生什么。但在现实生活中，很少有人一次只追求一个目标。这意味着某个目标几乎总是与其他目标共存。认识到这一点很重要，因为这意味着有时我们的多个目标可能会相互冲突。

每当我们有两个相互竞争或相互排斥的目标时就会发生**目标冲突**（goal conflict）。因此，只要有其他目标干扰焦点目标，就会出现目标冲突。每当我们被迫在两个潜在目标之间做出选择时——主修心理学还是法律、毕业后找工作还是读研究生、与现在的恋人安定下来还是继续交往多个异性朋友——我们就会处于目标冲突状态。正如人们所料，与没有经历太多目标冲突的人相比，经历大量目标冲突的人报告的压力、抑郁和焦虑更大。经历高强度目标冲突的人实现目标的可能性也更低，即使其未能实现的目标不是冲突目标。

8.5.1 目标冲突的类型

目标冲突有不同的类型，这取决于目标是否具有理想特质、不理想特质或两者兼具。

库尔特·勒温（Kurt Lewin）确定了四种类型的目标冲突：双趋冲突、双避冲突、趋避冲突、多重趋避冲突。

8.5.2　目标屏蔽

我们可能无法避免目标冲突，但我们可以保护焦点目标不受其他目标干扰。动机研究者把这种方法称为**目标屏蔽**（goal shielding），即个体通过抑制与焦点目标相互冲突或相互竞争的其他目标来保护焦点目标。那么，人们如何才能在成功追求目标的同时，设法保护焦点目标不受与之冲突的其他目标的影响？

追求多个目标的一个关键是优先化。假如一名学生既想读研究生又想环游世界，那么她需要优先考虑其中一个目标。如果读研究生目标优先级较高，该学生可能会将大部分时间花在此目标上。这并不意味着她必须完全放弃旅行目标，她只需等到研究生毕业就可以去周游世界。研究者将这种暂时的目标脱离称为搁置。

请注意，只有当焦点目标（读研究生）优先级降低（毕业后），才可以去追求次要目标。研究者把这种始终选择优先级最高的目标的这一倾向称为凸显策略。另外一种方法是，不把读研究生作为优先事项，而是交替追求两个目标。开学后专心致志学习，在寒假或暑假抽时间旅行。当然，这样做意味着，她不如那些假期待在家学习的人完成的课业多，但这一选择可以让她同时满足两个目标。研究者将这种在多个目标之间来回交替的倾向称为均衡策略。那么我们如何决定是采取凸显策略还是均衡策略？

一个决定因素与你对目标的热情有关。根据瓦勒朗的观点，体验**和谐性热情**（harmonious passion）的人可以在需要时追求某个目标，然后轻松转向另一项活动或另一个目标。有工作的父母对工作充满热情，但在与孩子共度时光或与配偶共进晚餐时可以放下工作，这种父母表现出的就是和谐性热情。

体验和谐性热情的人能够有效平衡多个目标，而不是让一个目标与另一个目标发生冲突。然而，他们也更容易被其他目标分散注意力，有时这意味着他们在每个目标上的表现可能不如专注于一个目标的人那样成功。

另外，体验**强迫性热情**（obsessive passion）的人会感觉无法控制追求目标的冲动。当想专注于其他活动或目标时，他们的大脑里还想着那件事。有工作的父母离开办公室很长时间后还在思考工作上的事，与孩子玩耍或与配偶共进晚餐时无法不想这些事，这种父母表现出的就是强迫性热情。体验过强迫性热情的人无法有效平衡多个目标，而是倾向于突出其中一个目标。因此，这些人受其他目标影响的可能性较小，能够更好地为实现目标而坚持下去。

另一个影响人们采取凸显策略或均衡策略的因素是，人们认为多个目标是相互竞争还是相互补充。如果人们认为多个目标是相互竞争的，就更有可能采用凸显策略。如果人们认为多个目标是相互补充的，就更有可能采取均衡策略。因此，如果你想在多个目标之间交替，请尝试将多个目标视为互补目标（例如，"我能读研究生，也能想办法旅行"）。但是，如果你想优先考虑一个目标，最好将这些目标视为独立的选择（例如，"旅行会影响我的学习，所以我现在应专心致志读研究生"）。

写一写

凸显策略还是均衡策略

就解决生活中的目标冲突而言，你是倾向于采取凸显策略（把所有精力放在最重要的目标上）还是均衡策略（在多个目标之间来回切换）？你认为你采取的策略有效吗？如果有效，为什么？如果无效，为什么？如果采取另一种策略，结果会有何不同？

9 目标规划

悉尼歌剧院的故事

20世纪50年代初，澳大利亚悉尼市决定建一座适合举办大型文艺演出的建筑。为满足这一需求，政府启动了一项竞赛，目的是选拔一名建筑师来设计该建筑，并监督这一耗资巨大的工程。共有来自32个国家的233名建筑师提交了建筑设计。当竞赛委员会做出最终选择时，人们吃惊地发现许多知名建筑师的作品都被淘汰了，而一位名不见经传、年纪轻轻的丹麦建筑师的作品则被选中了，他就是约恩·乌松（Jørn Utzon）。当人们获悉乌松的设计只是一些建筑草图，而且最初曾被否决时，这一决定更加令人震惊。当时一名委员会成员从废纸堆中把乌松的设计翻了出来，要求对其进行重新评估。最终，乌松的设计得以通过。据估计，这个设计需要4年时间才能完成，将花费澳大利亚政府700万美元。

尽管乌松还没有完成最终的设计，但是由于担心公众舆论会反对这一耗资巨大的工程，悉尼政府敦促该项目立即开始。更糟糕的是，由于设计独有的复杂性，仍有一些结构方面的重大问题乌松还没有解决。尽管存在诸多问题，1959年3月悉尼歌剧院仍正常动工了。开工不久就出现了问题。用于支撑建筑物屋顶的柱子的力量不够，不得不拆除重建。乌松的设计需要一系列重叠的外壳，但他最初的设计没有具体说明这些外壳是什么形状。是正方形吗？还是椭圆形？没有人明确知道哪种形状合适。事实上，设计团队在这一问题上花费了6年时间，经历了至少12次迭代。最终乌松提议使用一系列贝壳造型，这一难题才得以解决。

除了设计方面的问题，还有一些突发情况影响了项目的进展，包括一场强烈的风暴和政府组织变化。这些问题及其他一些问题导致乌松于 1966 年辞职。直到 1973 年，悉尼歌剧院才正式完工。最终，建造时间延长了 10 年，成本比最初预期高出 14 倍！

如果对建筑界有所了解，你会知道在时间和成本上超出最初预期的建筑不止悉尼歌剧院。丹佛国际机场延迟了 16 个月才开放，花费超出了预期 20 亿美元。欧洲台风战斗机（几个欧洲国家合作建造的一种联合防御飞机）延迟了 54 个月才交付使用，超出预算 120 亿英镑。类似的时间估算和资金预算问题也影响了位于纽约市世界贸易中心遗址的 9·11 国家纪念博物馆的建设。

在估算建筑项目的成本和完工时间时，为什么这么多人都弄错了？事实证明，这种低估项目所需时间和费用的倾向是所有人在规划目标时都会犯的一个常见错误。

本章将详细探讨这种"规划谬误"。但就目前而言，我们希望你知道这种情况不仅仅发生在建筑师和建筑工人身上。无论目标是什么，你都要在开始之前制订一个好计划。问题是人们不是特别擅长规划，而这种缺乏远见的问题往往会导致人们在完成目标之前就放弃了。

> ## 试一试：估算时间
>
> 要了解你估算完成某项任务所需时间的准确程度，请估计一下你阅读本章需要多长时间。读完本章后，记下你实际用了多长时间，然后与你估算的时间进行比较。你的估算准确吗？

9.1 动机过程的目标规划阶段

一旦决定选择什么目标（即目标设定），人们接下来必须决定如何追求目标（即目标规划）。在动机过程的三个阶段（目标设定、目标规划和为目标奋斗）中，第二阶段最容易被忽视。很多时候，确定目标后，人们会在没有制订计划的情况下立即开始行动。缺乏规划是人们未能实现新年目标的另一个重要原因。

例如，你的朋友乔设定了健康饮食目标，将之作为新年目标。和大多数人一样，1 月 1 日从床上爬起来后他才想起这一目标。由于没有提前规划，他的冰箱里和食品储藏室里全是不健康的食物和剩饭。乔本该在 1 月 1 日之前把厨房清理干净，备上健康的食物。这样的话，新年一到他就可以朝着目标努力了。正如温斯顿·丘吉尔所说："凡事预则立，不预则废。"

写一写

忽视规划阶段

如前所述，人们往往会忽视动机的目标规划阶段。很多时候，人们选择一个目标（设定目标），然后立即开始朝着目标努力。你认为人们为什么会这样做？人们为什么不愿意提前规划目标？你认为不愿意规划目标会对实现目标的可能性有何影响？

9.2　从意向到行动

当个体形成追求特定目标的意向时，动机过程的第一阶段通常就到此结束。计划行为理论指出，意向是实际行为的主要决定因素。意向强烈的人（"我非常想学弹吉他"）比意向不强的人（"我有点儿想学弹吉他"）更有可能追求并实现其目标。你是否有过这种时候，本打算做某事结果却没有做？也许你打算下班后打扫卫生，可到家后你感觉很累就没有打扫。也许你打算本学期在课程上多投入一些时间，可是到了该坐下来读书或做作业的时候，你却选择看电视或浏览网页。意向与行动有关联，但这并不意味着有意向就有行动。俗话说："通往地狱之路，常由善意铺就。"

大多数研究表明，意向与实际行为的相关性很低，意向只占实际行为的 20% ~ 30%。实际上，过去的行为似乎比意向更能预测未来的行为。因此，如果你过去的行为都是不良行为，如不良的学习习惯或不健康的饮食习惯，那么你的任务就比较艰巨了。

研究者将人们打算做什么与实际做了什么之间的弱相关称为"意向 - 行为差距"。虽然形成目标意向是迈向目标的第一步，但这不是唯一的步骤。总有一些目标意向强烈的人不能实现目标，这通常是因为他们对不良目标形成了强烈意向。选择困难、具体、近期目标的人更有可能获得成功。因此，选择具有这些特征的目标是减少意向 - 行为差距的一种方法。但即使以这种方式使目标意向的质量最大化，我们仍有可能无法实现目标。

在一项研究中，研究者分析了数百人对 30 种不同目标类型的反应。研究者使用统计模拟技术，研究目标意向的质量（而不是强度）被最大化后会发生什么。虽然结果显示，对优质目标有意向的人，其表现优于对劣质目标有意向的人，但是在对优质目标有意向的人群中，有近 1/3 的人仍未实现目标。因此，尽管围绕优质目标形成意向很重要，但是仅凭这一步不能保证目标成功。

是否还有其他方法能减少意图 - 行为差距？书店摆放的许多自助类励志图书告诉我们，要想提高实现目标的概率，需要想象所期望的结果已实现。《积极思考的力量》(*The Power of Positive Thinking*)、《思考致富》(*Think and Grow Rich*)和《秘密》(*The Secret*) 等类似图书都声称，想象自己已实现目标，能增强我们的动机，使我们专注于眼前的目标。想减掉 20 千克？那就想象自己穿上紧身连衣裙或小一号牛仔裤的样子。想有更多钱？那就想象金钱滚滚而来。想打出一个本垒打或触地得分？那就按教练经常说的那样，想象自己把球击出球场或触地得分。但这种方法真的有效吗？想象结果真的能增强目标意向与目标行为之间的联系吗？

什么是心理模拟？

在有关动机的文献中，这种心像技巧被称为**心理模拟**（mental simulations），因为它们需要个体在脑海中模拟目标的一个方面（见图 9-1）。

图 9-1　两种心理模拟

注：关注的方面不同，心理模拟也会有所不同。

要了解两种模拟的不同之处，我们再来看设计悉尼歌剧院的那名设计师的例子。如果这名建筑师一开始坐下来，想象该建筑完工时有多么美丽，想象自己因此变得多么出名，那么他就是在使用结果模拟。如果他一开始想象建造悉尼歌剧院所需的所有步骤——最终敲定建筑方案，获得必要的许可证，购买建筑材料，雇用承包商和工人等——那他就是在使用过程模拟。

结果模拟有益吗　自助类励志文献指出，结果模拟更有可能促使目标实现。那么心理学对此的研究结果是什么？为验证哪种模拟更有效，研究者们对一些即将参加期中考试的学生进行了研究，他们将这些学生随机分为三组，每组使用一种不同的心像技巧。

第一组被指示使用结果模拟，学生可以想象自己已拿到老师发回的考卷，看到上面写着一个大大的 A 字，感到非常高兴。

第二组被指示使用过程模拟，学生可以想象自己在图书馆学习，阅读课本内容，复习课程笔记，在考试的前一天晚上不去参加派对，以保证充足的睡眠。

第三组是对照组，没有得到任何指示。结果见图 9-2。

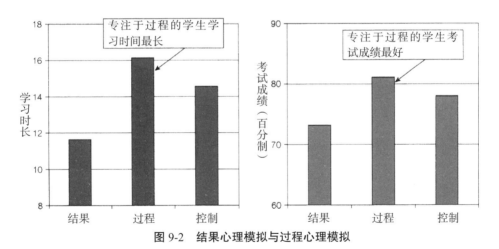

图 9-2　结果心理模拟与过程心理模拟

从图 9-2 左侧可以看出，专注于过程的学生在学习上花的时间最多。有趣的是，专注于结果的学生在学习上花的时间最少。看一下图 9-2 的右侧，专注于过程的学生期中考试成绩最好，而专注于结果的学生成绩最差。

在另一项关于心理模拟的研究中，研究者让试图减肥的女性，就其减肥目标进行结果模拟或过程模拟。进行结果模拟的女性，想象自己身材变苗条后参加各种各样的活动，包括试穿小一号的新衣服，穿着紧身红色礼服参加派对等。进行过程模拟的女性，想象自己需要做的减肥活动，包括购买低热量的食物，参加体育活动，以及在派对上拒绝吃蛋糕。第三组女性没有得到任何指示。五周后，进行过程模拟的女性减掉的体重（3.9 千克）是进行结果模拟的女性（1.7 千克）或未得到指示的女性的两倍多。

重要的是，这项研究具有现实意义。想减肥的人通常会购买适合自己理想尺寸的黑色小礼服或修身西装，或者在镜子上或显眼的地方张贴理想身材的照片，以此来激励自己。这种技巧很常见，减肥产品经常在其广告中使用。但是这项研究的结果表明，这是一种无效的方法。想减肥的人应考虑张贴描绘目标过程的图片（如健身器材、跑步者），而不是张贴描述目标结果的图片。

这些研究和其他一些类似的研究提供了强有力的证据，表明自助类励志图书中给出的建议经常是错误的，想象自己成功是无效的做法。在上述关于减肥的研究中，使用结果模拟技巧的女性减掉的体重与没有目标规划的女性相同。更糟糕的是，在上述关于期中考试的研究中，使用结果模拟技巧的学生，甚至比对照组的学习时间更短，考试成绩也更差。这意味着想象结果甚至比什么都不想象更有害！

显然，过程模拟是减少意向 - 行为差距的有效方法。另外，还有一种方法能进一步提高过程模拟的有效性。在一项研究中，被试观看一名女性用牙线清洁牙齿的视频，研究者让他们进行过程模拟，想象自己也用牙线清洁牙齿。一半被试在进行过程模拟时还触摸了一截牙线。在接下来的一周，触摸牙线的被试使用牙线清洁牙齿的频率高于未触摸牙线的被试。在这些研究者进行的另一项研究中，一边做操一边进行过程模拟的人比坐着进行过程模拟的人的锻炼时间更长。因此，通过把过程模拟与目标的物理提醒相结合，我们能够大大减少意图与行为间的差距。

为什么过程模拟更好　过程模拟为何如此有益？为回答这一问题，在上述关于期中考试的研究中，研究者们还测量了其他几项指标，发现了一些有趣的结果。

首先，进行过程模拟的学生，其考试焦虑程度低于其他两组学生。通过预先想象过程的每一步，他们感觉自己对即将到来的考试准备得更充分。其次，进行过程模拟的学生被迫制定问题解决策略，以更好地应对潜在的干扰和中断。这些学生必须提前预见问题（例如，在考试前一晚被邀请参加派对），提出解决方案，使其朝着既定目标前进（例如，不参加派对以保证充足的睡眠）。因此，当干扰不可避免地发生时，与没有制定问题解决策略的学生相比，这些学生能够更好地应对问题。因此，进行过程模拟的学生被迫制定问题解决策略，这促进了他们能够更顺畅地完成目标。

由于种种原因，这种规划对动机非常有益。规划将人们的注意力集中在如何实现目标上，为如何实现目标提供具体的指导，而且能使人们提前预测障碍。毫不奇怪，与那些设定了目标但未制定目标规划的人相比，制定了目标规划的人在开始时行动的动机更强，兴奋度更高。但并非所有的目标规划都是优秀的。规划过度假或婚礼等大型活动的人都知道，有的规划很好，有的不好。那如何确保某项目标规划是一个好规划？这一问题的答案来自人们对执行意向的研究。

写一写

为什么提倡结果模拟

科学文献表明，关注目标的过程比关注目标的结果更有益。然而，许多自助励志类图书建议人们想象实现预期结果会是什么样子。如果这种结果模拟无效（研究表明甚至可能威胁到目标实现），那么你认为人们为什么还在推销这些书？这些结果模拟可能有什么诱惑，对作者销售他们的书有何帮助？

9.3 执行意向

一个好计划应当说明何时开始行动，在哪里行动，如何行动，以及持续多长时间。例如，如果你想减肥，仅仅打算多运动是不够的。你需要制订一个计划，具体说明你什么时间锻炼（"我将在每周一、周三、周五上午 8 点锻炼"），在哪里锻炼（"我将在学校健身房锻炼"），如何锻炼（"我计划一半时间在跑步机上锻炼，另一半时间用重量器械锻炼"），以及锻炼多长时间（"我计划每次锻炼 1 小时"）。此外，你还需要制订一个后备计划，以防某事干扰目标计划（"如果我没有足够的时间进行 1 小时的锻炼，那么我就不去健身房了，我就在家附近散步"）。

这就是**执行意向**（implementation intention）的内容，执行意向是指说明在特定情况下个体将执行确切行为的"如果……那么"计划。执行意向之所以用"如果……那么"语句表述是因为，它采用的形式是如果情况 Y 出现，那么我就执行行为 X。就上面的例子而言，你可能会对自己说："如果这是周一早上 8 点，那么我就去健身房。如果我的日程安排太紧，没有足够的时间进行全身锻炼，那么我就在家附近散步。"

通过这种方式，执行意向具体说明了个体实现其目标的时间、地点和方式（见表 9-1）。请注意，执行意向与目标意向有很大的区别，目标意向（如"我打算多运动"）只说明目标过程的终点是什么。

表 9-1　执行意向具体说明个体实现目标的时间、地点和方式

计划细节	目标：写一部小说
何时	我将于每周六、日上午 8 点写作
哪里	为避免家中有干扰，我将去附近的一家咖啡厅写
如何	我在第一个小时写作，在第二个小时则编辑刚写完的内容
多长时间	每次我将写两小时
后备计划"如果……那么"	如果周末无法抽出两个白天来写作，那么我会在周日晚上留出时间写作

为了研究目标意向和执行意向的差异，研究者们让一些女性设定目标，每月进行一次乳房检查，以发现潜在的肿瘤。在有目标意向的女性中，只有 53% 的人在下个月实际进行了乳房检查。但是，当研究者让女性准确写下每月进行乳房检查的时间和地点时，所有人都在下个月进行了检查。后来的研究发现，使用其他目标（如服用维生素、锻炼、低脂饮食或废物利用），也具有相似的效果。

此外，排除目标意向的影响，执行意向本身也有助于缩小意向与行为间的差距。在一项涵盖 94 项研究、超过 8 000 名被试的荟萃分析中，有研究者发现，形成执行意向对目标实现的影响介于中度与高度之间，这一结果甚至刨除了形成目标意向引起的数值提高。因此，形成强烈目标意向和执行意向的人，比只形成目标意向或执行意向的人，更有可能实现其目标。

要想形成执行意向，人们必须：

1. 确定某个促进目标实现的行为反应；

2. 将其与某个情境暗示联系起来，以启动该反应。

因此，想多锻炼的人可以这样说，如果进楼看到电梯（情境暗示），那么就不乘电梯而走步行梯（行为反应）。

请注意，这一执行意向把目标导向的行为（走楼梯）与特定的情境暗示（看到电梯）联系起来。这样做会在行为和情境之间形成强烈的心理联系。当下次再处于该情境时（看见电梯），他们会自动想到相关行为（走楼梯）。没有形成这种执行意向的人，可能会盲目地坐上电梯，等上去以后可能才会意识到应该选择走楼梯。

9.3.1　执行意向的益处

每当追求一个新目标，我们都会面临一些必须克服的障碍。寻找启动目标的动力和能力，当遭遇挫折时仍坚持目标，改掉坏习惯，控制情绪和冲动，这些都是我们必须克服的障碍（见图 9-3）。

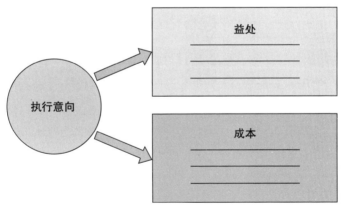

图 9-3　执行意向的效果

执行意向有助于目标启动　追求新目标时，第一个挑战就是开始。突然间，我们需要改变做某事的方式。当我们试图改变一种根深蒂固的习惯（如吸烟和情绪化进食）时，这种改变尤为困难。在实现目标的道路上走出第一步需要花费很多精力，人们经常在开始之前就放弃了。想想有多少人在新年前夜的午夜时分宣布要生活得更健康，但是第二天到来时，他们又继续着不良的饮食习惯。

研究表明，形成执行意向能增加目标规划启动的可能性，尤其是在目标规划难以启动时。在一项有关执行意向的研究中，研究者让大学生们列出他们想在寒假期间完成的两个目标。其中一个目标必须是难以实现的目标，而另一个目标必须容易实现。学生们列出了各种不同的目标，如写一篇论文、读一本书或解决一个家庭冲突。对于每个目标，学生们通过确定目标开始的时间和地点，来表明其是否已形成了执行意向（见图9-4）。

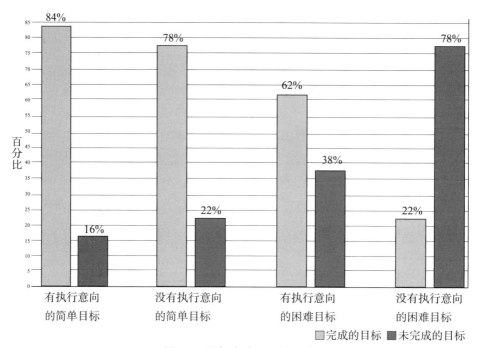

图9-4　目标启动和目标完成

注：寒假结束后，研究者再次联系这些学生，看他们是否成功实现了目标。对于易于启动的目标，学生们的执行意向几乎没有受到影响。但是，对于难以启动的目标，执行意向产生了巨大的影响。

还有一些研究表明，执行意向有助于人们启动最初可能令人不愉快或令人痛苦的目标（如在关节手术后接受理疗和恢复活动）以及人们容易忘记采取行动的目标（如服用维生素、使用避孕套、去医院进行癌症筛查）。因此，执行意向使我们更有可能启动最困难的目标。

执行意向有助于目标坚持性　启动目标之后，下一个挑战就是坚持目标，直至实现目标。在一项对下定新年决心的人进行的调查中，45%的人在一个月内放弃了目标，60%的人在六个月内放弃了目标。两年后，只有19%的人仍在为目标坚持着。

无法坚持目标的一个原因是，我们被其他事情干扰而停滞不前。在理想状态下，我们会早早起床，吃健康早餐，去健身房锻炼，吃健康午餐，完成所有功课，及时回家带狗散步。但实际上，生活充满了各种干扰。由于玩视频游戏，你睡得很晚，第二天早晨睡过了头，也就没时间锻炼了。在自助餐厅排队时，那块诱人的巧克力蛋糕向你招手。母亲打来电话问你的近况，一晃一个小时过去了，你还没开始做作业。这种干扰不可避免，但执行意向会对你有所帮助。

在一项研究中，研究者让被试坐在电脑前解决一系列复杂的数学难题。被试做数学题时，旁边的电脑的显示器上会随机播放一些干扰性的视频片段。这些视频片段实际上是获奖的商业广告，色彩丰富，妙趣横生，而且配有令人兴奋的音乐。在开始做题之前，为避免视频分散自己的注意力，有些学生形成了执行意向（"一旦开始放视频片段，我就忽略它，把注意力集中在数学题上"），而其他学生只是形成了目标意向（"别受它干扰"）。最终，形成执行意向的人做对的数学题多于没有形成执行意向的人。由于没有执行意向，对照组被试很容易被视频片段干扰，无法将注意力重新集中在手头的任务上。

无法坚持目标的另一个原因是，一旦目标行为被打乱，就很难重新回到正轨。我们都有过这样的经历——朝着目标努力了一两个月，每天都坚持，后来生病了、受伤了或家里发生了紧急情况，几天后又回到了原来的习惯。在这种情况下，执行意向也有帮助（见图 9-3）。在一项研究中，研究人员让一些儿童整理一块大挂板上的各种挂钩。这项任务很烦琐，而研究人员故意在挂板附近放一个装满玩具的彩色盒子，以分散孩子们的注意力。与形成一般性目标意向（"不玩玩具"）的孩子相比，形成执行意向（"一旦我看玩具，我就要把注意力集中在挂钩任务上"）的孩子更能够抵制玩具的诱惑。因此，即使停止工作，偶尔看了一会儿或玩了一会儿玩具，执行意向也能帮助孩子们重新集中注意力，继续完成目标。

执行意向有助于改掉旧习惯　人们在动机过程中经常面临的另一个挑战是，专注于某个目标或某种行为通常意味着必须放弃其他某种行为。为了变得更健康，我们必须吃健康的食物，同时也必须停止吃不健康的食物。为了攒钱，我们必须往储蓄账户里存入更多的钱，同时也必须停止乱花钱。问题是，停止一个旧行为与开始一个新行为一样困难（甚至更加困难）。在这种情况下，执行意向也能帮你。通过形成执行意向，我们能够用良好的新习惯取代不好的旧习惯。

要想知道其中的原因，我们来看一项对蜘蛛恐惧症患者进行的研究。研究者招募了一些患有蜘蛛恐惧症（对蜘蛛有强烈恐惧）的人作为被试，让其观看蜘蛛的各种图片。在正常情况下，患有蜘蛛恐惧症的人看到蜘蛛的照片时会经历一些负面情绪（如焦虑）。为了克服这种习惯性反应，这些人需要学会避免这种负面情绪出现，在这种情境下保持平静和放松。在这项研究中，一组被试形成了目标意向（"我不会受到惊吓"），另一组形成了执行意向（"如果我看到一只蜘蛛，那么我就要保持冷静"），第三组是对照组，被试什么也没做。然后，研究者让所有被试观看一系列蜘蛛的照片，看过每张照片以后说出自己的焦虑程度（见图 9-5）。

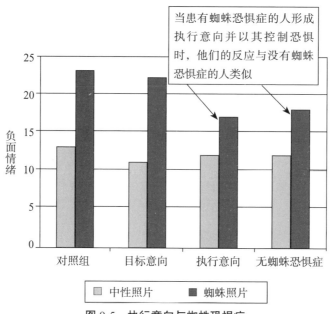

图 9-5　执行意向与蜘蛛恐惧症

如图 9-5 所示，形成执行意向的被试，对蜘蛛照片的焦虑程度和唤醒程度低于目标意向组或对照组的被试。令人惊讶的是，他们的反应几乎与没有蜘蛛恐惧症的人相同（图的最右侧）。

在另一项研究中，研究者调查了执行意向是否有助于人们抑制另一种不好的反应：刻板印象。研究表明，刻板印象通常会被自动激活，即使对于偏见程度低的人也是如此。因此，看到一位老人，人们会自动认为此人开车较慢。因为这些刻板印象突然出现，我们往往无法控制它们，从而影响我们对待他人的行为方式。刻板印象类似于我们的其他不良习惯，但许多研究表明，执行意向有助于避免这种刻板印象被自动激活。

例如，在一项研究中，非黑人被试玩了一个视频游戏，他们被指示要射击携带枪支的角色，而不要射击没带枪的角色。过去的研究发现，如果这个角色是黑人，人们更容易误杀没带枪的角色，这反映出人们对黑人的刻板印象。在此项研究中，一半被试被指示要形成执行意向，以防止负面刻板印象的影响（"如果我看到一个人，那么我会忽略其种族"），另一半被试没有形成执行意向。结果表明，未形成执行意向的被试误杀没带枪的黑人角色的可能性，是形成执行意向被试的两倍。这表明执行意向有助于人们控制自己自动出现的不良反应。

做一个"有计划的人"

搞创作的人经常争辩说无法安排时间来创作，必须等灵感出现。例如，一位作家可能会为自己争辩说有灵感才能写，没心情时想写也写不出来。但一项研究表明，这些都是借口。在这项研究中，大学教授们被分为三组。第一组被禁止写作；第二组被指示只在有灵感时才写；第三组被迫安排了 50 个写作时间，并且被告知无论是否想写，在规定的时间里都必须写。结果显示，第三组被试—— 无论是否想写都得写——比其他两组写得都多。事实上，他们写的页数是灵感组被试的 3.5 倍。然而，灵感组只比禁止组写得稍多一些。他们的写作质量如何呢？强迫其写作会不会像许多艺术家和作家所说的那样毁了他们的创造力？结果表明不是这样的。平均而言，被禁止写作的人每隔 5 天就会有一个新创意，等待灵感出现的人每隔 2 天有一个新创意，而有固定写作时间的人每隔 1 天就有一个新创意。因此，被安排了写作时间的人不仅写得更多，而且有更多创意！虽然这一结果可能会让有些人感到惊讶，但许多成功的作家已经意识到这一点。例如，当代最多产的美国作家之一史蒂芬·金（Stephen King），他每天从早晨起床写到中午，一年当中每天都如此，即使圣诞节也不例外。因此，即使目标要求你具有艺术性和创造性，你仍然需要一个计划。正如一位作家所说："（对作家而言）常规比灵感更好。"

执行意向有助于控制内心状态　目标追求的最终挑战是克服那些经常使我们偏离正轨的内心状态。无法控制的食物渴望、负面情绪、表现焦虑和扰人的念头都会让我们偏离通往目标的方向。在这种情况下，执行意向也能帮助我们。

在一项研究中，对自己最喜欢的零食形成执行意向的节食者（"如果我思考我选择的食物，那么我就要忽略这一想法"），在接下来的一周内对该食物的消费少于那些没有形成执行意向的人。在另一项研究中，竞技网球运动员需要说出通常会削弱其表现的内心状态（如感到有压力、愤怒、疲惫、分心）。就内心状态问题形成个性化执行意向（例如，"如果我感到有压力，那么我就先让自己冷静，告诉自己'我会赢'"）的运动员，在网球比赛中的表现优于那些没有形成执行意向的人。还有研究表明，执行意向能有效控制负面情绪的影响。

9.3.2　执行意向的代价

执行意向显然有益，但与生活中的大多数事情一样，执行意向也有不好的一面。这意味着有时形成执行意向可能会适得其反，阻碍目标的实现。

导致事与愿违的一个原因是，执行意向使我们的注意力过多地集中于特定的行动过程上。如果我们只以一种方式追求目标，这种专注就是有益的，但在许多情况下，我们会使用多个行动方案来努力实现目标（即目标等效性）。例如，为了减肥，我们可以减少外出就餐的次数，也可以少吃加工食品和自制糖果。

由于执行意向加强了某一情境与某一行为的自动关联，因此会使我们的注意力集中于一种实现方法，从而将我们的注意力从特定情境下也可能被激活的其他可能的方法上移开。例如，你的目标是多吃蔬菜，而西蓝花是你最喜欢吃的蔬菜，因此你形成了如下执行意向："如果我在餐厅菜单上看到西蓝化，那么我就点西蓝花。"虽然这会让你增加西蓝花的摄入量，但是这也意味着你会错过吃胡萝卜、四季豆或混合蔬菜的所有机会。把注意力集中在实现目标的一种方式上，我们可能就会错过在同一情境下实现目标的其他（可能更有价值的）方法。

关于执行意向的另一个问题与目标规划的质量有关。每个目标的实现方式都有好有坏。例如，试图减肥的人经常不吃早餐，但研究表明这种方法会适得其反，会导致人们全天都食用不健康的食物。如果某人制定了每天早晨不吃早餐的执行意向，那么这只会使其深陷这一错误的策略中。

为了验证这种可能性，有研究者给学生们制订了一个错误的计划，然后观察他们要过多久才会意识到这个计划很糟糕，因而放弃该计划。具体来说，研究被试必须走出一个迷宫。他们被告知，当绿色箭头出现在某个交叉路口时，这表示有捷径可走。事实上，顺着绿色箭头走只有30%的概率能找到捷径，因此这不是什么好策略。在进入迷宫前，一半被试制定了目标意向（"快速走出迷宫"），而另一半被试制定了关于绿色箭头的执行意向（"如果我看到绿色箭头，那么我就转弯"）。结果表明，具有执行意向的人不愿意放弃对绿色箭头的使用，因此走出迷宫所用的时间比那些有目标意向的人要长。但是，只有当被试没有得到有关其表现的明确反馈时才会出现这种情况。这意味着，当被试必须自己评估其计划的有效性时，他们不愿意看到计划中的缺陷，因此会顽固地坚持下去。然而，当被试得到关于其迷宫表现的明确反馈时，即使那些有执行意向的人也愿意放弃有缺陷的计划。

9.3.3　加强执行意向的因素

尽管执行意向有其益处，但执行意向可能对某些人更有效。也就是说，执行意向和目标实现之间的关系可能会受其他变量的影响。在科学研究中，我们把影响两个变量之间关系的变量称为**调节变量**（moderator 或 moderating variable）。可以这样想：在离婚这样的法律环境中谈论"调解人"时，我们指的是试图帮助正在办理离婚的夫妇友好解决问题的第三方。因此，这个调解人试图加强或改善房间里另外两个人之间的关系。同样，当科学家们谈论调节变量时，他们指的是一个加强（或削弱）其感兴趣的两个其他变量之间关系的变量。就执行意向而言，研究者们想确定哪些调节变量加强或削弱了执行意向与目标实现之间的关系。

注意不要把调节变量和中介变量混淆（见图 9-6）。

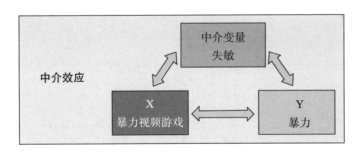

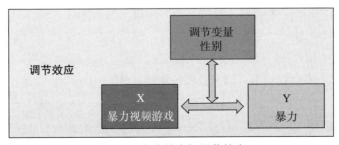

图 9-6　中介效应与调节效应

中介变量是介于两个其他变量之间的变量（就像高速公路中的中央隔离带）。也就是说，变量 X 的变化导致中介变量的变化，这又导致变量 Y 的变化。例如，对视频游戏的研究发现，视频游戏的暴力程度（变量 X）会导致人们对暴力失去敏感性（中介变量），这又会导致更多的攻击行为（变量 Y）。

调节变量不是介于两个变量之间，它不受变量 X 的变化的影响，而是存在于 X 和 Y 的关系之外，但会对这种关系产生影响，使调节变量的不同层面变弱或变强。再来看视频游戏的例子，研究表明，暴力视频游戏（变量 X）就人们攻击性（变量 Y）的影响对男性比对女性更强（调节变量 = 性别）。正如该例所示，调节变量通常是个体差异变量（如性别和人格），也可以是情境差异变量。例如，暴力视频游戏不仅会使具有攻击气质的人产生更多暴力倾向（个体差异调节变量 = 特质攻击性），而且当游戏的暴力场景中出现血液时，更多暴力倾向会被激发出来（情境差异调节变量 = 有血）。

调节执行意向的个体差异 对执行意向的研究表明，有些个体差异会调节这些执行意向对目标成功的影响。

写一写

执行意向与克服缺陷

我们在上文谈到，执行意向有助于自制力差的人克服其缺陷。存在某些缺陷或不足的其他群体或其他类型的人，是否也可以通过使用执行意向而受益？在你的回答中，请使用证据或实例来支持你的论点。

▶

调节执行意向效果的情境差异 调节执行意向影响的大多数情境差异都与所选目标的特征有关。当目标很难实现时，执行意向的益处更明显。为实现一个简单目标（如每天早上刷牙）而形成执行意向，不如为实现一个困难目标（如成为奥运会滑雪板选手）而形成执行意向有益。

对于由内在动机驱动的目标，执行意向的益处也更加明显。对于一名因为真正喜欢帮助别人（内在动机）而想学医的学生，形成执行意向有助于其考上医学院。而对于一名因为想赚大钱或得到父母的认可（外在动机）而想学医的学生来说，形成执行意向几乎没有什么益处。例如，在一项研究中，与那些形成执行意向且被提醒不要出差错（外在动机）的学生相比，形成执行意向并被提醒可以自由选择简单且令人愉快的计划（内在动机）的学生更成功。

9.4　改善目标规划的因素

执行意向非常有益，因为它有助于我们锁定目标规划。但是，如果目标规划是一个糟糕的规划，那么执行意向就会使我们偏离目标，而不是接近目标。因此，在锁定目标规划之前，人们需要确保它是一个好规划。研究表明，有两个因素能够提高目标规划的质量：**灵活性**（flexibility）和**问责制**（accountability）。

9.4.1　灵活性

与模糊目标相比，具体目标更有可能实现。目标规划也是如此，具体的目标规划比模糊的目标规划更容易执行。但是，我们还需要确保规划不能太死板。因此，良好的目标规划都有一定的灵活性。

一项关于目标灵活性的研究，调查了一些要为即将到来的考试而学习的大学生。有些学生制订了每日的详细学习计划，有些学生制订了每月学习计划，有些学生根本没有制订计划。虽然研究人员预测制订每日计划的学生最成功，但结果显示他们错了，有每月学习计划的学生考试成绩进步最大。虽然每日目标的具体性很高，但灵活性较低，严格按照其要求去做，学生们往往会感觉很吃力。而每月计划具体性中等（比没有计划更具体），但也为学生们提供了一些灵活性，使其更容易坚持。

需要注意的是，虽然在这项研究中大多数有每月计划的学生做得更好，但是对那些学术技能高的学生来说，每日计划的效果最好。为什么会这样？

其中一个原因可能与死记硬背有关。制订每日计划的学生实际上比制订每月计划的学生学习的时间更长，但他们主要是在考试前几天增加了学习时间。因此，有每日目标的学生更有可能在考试前死记硬背，而具有每月学习目标的学生则会把学习时间分散开。过去的研究表明，死记硬背是一种无效的学习策略，通常与实际考试成绩不相关。由于死记硬背是一种无效的策略，可能它只对特别有天赋的学生有效，这说明为什么大多数学术技能强的学生会从每日计划中受益最多。特别有天赋的人可能更适合严格的计划，但对其他人来说，计划还是需要有一定的灵活性。

为什么过于详细的严格规划对大多数人无效？一个原因是，这种规划需要人们付出很多的努力，因此对于大多数人来说，这样的计划可能太令人疲惫。

过于严格的规划也会降低人们的自主意识。人具有控制自己生活的强烈需求，制定的目标规划越严格，我们在日常活动中的选择就越少。如果一种饮食方案禁止你吃多种食物（如不能吃碳水化合物和脂肪），而且要求你监测自己吃的每一种食物，你很可能坚持不到一周就放弃了。相反，灵活的规划会明确特定的目标导向行为，但也允许人们有一些选择。如果一种饮食方案允许你做出选择（如果午餐吃了沙拉，晚餐就可以吃少量甜点），那么你就更有可能坚持这一方案。诸如慧俪轻体（Weight Watchers）这样的减肥规划之所以成功，可能就是因为这个原因。在这类规划中，人们每天都有一套"食物积分"，人们可以选择如何使用这些积分。

此外，对于目标人们倾向于采取不全则无的方法，这意味着一旦破戒，人们往往会完全放弃目标规划。研究者称之为**"去他的效应"**（what-the-hell effect），这是指破戒一次就认为应该完全放弃目标这一倾向。例如，"刚才吃的那勺冰淇淋把我的节食计划搞砸了，去他的，索性把那一杯都吃了算了。""我的预算已超过 20美元，去他的，索性花 100 美元吧。"研究结果支持这一效应，与那些认为自己没有过度进食的人相比，误以为自己午餐吃得过多的节食者，餐后更有可能吃饼干。有趣的是，非节食者完全相反。当非节食者误以为自己过度进食时，他们实际吃的饼干少于那些没有误以为自己过度进食的人。这表明节食者更有可能表现出"去他的效应"，因为他们觉得反正都"破戒"了，索性就随便吃吧。

偶尔"破戒"

私人教练、营养学家和健身大师经常建议，每周有一天放纵日，在这一天节食的人们可以不必坚持节食计划或锻炼计划。将短时的"破戒"纳入目标规划，可以使其更加灵活，让你拥有更强的自主感。就节食而言，一天"破戒"（或至少一餐"破戒"）在生理上也有好处。对文献的回顾表明，节食日和非节食日（或"放纵日"）交替的人，与每天节食的人减掉的体重和脂肪相同。但请记住，这种放纵有可能会让你一发不可收拾。不是让你整个周末都坐在沙发上，想吃什么就吃什么，而是每周有一餐可以放纵一下，而且最好提前为这一餐进行规划，在之前几天或几餐减少热量的摄入。这样，一餐放纵不会让你摄入的热量超过要求。

9.4.2　问责制

制定目标规划时，务必确保让你对自己的行为负责。你越是负责，你就越容易知道自己何时未达到预期，需要付出更多的努力。

加强责任约束的一个方法是把目标规划写下来，这样做会使目标看起来更真实、更清晰，有助于人们认识到它的存在及其重要性，并且专注于实现目标所需的过程。这听起来很简单，但研究结果表明这确实很有效。在一项研究中，一组大一新生写下了如何应对大学压力的计划，另一组写的是不相关的主题。到学期结束时，与撰写另一个主题的人相比，那些写下应对计划的人去看病的次数更少。有趣的是，写下目标规划的益处与认知行为疗法的体验非常相似。马上行动吧——现在就拿出一张纸，写下你实现人生目标的计划。

加强责任约束的另一个方法是把目标告诉某个人。因为人类强烈地需要被他人接受（即归属需求），我们会竭尽全力让他人看到我们积极的一面。想象一下，如果你告诉高中时的朋友，长大后你要成为一名生活在巴黎的当红艺术家。如果 10 年后参加同学聚会的时候，你从未去过巴黎或一幅画都没画过，那么这该有多尴尬呀！为了避免这种难堪，一旦向他人公开宣布自己的计划，我们通常会更加努力地去实现目标。例如，与那些不将目标告诉他人的房主相比，将减少能源消耗目标公之于众的房主能更好地节省能源。同样，事先把自己的表现预期告诉他人的儿童，在一项无解任务上坚持的时间更长。相比未把目标告诉他人的学生，那些在学期初就把平均学分绩点（Grade Point Average，简称 GPA）目标告诉同学的学生，其 GPA 分数会提高更多。要获得这些益处，你无须面对面把目标告诉他人。像脸书和推特这样的社交媒体非常适合这种类型的责任约束。一项研究发现，在推特上发布减肥目标和减肥成效的人，比没有使用推特的人减掉的体重更多。

为什么把目标公开会提高目标达成的可能性？这可能与目标承诺有关。在前面提到的研究中，修读某门大学课程的学生被要求为本学期设定 GPA 目标。一半学生把自己的名字和 GPA 目标写在了一张纸上并在全班公开，另一半学生的 GPA 目标保密。四周后，也就是在期中之前，研究人员对学生们的 GPA 目标的承诺程度进行了评估，结果发现公开目标的学生对目标的承诺度高于未公开目标的学生。

一旦决定把目标告诉某个人，下一步就是确定要告诉谁。在理想情况下，你应当选择这样一个人：让你对自己的行为负责，经常与你联系，一旦你开始落后就会唠叨你。就修读某门课程的学生来说，有一个人似乎比其他任何人都合适。你猜这个人是谁？对，你的母亲。对大多数人来说，母亲比其他任何人都更能让我们感到内疚。事实上，研究表明，只要看到母亲的名字就足以增强我们的目标承诺。但是，只有当你和母亲很亲近，并且觉得她支持你的目标追求时才有效。因此，你要选择生活中最有可能鼓励你并让你负责的人，无论这个人是你的母亲、兄弟，还是你最好的朋友。

写一写

目标规划的哪一个特征更重要

就你的目标规划而言，你认为哪个特征更有可能让你坚持目标：灵活性还是问责制？为什么你会这样认为？灵活性是否对某些类型或人格的人更重要，而问责制是否对其他类型的人更重要？如果是这样，那么决定哪个目标特征会产生更大影响的特点或个性特征又是什么？

9.5　目标规划中的常见错误

要改善目标规划，除了增加灵活性和问责制等特征，还应尽量避免制订规划时经常出现的错误，包括规划谬误、感知专业性的影响和损失规避。

9.5.1　规划谬误

说实话，有多少次你认为自己几个小时就能写完作业，结果为了能按时交上作业，不得不熬夜奋战？这种情况在大学生中很常见，但是低估完成任务所需时间的不只是学生。本章开篇中悉尼歌剧院的例子表明，建筑师和承包商大大低估了完成建筑任务所需的时间和金钱。就连你的老师也会低估设计一堂课或撰写一个项目申报书所需的时间。这些例子都表明一种常见的认知偏差——**规划谬误**（planning fallacy），即人们因低估完成任务所需的金钱、时间和精力，从而制订出过于乐观的计划这一倾向。

在一项关于规划谬误的早期研究中，研究者让一些正在撰写论文的本科生估计完成论文所需的时间，然后把这一估计与完成论文实际所用的时间进行对比。结果显示，只有 30% 的学生在预计时间内完成了论文（见图 9-7 左侧）。

这意味着超过 2/3 的学生用时比预期要长。这表明大多数时候，我们没能考虑到实现目标需要多长时间。有了这些知识，我们能否采取什么办法，使我们的计划更准确？而研究者们想知道，当被迫考虑潜在挫折时，人们的估计是不是更准确。于是，他们要求这些学生估计在最坏情况下完成论文需要多长时间。从某种意义上说，研究者是让这些学生考虑墨菲定律（有可能出差错的地方都会出差错）。令人惊讶的是，只有 49% 的学生在估计的时间内完成了项目（见图 9-7 右侧）。即使被迫预测有可能出现的所有问题，我们的计划仍然过于乐观。

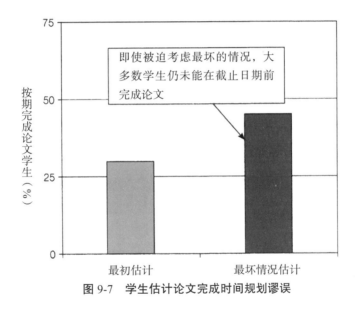

图 9-7　学生估计论文完成时间规划谬误

引起规划谬误的原因　是人类本来就不擅长规划，还是我们在规划自己的行为时有盲点？研究者对这一问题进行了调查。他们让被试回想过去未按期完成任务的一次经历，并且说明原因。他们还让被试回想认识的某个人一次未按期完成任务的情况，同时说明原因。研究发现，人们更有可能把自己的预测失败归因于外部原因和不稳定原因（"因为天气不好，所以我完成项目的时间比预期的长，但这不是我的错，这种情况不会再发生"），但往往把他人的预测失败归因于内部原因和稳定原因（"因为他们没有预料到会遇到挫折，所以他们完成项目的时间比预期的长，这种情况很可能会再次发生"）。这意味着我们未能对自己的规划失败负责，因此注定会在将来重复这种规划错误。

采取不同视角

你是否曾遇到一个难以解决的问题？请想象你其实是局外人，并用这个视角来解决问题，这样你可能会发现问题解决起来更容易。在一项研究中，被试需要想象有人被困在了一座高塔中，只有一根绳子能帮其逃脱，但是绳子太短够不着地面。一半学生把陷入困境中的人想象成自己，另一半学生被告知，要作为局外人。相比那些把陷入困境中的人想象成自己的人（48%），局外人（66%）更有可能提出解决方案。因此，下次遇到看似无法解决的问题时，试着假装你是局外人。换一个角度，你可能会另辟蹊径，想出更具创意的办法，来解决令人费解的难题。是不是想知道上述难题是怎么解决的？答案是：把绳子纫成两半，然后把两根绳子接起来！

9.5.2　感知专业性

你认为特定领域的专家比非专家更善于规划，对吗？假如你正安排为期两周的非洲之旅，你是不是希望该领域的专家帮你做计划？事实证明，自称专家的人可能不如我们想象的那么有用。

在一项研究中，研究者找来了一些学生，这些学生对自己拥有的营养知识有着不同的感知。随后，这些被试参加了一项营养知识测试，其中包括一些关于常见营养素（如蛋白质和碳水化合物）的问题。然后他们被告知要参加第二项营养测试，但在此之前，他们有机会复习备考。通过这项研究，研究者试图回答两个问题：

1. 那些自认为是营养专家的人是否真的比那些认为自己不是专家的人更了解营养知识？

2. 如果有机会学习，那些自认为是营养专家的人会寻求更多的信息，还是更少的信息？

令人惊讶的是，被试自我感知的知识水平与他们的实际知识不相关。自认为是营养专家的人对该话题的了解程度并不比那些自认为不是专家的人高。更糟糕的是，自认为是专家的人持有的错误信念实际上是有害的，而且他们在学习期间收集的信息少于那些自认为不是专家的人。这一结果表明，自称专家的人可能会使目标规划变得更坏，而不是更好。因此，我们在自称是某方面专家之前，要重新对自己进行评估。无论我们是否认为自己是专家，都要认识到自己总有进步的空间，要利用每一个机会来学习可以改善未来规划的新信息。

吃之前计划吃什么

你想减肥吗？令人惊讶的是，餐前吃的食物与用餐时吃的食物一样重要。建议你在每餐前都有计划地喝 250 毫升的水。一项研究发现，在 3 个月内这样做的节食者比不这样做的节食者多减掉了 2.3 千克。另一条建议是，去参加派对前先吃点东西。这听起来有悖常理，但是去参加派对前吃点儿健康零食（如一个苹果、一勺花生酱、一片奶酪和几块全麦饼干），你就不太可能在派对上猛吃零食。另外，最好在饭前喝一碗汤。在一项研究中，午餐前喝汤的人比不喝汤的人少吃 20%。但要注意，一定要喝健康的蔬菜汤，不要喝热量高的奶油汤。

9.5.3　损失规避

人类行为的一个基本原则是，坏比好更强大。这意味着一件坏事或一条坏信息足以毁掉"整件事"。一个愉快的假期可能会被一个阴雨天毁掉。一个优点很多（聪明、有魅力、有趣）的合适配偶留给我们的好印象，可能会被我们观察到的一个缺点（在公共场合挖鼻孔）抹杀掉。赢 100 美元带给我们的快乐不如失去 100 美元带给我们的痛苦强烈。

因为坏事对我们的判断和行为产生的影响比好事更大，所以在规划未来时，人们容易出现**损失规避**（loss aversion），这意味着与获得可能的收益相比，人们对避免可能的损失更感兴趣。事实上，有些人认为，损失对我们的心理产生的影响，其强烈程度是收益的两倍。因此，失去 100 美元带来的痛苦与获得 200 美元带来的快乐强度相当。我们来看一个关于损失规避的简单例子。假设你正前往电影院，你钱包里有两张 20 美元的钞票。但是到达电影院时，你发现在路上丢了一张钞票。你会用剩下的 20 美元买电影票吗？

买电影票的例子表明，人们在做决定时往往是非理性的。事实上，这一认识促使丹尼尔·卡尼曼（Daniel Kahneman）和阿莫斯·特沃斯基（Amos Tversky）在 2002 年获得了诺贝尔经济学奖。长期以来，研究商品生产和消费的经济学家们认为，人们会根据理性思维来做出购买产品或存钱的决定。根据这一逻辑，决定是否下赌注时，你会权衡赢的概率和输的概率，如果前者大于后者，你就会下赌注。但是卡尼曼和特沃斯基对规划谬误、损失规避和其他认知偏差的研究表明，人类特别不擅长这种理性决策的方法。

这些与目标规划有什么关系？这意味着我们合理规划未来事件的能力可能存在缺陷，这可能会导致我们走上错误的目标道路。想一想，人们是如何为退休这样重要的人生目标做规划的。如果你刚毕业，你可能正忙于开启职业生涯，没怎么考虑过退休的事。这可以理解，但是你应尽早开始规划。

假设你想开始为退休存一些钱，但又不知道该如何投资：你是把钱投资于股市，存入当地银行的储蓄账户，还是把它放在床垫下？大多数金融专业人士会说，如果你打算至少10年不动这笔钱，那么股市就是最合理的选择。但考虑到过去10年股市的跌宕起伏，你可能不愿意选择这条路线。人们感觉投资股市的损失风险最大，正如上文所说，人们通常厌恶损失。因此，尽管投资股市是最为理性的选择，但人们可能会因为对损失非常抵触而避开股市。你在一生中必须做出的风险决策不只是退休计划。所有的目标规划——无论是否与金钱有关——都涉及最终失去某个东西的风险。我大学毕业后找不到工作怎么办？做一名职业运动员，如果我严重受伤怎么办？我节食加运动整整一个月，如果体重不减怎么办？我们厌恶损失，因而不愿把自己置于存在损失风险的情形中，这可能会使我们采取错误的目标规划。在目标计划方面，我们必须能够把这些担忧放在一边，必须克服人类规避潜在损失这一自然的心理倾向。要想有所得，就得愿意有所失。

写一写

你在目标规划中犯的错误

回想一下你过去未能实现的某个目标。想一想，你的失败在多大程度上是由于目标规划中的一个常见错误（规划谬误、依赖专家或损失规避）引起的。请用一个具体例子说明这一错误。然后，思考一下以后你将采取哪些不同的做法，以避免在追求目标时犯同样的错误。

9.6　当规划失败时

因为目标规划往往过于乐观，我们的计划在某个时刻失败的可能性就会很高。当我们的完美计划遇到障碍时，我们就不得不考虑去调整未来的计划。但失败并不能保证我们会调整计划。我们认为失败不可避免还是容易避免，这同等重要。要理解为什么会这样，请看下面的例子。

> 两名男子在前往机场的路上遇到交通堵塞。第一个人到达机场时，得知航班已准时起飞，他迟到了半个小时。第二人到达机场时，也晚了半个小时，并且得知航班延误了 25 分钟，如果他早来 5 分钟就能赶上飞机。你认为这两个人会因错过航班而同样沮丧吗？如果不是，你认为谁会更加沮丧？

当研究者们就这一问题向一组被试提问时，96% 的人表示，第二个人会更加沮丧。这是为什么？

两个人都没能实现赶上飞机这一目标，他们不是应当同样沮丧吗？问题在于，在脑海中回顾这一场景时，我们更容易思考第二个人要是能有更合理的计划就能赶上飞机了，例如，要是他没有按下闹钟上的延时按钮就好了，要是他往车库走时没忘记带钥匙就好了，要是他在上高速公路之前没去买咖啡就好了。而对于第一个人，大多数人很难想到如何从其日程中挤出 30 分钟。因此，越是容易找到合理的计划而让结果有所不同，我们就越会感觉沮丧。

与此论断一致，一项针对飞机失事幸存者的研究表明，最后悔的是那些在最后一刻改签为失事航班的幸存者。他们很容易这样想，要是自己怎么怎么样就不会乘坐这趟会失事的飞机了，因此事故的发生在他们看起来更加令人难以承受。没有换航班的幸存者一般没有那么后悔，因为飞机失事似乎不可避免。

模拟启发　人们在脑海中想象或模拟事件的容易程度来判断事件发生可能性的倾向被称为**模拟启发**（simulation heuristic）。模拟启发在目标规划过程中扮演着重要的、但往往会被忽视的角色。假设一名学生某门课程学得不好，但他的目标是获得 GPA 4.0，因此他考虑在下一次考试时作弊。在考虑这一危险举动时，他在头脑里会模拟如果被抓会怎样。老师可能会让他重考，可能本次考试记零分，可能这门课程不及格，也可能报告给上级，把他开除。在所有这些可能的结果当中，他认为哪种结果的可能性最大？根据模拟启发，最容易想到的结果就是他认为最有可能发生的结果。如果这名学生最近看到一则新闻报道，一名学生因考试作弊被开除，他可能会得出结论，这种结果也可能会发生在他身上。但如果他看了一部关于学生作弊却侥幸逃脱的电影，那么他可能会认为自己也会逃脱。在决定下一步怎么做时，这名学生不是使用正确的信息（如老师过去如何处理作弊者或学校对作弊的容忍度）来制定目标规划，而是依赖不完整且有偏差的信息。

模拟启发通常采用"要是……就好了"语句形式，例如，"要是我没有换乘那趟失事航班就好了"或"前往机场的途中要是我没去买咖啡就好了。"这种"要是……就好了"的陈述通常被称为反事实思维，即想象事情本可以出现的其他结果。这种思维可以采取两种形式：

- 上行反事实思维是指思考事情本可以出现的更好的结果。计划按时到达考场参加考试但意外睡过头的学生可能会想："要是我没有按下闹钟上的延时按钮就好了，那样的话我就会按时到达考场了。"
- 下行反事实思维是指思考事情可能出现的更坏的结果。对自己考试得 A 感到惊讶的学生可能会想："要是我没花那两个小时学习，我的分数会低得多。"

上行反事实思维更有可能发生于意外失败的情形中，而下行反事实思维则更有可能发生于意外成功的情形中。这意味着，在那些意想不到的目标规划失败的时刻，更有可能发生上行反事实思维。事实上，在人们的反事实思维中，有很大一部分集中于目标规划失败的经历。

当计划未能按预期进行时，我们会对自己说："要是……就好了。"如何补全这一反事实性句子，会对我们未来如何设计与实现目标产生重大影响。例如，一项研究要求学生反思最近一次令人失望的学习成绩。第一组学生被要求想出本可以让其学习成绩更好的三种方法（上行反事实思维）。第二组学生被要求想出可能导致其学习成绩更差的三种方法（下行反事实思维）。第三组学生未得到任何指示（对照组）。然后，研究者要让学生们表示对未来学习目标的投入程度。与其他两组学生相比，进行上行反向思维的学生对未来学习目标的承诺度更高。因此，即使目标规划失败，如果我们想象未来计划如何能变得更好，那么我们会更加致力于实现目标。反事实思维带来的目标承诺度的提高可能会使未来目标实现的可能性也相应地提高。

写一写

反事实思维具有生存适应性吗

　　从进化的角度看，如果反事实思维存在，那么它必定具有生存适应性。首先，考虑上行反事实思维对生存适应性的益处。人类为什么会进行上行反事实思维？上行反事实思维对我们有什么用？然后，考虑下行反事实思维对生存适应性的益处。人类为什么会进行下行反事实思维？下行反事实思维对我们有什么用？

▶

10 为目标奋斗

埃里克的故事

先来猜个谜语：通过节食和运动减掉 97 千克，还有比这更难的吗？答案是减两次。这正是《超级减肥王》(*The Biggest Loser*) 第 3 季的获胜者埃里克·肖邦 (Erik Chopin) 的亲身经历。也许你不熟悉该节目，《超级减肥王》是一档真人秀节目，许多肥胖者会为减肥来到一个大农场，在那里生活几个月。参赛者可以使用全天开放的健身房，每人都配有私人教练，还可以参加有关合理饮食和营养的培训课程。最终，体重减掉最多的人获胜。

2006 年，埃里克·肖邦成为这档节目的参赛者。埃里克是纽约一家熟食店的老板，36 岁，体重高达 185 千克。刚参加节目时，埃里克已患有几种危及生命的疾病，包括糖尿病、睡眠呼吸暂停和胆固醇过高，他担心等不到女儿们出嫁自己就一命呜呼了，无法在婚礼上将女儿交给新郎。经过 8 个月的努力，通过锻炼和节食埃里克最终把体重减到 88 千克，共减掉 97 千克，真是令人难以置信。这意味着他减掉的重量是原来体重的一半还多！他不仅赢得该节目的冠军，而且还创造了当时减肥的最高纪录。埃里克的成功使其迅速走红，他频繁出现在脱口秀节目和早间新闻节目中，后来又开始在全国进行有偿巡回演讲，向人们讲述其成功减肥的励志故事。

远离聚光灯、重新回到原来的生活后，埃里克有了一个新目标：保持体重。但是坚持这一目标比他想象得要难。没有了媒体的关注，他失去了动力，很快重拾旧习惯，不但不锻炼，而且吃垃圾食品。他知道自己的体重反弹了，但由于家里的体重计坏了，他不知道自己的体重增加了多少。为了不让朋友们知道自己的体重反弹了，他在社交网站上用的都是以前的照片。有一天，在观看《奥普拉脱口秀》（*The Oprah Show*）时，奥普拉公开讨论自己在减肥过程中如何苦苦挣扎。奥普拉的坦诚让他感到震惊，受到奥普拉的激励，埃里克同意说出真相，在一档名为《真人秀失败者的自白》（*Confessions of a Reality Show Loser*）节目中，公开承认自己的体重反弹了。但直到节目制作人强迫他购买一台体重计时，他才明确知道自己的体重反弹了多少。埃里克吃惊地发现自己已重达167千克，只比减肥前的重量轻18千克。节目最后，埃里克最初的私人教练鲍勃·哈珀（Bob Harper）给了他一个挑战：参加《超级减肥王》第9季决赛。"你说过你喜欢有目标的生活，"哈珀说，"这就是你的目标。"埃里克同意了，于是便开始尝试第二次减肥。在第9季决赛后，他减掉了68千克。

就目标奋斗过程而言，埃里克的经历说明了什么？想一想：埃里克接受过世界著名营养专家、运动专家和健身专家的培训，拥有一个关于如何减肥的周密计划——一个此前曾在他身上奏效的计划，他需要做的只是在节目结束后继续做之前做的事，这样就能成功保持体重。但是，即便已知晓与拥有这么多信息和经验，埃里克仍然无法实现保持健康体重的目标。他的经历告诉我们，拥有明确的目标，甚至是精心设计的目标规划是不够的。要想成功，要想持续为目标奋斗仍然需要付出努力，我们不得不坚持长期追求目标的行动。

本章将讨论在目标奋斗阶段如何把想法转化为行动，此外还将讨论努力实现目标时人们容易陷入的误区，同时提供一些能够帮助人们克服这些障碍的策略。

10.1 目标奋斗阶段

到目前为止，实现目标似乎相当容易，因为我们没有讨论目标实施，即该过程的行动部分。目前已讨论的概念——确定目标和制定目标规划——都发生在我们的头脑里。下面要讨论的内容可以说是实现目标过程中最艰难的一步。

目标奋斗阶段最重要的是为实现目标而采取的行动。一旦进入这一阶段，我们必须采取有目的的行为，即做某事，来实现目标。但是，把思想转化为行动需要付出努力。

写一写

为什么行动如此艰难

目标设定和目标规划两个阶段要求人们思考目标，而目标奋斗阶段要求人们按照目标行事。为什么行动比思考困难得多？哪些特点或个性特征可能会决定某人是否善于将想法转变为行动？

10.2　自我调节

人们为什么会过度饮食，欺骗配偶，发生无保护性行为，采取攻击行为，过入不敷出的生活？这些问题反映的都是**自我调节**（self-regulation）问题，自我调节是指我们改变自己反应的能力，正如我们试图控制自己的思想、情绪、冲动和行为时所做的那样。

这种自我调节对于目标的执行必不可少，而且对于目标奋斗阶段也至关重要。埃里克·肖邦的例子表明，仅仅想改变是不够的，人们必须不断调节自己的行为、思想和情绪，才能坚持在实现目标的道路上不断前进。例如，要想减肥，你需要调节食物摄入量和身体活动。如果体重问题源于情绪化饮食，你还需要有效控制自己的情绪，而不是不开心时就大吃零食。无论目标是什么，人们都需要进行有效的自我调节，但如何确保调节有效？动机研究者们认为，成功的调节依赖 3 个基本要素：标准、监控和力量（见图 10-1）。

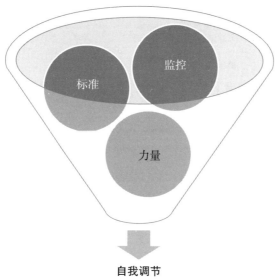

自我调节

图 10-1　自我调节的基本要素

自我调节失败经历

　　回想一下过去未能实现的某个目标，你的失败在多大程度上应归咎于糟糕的自我调节？在回答这一问题时，请考虑无法控制自己的思想、情绪、冲动或行为是如何导致了你的失败的。

10.3　标准

　　我们大脑里都有一些想法，我们知道自己想成为什么样的人，也许你想变得更健康、更富有或者获得心理学博士学位。无论目标是什么，你首先需要知道自己想成为什么样的人。未来想成为的样子就是我们做判断时使用的标准，即关于事物应该是什么样的想法。我们有一些标准可以用于做判断，一座漂亮的建筑应该什么样（如泰姬陵），一个人有多聪明才配称得上天才（如爱因斯坦），一部音乐杰作听起来是什么样（如贝多芬的《欢乐颂》）。我们不仅对无生命物体和其他人有标准，我们对自我也有标准。这些自我标准告诉我们应如何表现，应努力争取什么。

假如你希望自己能够每周都充分锻炼身体以确保未来身体健康，你会用什么作为标准？一种选择是查看美国政府为你这个年龄段制定的指导原则。根据 2008 年的标准，18 ～ 65 岁的成年人每周应进行 2.5 小时中等强度的运动。另一种选择是参照周围的人，估计他们会花费多少时间进行体育锻炼。这些标准很有用，因为它们为你如何过自己的生活提供了指导。

标准在动机过程中起着重要作用，因为标准是一种比较方式。通过把实际自我与标准进行比较，你能知道自己是否达到了应达到的水平。例如，你的日常锻炼与美国政府的指导原则相比如何？如果低于每周 2.5 小时的推荐标准，你可能觉得自己的健康状况比阅读本章前要差，因而可能被迫采取改善健康的新目标。因此，当人们认为自己没有达到标准时，就会有动力去做出改变。

10.3.1　可能自我

人们用来指导自己行为的一种自我标准是**可能自我**（possible self），即头脑中想象的自己未来的样子。可能自我是人们对自己可能成为什么样、想成为什么样，以及害怕成为什么样的想法。因此，你不仅会对自己当前是什么样（实际自我）有所认识，而且会对自己未来可能会成为什么样（可能自我）有所认识。

可能自我有几种类型，但最受研究者关注的是**理想自我**（ideal self），即我们的愿望和渴望。理想自我是我们希望自己未来成为的样子。例如，一名研究生可能会经常幻想自己最终获得了博士学位，被人称为"博士"。人们都想接近理想自我，变得更像理想自我。因此，想象理想自我的样子往往会激励人们实现自己的目标。例如，一项研究让一些不经常锻炼的人想象自己 10 年后变成了一个"健康、积极、有规律的锻炼者，每周至少有四五天锻炼身体。"两个月后，与对照组中没有想象可能自我的人相比，那些想象理想自我的人锻炼的时间更长。

理想自我代表一种积极的自我形象，但人们的脑海里对未来的自己也可能有负面形象。**非理想自我**（undesired self）代表我们对自己的最大恐惧，这是自己最糟糕的形象，我们害怕成为那样。狄更斯的小说《圣诞颂歌》（*A Christmas Carol*）中有一个非理想自我的绝佳例子。在这个故事中，未来之灵向守财奴克鲁奇展示其未来——在那个世界克鲁奇死去了，没有一个亲人想念他。实际上，未来之灵是在让克鲁奇想象非理想自我。当克鲁奇被迫面对这个可能的未来时，他立即改变了自己的行为，以避免这种结果。正如克鲁奇的例子所示，非理想自我是一种强大（但往往被忽视）的动机来源。之所以如此是因为，理想自我通常并非是基于现实的幻想，而非理想自我往往更具体，而且往往是基于过去的经验形成的。

非理想自我具有激励作用的一个证据是我们在前文中提到的那项关于不经常锻炼的人的研究。该研究实际上还有另外一组被试，研究者让他们想象自己10年后会变成一个"不健康、不活跃、不经常锻炼的人"。两个月后，想象非理想自我的人也比对照组花更多时间去锻炼身体。

这项研究的结果表明，自我的正面形象和负面形象都能够激励我们，但两者的激励方式不一样。我们在前面讲过，目标有趋近目标和回避目标两种形式。理想自我是一个强大的趋近目标，因为人们想变成那样，而非理想自我是一个强大的回避目标，因为人们想避开它。但是，就生活满意度而言，你认为哪种可能自我的影响更大？换句话说，快乐的人之所以快乐，是因为他们达到了理想自我，还是因为远离了最糟糕的自我？由于非理想自我不那么抽象，有人认为实际自我与非理想自我进行比较，比与理想自我进行比较更能判断生活满意度。这意味着快乐的人之所以快乐，并不是因为他们的生活完美无缺，而是因为他们觉得自己避免了最糟糕的恐惧。因此，与其关注你与富裕还有多远，不如关注你离贫困是否越来越远。

10.3.2 自我差异理论

自我差异理论（self-discrepancy theory）讨论了我们认为实际自我与可能自我有多接近可导致不同的情绪。该理论专注于比较两种可能自我：理想自我和**应该自我**（ought self）。我们在前面谈到过，理想自我代表我们的愿望和渴望，满足所谓的抚育需求，因其专注于培养自我最好的部分；而应该自我代表我们的责任和义务，满足所谓的安全需求，因其着重确保我们的安全，履行我们的义务。理想自我代表自己未来想成为什么样，而应该自我代表我们认为他人希望我们成为什么样，这与我们的愿望可能一样，也可能不一样。

根据自我差异理论，当人们感到实际自我与理想自我或应该自我的差距较大时，就会出现差异（见图 10-2）。

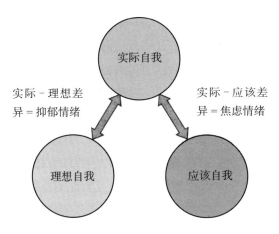

实际自我

实际 - 理想差异 = 抑郁情绪

实际 - 应该差异 = 焦虑情绪

理想自我

应该自我

图 10-2　自我差异理论

每当发现差异时，个体就会感受到负面情绪。差异越大，负面情绪越强烈。一旦发现差异，人们就想减少差异，以减少负面情绪。然而，个体经历何种负面情绪取决于个体与何种自我标准进行比较。当实际自我与理想自我存在巨大差异时，人们会经历忧郁情绪，包括羞耻、失望和沮丧。当实际自我与应该自我存在巨大差异时，人们则会经历焦躁情绪，包括焦虑和内疚。

虽然自我差异理论最初没有包括非理想自我，但其他研究者后来将自我差异的概念扩展，把可能的负面自我包括进去。例如，人们发现，实际自我与非理想自我差异较小的人——即他们感觉自己很接近最糟糕的自我——也表现出焦躁情绪。事实上，这些研究者发现，与实际自我 - 应当自我的差异相比，实际自我 - 非理想自我的差异，与焦躁情绪的关联性更大。

10.3.3　调节焦点

在了解自我差异理论后，你认为哪种类型的标准——理想自我还是应该自我——对目标导向行为产生的影响更大？正如我们讨论过的许多其他理论一样，这取决于个人。

乍一看，似乎很难区分趋近 / 回避目标和发展 / 维护目标，因为这些概念非常相似，但实际上它们是有区别的。例如，两名学生都可以采取取得好成绩这一目标（趋近目标），但是一名学生可能希望通过实现该目标来提高其 GPA（发展性目标），而另一名学生可能希望通过实现该目标来避免失去奖学金（维护性目标）。这两名学生的动机又不同于一名采取避免得 F 这一回避性目标的学生。

人们可能对自己的趋近目标采取促进或预防的导向，也可能对自己的回避目标采取促进或预防的导向。

调节焦点的结果　正如人们所料，调节焦点的差异会导致各种与目标相关的结果的差异。

1. **目标定义差异**。发展取向的人倾向于将其目标定义为理想（如"我想在学校取得好成绩"），而维护取向的人将相同的目标定义为义务（如"我必须在学校取得好成绩"）。

2. **目标奋斗策略差异**。发展取向的人倾向于使用急切策略追求目标，这意味着他们会寻求进步的方法，当心不漏掉任何可能的成功机会。而维护取向的人倾向于使用警惕策略追求目标，这意味着他们会小心谨慎地避免错误，以确保负面结果不会出现。因此，发展取向的求职者更喜欢能够让其成功、进步和富有的公司，而维护取向的求职者则更喜欢稳定、安全和放心的环境。

3. **目标重点差异**。发展取向的人倾向于更多关注其反应的数量，而维护取向的人则更关注其反应的质量。在一项研究中，发展取向和维护取向的被试玩一个游戏，他们必须在给定时间内完成几个连点绘图。发展取向的被试在规定时间内完成的图更多，但维护取向的被试在任务中出的错更少。

人有发展取向和维护取向之分，情境也是如此。强调收益的情境会引发发展取向，而强调损失的情境则会引发维护取向。例如，一项测试可以强调在给定时间内回答问题最多（即实现收益）或出现错误最少（即避免损失）。

当个体的调节焦点与情境或任务的焦点"匹配"时，人们的表现会更好。这一原则称为**调节性匹配**（regulatory fit）。只要目标追求方式符合人们的调节焦点，就会出现这种情况。当出现调节性匹配时，人们会感觉目标追求"正确"，从而对任务投入更多，任务绩效更好。因此，发展取向的学生在强调收益的测试中表现更好，而维护取向的学生在强调避免损失的测试中表现更好。与此观念一致，研究表明调节焦点会影响学业成绩、高尔夫运动成绩、工作满意度、投票意向，以及玩运动视频游戏后的节食意向。

我们在上文讨论了个体在调节焦点方面的差异，但有趣的是，文化不同人们的取向也有所不同。一般而言，来自西方文化（如美国）的人倾向于采取发展取向，而来自东方文化（如韩国）的人倾向于采取维护取向。

10.3.4　自我意识理论

当感觉实际自我达不到标准时，我们就想缩小这种差异。而要缩小差异，第一步就是把实际自我与标准进行比较。有一个因素能提高我们进行这种初步比较的可能性，那就是我们的**客观自我意识**（objective self-awareness）水平，客观自我意识是指使人专注于自己的注意力和意识。大多数时候，我们的生活都集中在我们心灵之外的世界：我们的环境，我们周围的人，以及我们必须完成的任务。但偶尔会有某种情境引发我们的自我意识，引导我们将注意力转向内心，让我们反思自己的思想和情感。每当一种情境将注意力引向自我，它就会提高自我意识，使人们更有可能将其当前行为与其标准和价值观进行比较。

你能否想出任何让人更专注于自我的情境？

研究者们想出了几种巧妙的方法来引发客观自我意识，包括坐在镜子前、面对观众、被拍摄录像。例如，当坐在镜子前面时，我们不仅会注意镜子中的自己，还会自动开始评估自己，并且在脑海里提出一些问题，比如，"我有吸引力吗？""我是一个好人吗？""为什么我的头发今天看起来如此糟糕？"请注意，这些想法表明你关心实际自我在多大程度上达到了看起来很好或人很好的某个标准。与此观点一致，研究者发现，只有当人们坐在镜子前面时，实际自我和理想自我之间的差异才会影响他们的反应。

当自我意识发生时，往往会产生负面情绪。之所以出现这种情况是因为，高度自我意识经常向人们发出信号，表明自己未达到标准（即存在很大的自我差异），而这种认知会使人们感觉很糟糕。对于自我意识引发的负面情绪，人们的第一种应对方式就是改变行为，以减少差异。也就是说，人们可能会尝试改变自己的行为，使实际自我更接近标准。人们也许会做出一些简单改变，如对着镜子整理头发，但人们通常会做出需要更多努力的改变，如减肥。

因此，当体验到自我意识时，人们更有可能按照自己的标准和价值观行事。在一项研究中，被试需要完成一项口头任务，他们被告知铃响时停止。那些在镜子前完成任务的被试，只有不到 10% 的人作弊，铃响后没有停止。而那些未在镜子前完成任务的被试，有近 75% 的人作弊。虽然大多数学生认为作弊不好，但处于自我意识状态时，他们更有可能按照这一信念行事。同样，有研究表明，被引发自我意识的人更有可能坚持节食，更有可能帮助他人，不那么具有攻击性。

人们还会通过完全逃避自我意识体验，来应对自我意识引发的负面情绪。在一项研究中，学生们需要大声朗读与他们的价值观相矛盾或不矛盾的陈述。例如，思想开明的学生朗读强调女性传统观点的陈述，这会让他们感觉其行为方式与个人价值观相悖（从而造成其实际自我与价值标准之间的差异）。然后，被试被领到等候室，其中一半椅子面对镜子，另一半椅子背对着镜子。朗读的陈述与其价值观相悖的那些学生，选择面对镜子座位的可能性更小，这可能是因为他们不想被提醒自己刚才做的事。

但是避开镜子不是人们逃避自我意识的唯一方式。人们做出饮酒等破坏性行为的主要原因之一是，他们试图逃避自我意识。饮酒往往会使人们把注意力从自己身上移开，从而降低其自我意识。研究表明，醉酒的人较少使用第一人称代词，如"我"或"自己"。除了饮酒，人们也有可能暴饮暴食、割伤自己，甚至是自杀，以此来摆脱自己未达到标准的感觉。

在墙上挂一面镜子

在一项研究中，超市购物者有机会免费品尝全脂和低脂人造黄油。当桌上放有镜子时，购物者品尝全脂黄油的可能性更小。同样，在镜子前试吃时，品尝全脂奶酪和低脂奶酪的学生也避免吃前者。因此，如果你想吃得更健康，下次去餐馆用餐时，请选择一个面向镜面墙的座位。或者考虑在自家餐厅放一面镜子，顺便也在你锻炼的房间里放一面镜子。在另一项关于镜子的研究中，相比那些在没有镜子的情况下锻炼的女性，在镜子前锻炼的女性自我效能感更高。而这种由镜子带来的更高自我效能感，在运动结束时会变得更强。因此，在你锻炼的房间加一面镜子吧。如果你去健身房锻炼，那么下次锻炼时请选择靠前的位置。

写一写

引起调节焦点的原因

我们在上文谈到，有些人专注于发展，而有些人专注于维护。你认为导致这些个体差异的原因是什么？在回答这一问题时，请考虑生物／遗传原因（即先天）和社会／文化原因（即后天）。在考虑这些可能性之后，请指出你认为哪一个原因——先天还是后天——在决定调节焦点方面起的作用更大。

▶

10.4　监控

监控（monitoring）是指跟踪个体想要调节的行为。如果不对行为与标准的差距进行监控，那么标准实际上没什么用。如果不对吃什么进行监控，你怎么知道你是否在坚持节食？如果不记录把钱花在了哪里，你怎么知道自己是否省下钱了？因此，有些人认为自我意识的主要目的是鼓励人们对自己进行监督，以便于判断行为改变是否使其更接近目标。

如果不能对与目标相关的行为进行监控，人们往往无法实现或坚持目标。为理解监控对实现个人目标的重要性，让我们重新审视埃里克·萧邦的例子。

> 导致埃里克·肖邦体重反弹的一个原因是，离开《超级减肥王》节目后，他不再对体重进行监控。在参加节目时，他必须记录自己每天摄入的食物热量，必须在每周结束时称体重。这使他能合理地监控自己的行为，如果"破戒"吃了一个芝士汉堡或一份冰淇淋圣代，他会在每周体重变化中立即看到这一行为的负面影响。然而，回到家以后，埃里克不再需要每周称体重。他说家里的体重计坏了，一直没更换。由于不再密切监控自己的行为，他不知道自己的体重实际又反弹了多少。

> 埃里克的故事的这一细节告诉我们，对行为进行监控不仅对实现目标很重要，而且对长期坚持目标也很重要。

10.4.1 控制论机制

人们究竟如何监控自己的行为？为了解释监控，心理学家们从工程领域借用了"控制论机制"这一概念。

本节将讨论依赖控制论系统的机器如何工作，下一节将讨论心理学家如何使用这一工程学概念来解释人类动机。

控制论机制是一种调节输入和输出的内部监控器。任何控制论机制中都有一个**反馈回路**（feedback loop），即一个将输出作为输入反馈回去的系统，通常是为了增加或减少某种差异（见表 10-1）。依赖反馈回路的机器配有传感器，用于检测与某个预定设置的偏差。当检测到偏差时，机器会启用特定机制以纠正该偏差。家用恒温器就是依赖反馈回路的一个很好的例子。假如冬天你家的恒温器设置为 23 摄氏度，恒温器会持续一整天检查房间的当前温度，并将其与 23 摄氏度的理想设置进行比较。如果当前温度与理想温度存在较大差距（即房间太冷），恒温器会把炉子点燃，以使温度回到理想状态。成功消除温度差（即房间当前温度为 23 摄氏度）以后，恒温器会把炉子熄灭。如果温度差没有消除，房间仍然太冷，那么炉子就会继续燃烧，直到房间达到理想温度。

反馈回路可以是负反馈回路，也可以是正反馈回路。

表 10-1　反馈回路的类型

负反馈回路	正反馈回路
旨在减少或消除当前状态与某个理想状态之间的差异	旨在增加当前状态与某个不理想状态之间的差异
举例：旨在使房间温度保持在指定水平的恒温器	举例：旨在使室内压力保持在某个危险等级以上的机器

10.4.2 TOTE 模型

有些研究者建议使用与恒温器非常相似的反馈回路来监控我们的目标，他们将其命名为 TOTE 模型（见图 10-3）。

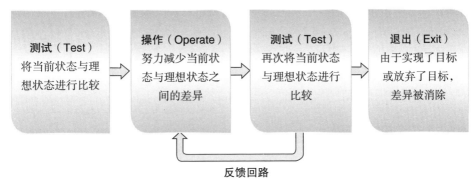

图 10-3　测试 - 操作 - 测试 - 退出（TOTE）模型

需要注意的是，驱动 TOTE 模型的比较在很大程度上是主观的。一个人对取得良好进展的定义可能与另一个人的不同。由于其主观性，这些判断可能会受外部因素的影响。要了解其工作原理，请考虑下面这个研究。

在这项研究中，女性节食者需要表示自己与理想体重的差距。一组节食者使用的量表数值范围较大，从 –11 到 +11 千克。而另一组节食者使用的量表范围较小，从 –2.3 到 +2.3 千克。虽然两组被试减掉的体重基本相同，但是与使用第二种量表的节食者相比，使用第一种量表的节食者感觉目标进展更大。这是因为当使用范围较大的量表时，个体的实际体重与理想体重之间的差距看起来更小。例如，如果你认为自己距离理想体重还差 1.8 千克，那么这 1.8 千克仅占范围较大量表的 16%，但如果是范围较小的量表，同样是 1.8 千克却占 80%。

在另一项研究中，当一名学生报告自己每天只学习 30 分钟时，他感觉自己在学习上进步更大。但是，当另一名学生报告自己每天学习 5 个小时的时候，他就会认为自己的进步较少。这些研究结果告诉我们，对进步的看法非常主观，很容易受情境特征（如使用的等级量表或周围人的行为）的影响。

体重大辩论

要想减肥，你应该多久称一次体重？研究表明，频繁监测体重与减肥成功有关。一项研究发现，经常（每周或每天）称体重的人比不经常称体重的人减掉的体重更多。然而，有些专家认为，由于体重在一天的不同时间段有波动，每天称体重会使人感觉沮丧。因此大多数专家建议，最好每周称一次体重。由于在一天内的不同时间段体重有波动，最好在一天的同一时间（如早晨醒来时）称体重。专家们还建议使用除体重外还能监测体脂率的体重计。

10.4.3 监控的益处

研究表明，监控对动机有许多益处。

1. **提高目标关注度**。监控能把你的注意力集中到手头的目标上，让你少受与目标无关的信息的干扰。

2. **目标战略调整**。通过适当的监控，你可以快速确定目标策略是否无效。如果无效，可以进行相应的调整。如果不对自己的行为进行合理监控，人们就不会发现目标策略存在缺陷，不知道自己需要一个新策略。

3. **提供绩效反馈**。通过监控，你可以收到工作情况的反馈，收到反馈的人能更好地监控自己的行为，因此往往比没有收到反馈的人表现更好。反馈的重要性很容易理解，如果在期末考试之前老师们从未就你的作业和考试给过你任何反馈，你可以想象那些课程会有多难！

由于监控非常有益，任何能够让你更容易监控目标的行为都会提高你实现目标的概率。例如，经常称体重的人，以及写饮食日记、把所吃的食物全部记录下来的人更有可能减肥成功。同样，写消费日记、记录自己开销的人花的钱更少，攒的钱更多。

幸运的是，现代技术让我们越来越容易监控自己的行为。互联网提供了各种应用程序和网站，帮我们确定每天应消耗多少热量，记录活动量，遵守预算，生活更健康，或在100天内写一部小说。旨在提高我们监控能力的小工具不断涌现，包括心率监测器、计步器和活动监测器，甚至还有电子水杯，确保你每天喝八杯水！无论你的目标是什么，都会有一些小工具或应用程序来帮你监控自己的进展。

10.4.4 监控困难

即使借助现代技术，我们通常也很难合理监控自己的行为。情境因素可能会把我们的注意力从自我转向他处，从而降低自我意识。例如，在电视机前吃东西时，人们的注意力会远离自我，这种情况下人们不太可能合理监控自己摄入的食物热量。同样，人们在聚会时摄入的热量更多，因其注意力集中于周围的人，而不是自己的食物摄入量。

饮酒也与目标监控的减少有关，这说明人们为什么在醉酒时更有可能过度饮食、乱花钱、性滥交、抽烟、赌博、具有攻击性或从事非法活动。

更糟糕的是，醉酒的人监控自己饮酒量的能力更差，因此一个人醉得越厉害，就越有可能喝个不停。监控困难也可能来自目标本身的特征，人们很难对缺乏具体性的目标和终结状态模糊的目标进行合理的监控。这就说明为什么明确、具体的目标比抽象、模糊的目标更有可能实现。同样，没有明确期限的目标比指定最终状态的目标更难监控。对比一下"学会弹吉他"和"在年底前学会弹吉他"的区别。后者规定了明确的截止日期，从而使人们更容易在截止日期临近时监控自己的进展。

写一写

监控是否有不好的一面

监控对实现目标非常有益，但很多时候，过犹不及。请考虑"过度监控"在多大程度上可能是件坏事。在回答时，请用具体的例子说明过多监控可能会导致身体或心理方面的负面结果。

▶

10.5　力量

即使采用明确界定的标准，合理监控自己的行为，人们仍有可能无法实现目标。埃里克·萧邦有世界级减肥专家和运动专家做指导，可他的体重还是反弹了。当这种情况发生时，我们通常认为这与缺乏意志力或动机心理学家所说的自我控制有关。每当为目标而努力时，我们必须使用自我控制来从事促进目标的行为，抑制妨碍目标的行为。不幸的是，进行自我控制并不容易。

10.5.1　延迟满足

在广受欢迎的《好奇的乔治》（*Curious George*）儿童书系列中，一只名叫乔治的猴子经常因为天性好奇而陷入困境。在《好奇猴乔治去医院》（*Curious George Goes to the Hospital*）这本书中，乔治发现桌子上有个盒子，于是它很想知道里面是什么，它知道应该等朋友（那个戴着黄帽子的男人）回来再打开盒子，但它等不及了。就像故事里说的，"里面装的是什么？乔治无法抑制自己的好奇心，只得把盒子打开。"

乔治在故事中面临的困境——现在打开盒子还是等朋友回来再打开——很常见，不仅对好奇的小猴子是这样，对人类也是如此。在追求目标时，我们更是会频繁地遇到这一问题，因为目标奋斗阶段要求我们强调未来胜于现在。这种牺牲短期回报以获得长期回报的能力被称为**延迟满足**（delay of gratification）。你决定上大学就是一个延迟满足的例子。

　　假如不上大学，你现在挣的钱可能更多，买得起更好的房子、更好的汽车和更好的衣服，甚至可以花很多钱去度假。可你选择了推迟这些短期回报，因为你认为从长远来看，接受大学教育能使你将来挣更多的钱。好消息是，你这样想是正确的。根据美国人口普查局的统计，有大学学历的人年薪是只有高中文凭的人的 4 倍（82 320 美元 VS 20 873 美元）。在 30 年的职业生涯中，上过大学的人比不上大学的人多挣近 200 万美元！虽然上大学需要人们现在做出一些牺牲，但这会确保将来生活得更好。

无论是对一名急于挣钱的年轻人，还是一只好奇的猴子，这种延迟满足都很难做到。有些人认为由于未来的不确定性，动物和人类天生偏爱即时回报。

猴子选择今天吃一根香蕉比选择下周吃两根香蕉更明智，谁知道它能不能活到能吃两根香蕉的时候。与该论断一致，使用名为绢毛猴的小猴子进行的研究表明，在给猴子小奖励和大奖励时，它总是选择大奖励。但是，如果让猴子在现在一个小奖励和稍后一个大奖励之间选择，猴子更喜欢即时的小奖励。大奖励时间延迟越多，这种偏好就越明显。因此，这些猴子缺乏等待更大收益所需的耐心。其他动物也表现出类似的反应，包括鸽子、蓝鸟和老鼠。虽然"耐心是一种美德"，但人类和动物都缺乏耐心。

有些人是否更擅长延迟满足　虽然延迟满足不容易做到，但有些人天生就比较擅长延迟满足。20 世纪 70 年代早期，沃尔特·米歇尔（Walter Mischel）设计了一种巧妙的方法，来衡量儿童延迟满足的能力。在研究中，一些 4 岁的学龄前儿童面临着一个自我控制困境。

> 实验者给了每名儿童一颗棉花糖，然后告诉他们实验者要离开房间几分钟，如果能等实验者回来再吃棉花糖，他们会得到三颗棉花糖而不是一颗。但如果等不到实验者回来，他们可以摁铃，实验者听到铃声就会回来，此时他们就可以吃那一颗棉花糖了。然后，实验者就离开了房间，孩子们只能坐在那里，眼睛盯着棉花糖，干巴巴地等着。如果孩子忍不住按响了铃声，实验者最多过 15 分钟就会返回。结果，只有大约 30% 的儿童能够做到延迟满足，等待足够长的时间以获得更大的奖励。

回想一下你 4 岁时是什么样子，你觉得自己能等 15 分钟（这对一个 4 岁的孩子来说很漫长）以获得更大的奖励，还是像大多数孩子一样，刚过几分钟就迫不及待地吃起棉花糖了？令人惊讶的是，你如何回答这个问题可能与你目前的生活状况有很大的关系。

一些研究发现，孩子 4 岁时能够等待的时间很好地预测了他们在青少年时期的成功程度。能等待更大奖励的孩子，长大后身体超重、具有攻击性、得精神病或离婚的概率更低，而且他们与朋友和家人的关系更好，能更好地应对压力，学历也更高。例如，一项研究发现，能等 15 分钟的孩子长大后的 SAT 分数，比那些只等 30 秒的孩子平均高出 210 分。令人惊讶的是，这一增幅甚至大于智商高低导致的 SAT 分数差异。这表明延迟满足能力比智力更能影响学业成绩！

10.5.2　有限资源模型

米歇尔及其同事的研究表明，有些人比其他人的自制力更强，但即使自制力特别好的人，偶尔也会禁不住诱惑。出现这种情况的原因之一是，人们的意志力很容易耗尽。

最早认识到这一点的心理学家之一是威廉·詹姆斯。詹姆斯指出："许多人的意志力储备很少，很快会被用完。一旦意志力被耗尽，人们很快就会失去自制力。"

根据**有限资源模型**（Limited resource model），人们的自我控制能力是基于有限的通用资源。

1. 之所以是有限资源是因为，人们拥有的自我控制总量是固定的，一旦用完（即耗尽）就不再拥有。

2. 之所以是通用资源是因为，不同类型的反应都会使用它，包括对行为、思想和情绪抑制。

把这两点结合起来你会发现，在一个领域使用自我控制时，自我控制很容易受损，从而降低人们在另一个不相关的领域进行自我控制的能力。威廉·詹姆斯将这种经历称为抑制性精神错乱，因为它会使人们变得冲动和好斗。

现代研究者使用**自我损耗**（ego depletion）一词来指代先前使用自我控制会损害随后自我控制力这一倾向。由于这种自我损耗效应，有些人认为自我控制与肌肉一样：用得越多，损耗越多，最终需要休息才能恢复。

自我损耗的证据　有研究表明，许多不同行为都依赖于这一有限的自我控制资源。事实上，一项对 130 项独立研究进行的荟萃分析发现了自我损耗效应的证据，这些研究针对许多不同的行为。

自我损耗会使我们不能或不愿意抵制内心的冲动。把自我控制资源消耗掉会降低人们控制情绪、食物与酒精摄入、消费、攻击性、偏见和家庭暴力的有效性。有趣的是，人们发现狗也表现出类似的模式。例如，与坐在笼子里不需要施加自我控制的狗相比，那些需要保持 10 分钟坐姿的狗更快放弃了玩具，而且更具攻击性。

自我损耗也会降低人们抵制他人压力的有效性。把自我控制资源消耗掉会使人们更容易顺从他人，被他人说服。这表明，每当为某个目标施加自我控制时，我们都要认识到，这样做使我们容易被说服。

例如，在一项研究中，有些大学生通过抑制自己的思想把自我控制消耗掉，而其他学生参加了一项不会损耗自我控制的任务。然后研究者让学生们分别阅读两篇议论文，其共同论点都是所有大学四年级的学生都必须通过强制性考试才能毕业。有些学生阅读的文章对于实施这一规定欠缺说服力（如我妈妈认为这是一个好主意），而有些学生阅读的文章很有说服力（如全国最好的学校都有强制性考试）。人们认为抵制缺乏说服力的信息很容易，不需要太多自我控制，而抵制有说服力的信息比较困难。最后，所有被试都表达了自己对强制性考试的态度（见图 10-4）。

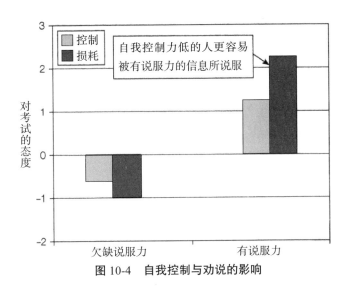

图 10-4 自我控制与劝说的影响

当被试阅读欠缺说服力的信息时，先前的自我控制对其态度几乎没有影响。然而，当被试阅读有说服力的信息时，若其在先前任务中施加了自我控制，那么他们更容易被说服。因此，在思想抑制任务上用尽意志力的人，没有足够的意志力来抵制有说服力的信息。

不仅在过去施加自我控制有损于表现，而且预期将来需要施加自我控制同样会在现在有损于表现。研究者们发现，预期到即将到来的某个自我控制任务的被试，在当前任务上的表现不如那些没有这一预期的被试。但是，当实际完成任务时，为该任务保存资源的被试比没有预期该任务的被试表现更好。这说明我们可以有效地把自我控制资源留给最需要的时候。

为什么会发生自我损耗？从生理学方面寻找自我损耗效应原因的研究者们认为，出现这种效应是因为自我控制行为会消耗葡萄糖，而葡萄糖是大脑的主要能量来源。有证据表明，施加自我控制会使个体体内的葡萄糖降低，而消耗葡萄糖能提高自我控制力。然而，并非所有研究都证实了这些葡萄糖效应，这使得人们就葡萄糖对自我控制的影响展开了激烈的辩论。有趣的是，人们只需用葡萄糖溶液漱口后吐出就可以促进自我控制，这可能是因为葡萄糖溶液能够激活口腔中的受体，从而向大脑中的动机区域发出信号。这意味着你可以获得葡萄糖对自我控制的所有益处，但不会摄入其热量！

10.5.3　避免自我控制失败

关于自我控制的研究为将来如何避免自我控制失败提供了一些实用的建议。以下是避免自我控制失败的四种主要方法。

1. 计划每日活动时要考虑到自我控制损耗。自制力在工作日肯定会下降，因此一定要安排短暂的休息时间以补充意志力。此外，在一天结束时要避免诱惑，此时人们最容易屈服于诱惑。喜欢早起的人更容易在一天结束时遭受自我控制失败。通过合理规划，人们能在事发之前避免自我控制失败。
2. 避免同时追求太多目标。
3. 养成习惯。
4. 避免全面禁止。

10.5.4　提高自我控制

前面讨论了当自我控制耗尽时，动机和表现如何受损。但是，如何才能提高自我控制？

近朱者赤

看见别人打哈欠，你是否也会突然打哈欠？这是因为打哈欠具有社会传染性。新的研究表明，自我控制也具有传染性。最近一项研究发现，观看另一个人选择胡萝卜而不是饼干的人后来在自我控制任务中表现得更好。另一项研究发现，只是读一则关于服务员抵制美味食物诱惑的故事就足以提高读者的自我控制能力。这些研究告诉我们，我们周围的人将极大地影响我们为目标付出的努力。如果你总是与那些宁愿购物而不是运动或总是吃甜点的人为伍，那么坚持你的目标将会更加困难。因此，请务必与实现目标者为伍，尤其是在你朝着目标努力的日子里。

写一写

自我损耗的其他解释

虽然有限资源模型有大量的证据支持自我损耗效应，但有些研究者认为，不能仅仅因为自我控制在使用后减少，就认为人们施加自我控制的实际能力受损。出现自我损耗效应可能是因为人们在后续使用后无法进行自我控制（有限资源模型的观点），也可能是因为人们在后续使用后不愿意进行自我控制（更侧重动机的解释），还有一种可能是两种解释都对。在我们之前讨论的研究中，自我损耗效应在多大程度上是由于缺乏动机而不是缺乏能力导致的？在回答这一问题时，请考虑为什么先前施加自我控制可能会影响个体在随后的实验中施加自我控制的意愿。

幸运的是，研究者们已发现一些能用来提高自我控制能力的方法。

1. 锻炼自我控制肌肉。如果自我控制像肌肉一样，那么人们就应该像锻炼肌肉一样，通过锻炼来加强自我控制。
2. 重新训练你的大脑。
3. 适当休息。
4. 寻求自主。
5. 相信自己。

10.6　目标解除

在古希腊神话西西弗斯（Sisyphus）的故事中，西西弗斯触犯了众神，诸神想惩罚他，于是要求他把一块巨石推上山顶，由于巨石太重，每次未上山顶就又滚下山去，于是他就不停地重复做同一件事情。由此，看似没完没了或徒劳的任务通常被描述为**"徒劳的任务"**（Sisyphean）。大多数人认为，如果能坚持目标不放弃，我们的生活就会更好。但是，西西弗斯的故事说明，为什么有时放弃某些目标而不是继续争取一个无法实现的结果反而更好。研究者们用**目标解除**（goal disengagement）这一术语来指代放弃目标。

虽然大多数动机研究旨在保护人们避免出现目标解除，但是一些新的研究表明，目标解除有时可能是有益的，尤其是针对下列情况时。

1. 个体采取的是徒劳的或不切实际的目标。
2. 情况发生了变化，使目标不太可能实现。

例如，经济衰退和失业率上升可能使某个大学毕业生的职业规划变得不切实际。面对这种情况，解除无法实现的目标（如改变职业道路）可能会为其带来积极而非消极的结果。

为了验证目标解除的益处，有研究人员要求大学生们列出自己在过去 5 年中放弃的目标，然后说明把精力从这些目标上移开有多么困难。结果表明，较之很难解除目标的学生，那些能轻松解除无法实现的目标并重新投入新目标的学生，其主观幸福感更高。后来的研究发现，解除无法实现的目标的能力与心理健康、身体健康、决策能力和财务收益呈正相关。你需要知道何时应坚持好目标，也需要知道何时应放弃糟糕的目标。

10.6.1　无法解除目标的原因

坚持一个糟糕的目标似乎不合逻辑，但这种情况并不罕见。对于一个无法实现的目标，人们不能将之解除的一个原因是在乎别人对自己的看法。这一点得到了研究的支持，一些研究表明，当自尊受到威胁时，人们更不愿意放弃失败的目标。

无法将目标解除，也可能是因为人们不想失去已经投入到目标追求过程的资源。即使未来的就业前景黯淡，一名已投入数年、花费数千美元攻读特定领域学位的学生可能不愿意改变专业。投入金钱、时间或努力后坚持做某事的倾向被称为**沉没成本效应**（sunk cost effect）。人们可能会继续把资源投入到无法实现的目标中，而不是关注未来实现该目标的可能性。如果你发现自己是这种状况，请考虑白手起家的亿万富翁沃伦·巴菲特的这条建议："当发现自己陷入洞中时，你首先要做的就是停止挖掘。"

10.6.2　促进目标解除

解除无法实现的目标并不容易，但动机研究者们发现了一些有助于目标解除的策略。具有讽刺意味的是，其中一些策略与帮助我们坚持良好目标的策略相同，只不过略有改变。

例如，一种促进目标解除的策略是执行意向。由于执行意向有助于人们实现目标，即使目标是需要放弃的目标（即目标解除），执行意向也同样有效。在一项研究中，被试完成了一项测试，但在此之前，他们可以在三种可能的测试策略中选择一种来尝试。他们可以选择：

1. 一次只在屏幕上看到一个测试项目，每个项目 3 分；

2. 一次看两个测试项目，每个项目 1.5 分；

3. 一次看三个测试项目，每个项目 1 分。

接下来，被试需要考虑如果收到测试的负面反馈要怎么做。第一组被告知要形成一个执行意向，来反思自己的决定（"如果收到令人失望的反馈，那么我会思考我使用的策略的效果怎么样"）。第二组被告知要形成执行意向，来改变其决定（"如果收到令人失望的反馈，那么我就改变策略"）。第三组没有得到任何额外指示。被试随后完成了测试的前半部分，并且都收到了关于其表现的负面反馈。

在后半部分测试开始之前，每个人都可以选择改变其策略。结果显示，没有形成执行意向的人放弃失败策略的可能性较小（只有 39% 的人放弃），而那些形成执行意向来反思其策略的人以及那些形成执行意向来改变其策略的人，分别有 70% 和 58% 的人放弃了失败的策略。

写一写

解除职业目标

假设你的一个朋友梦想成为一名职业足球运动员。他获得了大学奖学金，有望实现自己的目标，直到一次重大疾病使他陷入困境。于是他决定从事理疗业，但每次在电视上观看足球比赛时，他仍然会感到沮丧，特别想上场比赛。为帮助朋友解除失败的职业目标，请首先设计一个他可以使用的执行意向，然后解释这一执行意向会有什么益处。

10.7　动机过程的神经科学

我们知道，个体要实现某个目标必须经历从目标设定到目标规划再到目标奋斗的复杂路径。动机研究者们提出了一个重要的问题：促使人们经历动机过程三个阶段的大脑机制是什么？本节简要介绍几个对目标追求过程至关重要的大脑区域。本节将讨论的所有大脑区域参见图 10-5。

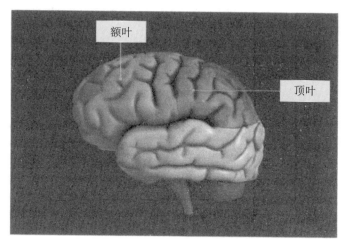

图 10-5　参与动机过程的关键大脑区域

需要注意的是，用神经科学的方法研究动机尚处于起步阶段。因此，大多数神经科学家研究的动机过程（如饥饿、愉悦和奖励）通常不像大多数人在日常生活中追求的长期抽象目标那么复杂。

讨论大脑构造有助于我们理解一些常用术语。你可能知道神经科学家们用哪些名称来指代大脑的特定区域（如前额叶皮质和前扣带回）。但你可能不知道，神经科学家们也使用方位词来指代这些区域的特定部分，他们使用的是解剖学领域的常见术语，而不是我们在地图中使用的方向（如北和西）。

- 前部与后部。神经科学家将大脑区域分为**前部**（anterior）与**后部**（posterior）。
- 顶部与底部。神经科学家将大脑区域的顶部称为**背侧**（dorsal，如鲨鱼的背鳍），将底部称为**腹侧**（ventral）。
- 内部与外部。神经科学家将大脑区域的内部区域称为**内侧**（medial），将外部区域称为**外侧**（lateral）。

10.7.1　目标设定的神经科学

为成功实现某个目标，即使没有外部刺激提醒我们这样做，我们也必须把它牢记在心。如果你的目标是健康饮食，你不仅要在食物摆放在面前时，而且要在进行日程安排、写购物清单或预订餐馆时都牢记这一目标。如果大脑忘记了你正在追求这一目标，那么你又怎么能实现它呢？

研究表明，外侧前额叶这一大脑区域负责将目标保持在意识前沿。前额叶皮层在所有动机过程中都起主要作用，因为它是大脑中唯一接收来自所有感官信息的区域。这意味着前额叶皮层是来自内部世界的信息与来自外部世界的信息之间的交集。因此，前额叶皮层通常被称为大脑的"首席执行官"。信息能够在大脑中保持一段时间，外侧前额叶皮层似乎发挥了重要作用。

许多研究表明，即使在外部刺激提醒消除之后，外侧前额叶皮层仍负责把信息保持一段时间。例如，有些研究表明，当信息被呈现后又被移除时，外侧前额叶皮层一直处于激活状态，直到个体做出相关反应。此外，外侧前额叶皮层损伤会影响反应，但只有当刺激的呈现与所需反应之间存在延时才会这样。这表明该部分受损伤的人在延时期间更难把目标牢记在心。

然而，这些研究存在的一个问题是，研究中的"目标"都是由他人指定的。要知道，目标可以自行设定，也可以由他人指定。尽管外侧前额叶皮层似乎对指定目标起重要作用，但外侧前额叶皮层是否也对自我设定目标起作用尚无定论。

虽然没有神经科学研究直接比较自我设定目标与指定目标，但有证据表明，负责自我设定目标的区域最有可能是内侧前额叶皮层。例如，当人们自我判断（"我喜欢绘画吗"），而不是非自我判断（"这幅画是一艘帆船吗"）时，内侧前额叶皮层会被激活。当人们思考个人愿望和志向（理想自我）及其职责和义务（应该自我）时，内侧前额叶皮层也会被激活。而当人们思考与自我不相关的事物时则不会出现这种情况。

这些数据表明，自我设定的目标表现于内侧前额叶皮层，而指定的目标表现于外侧前额叶皮层。

10.7.2　目标规划的神经科学

一旦个体决定追求什么目标，接下来必须决定如何追求目标。人们往往会为实现目标苦苦挣扎，其原因在于人们过分关注设定什么样的目标，而不是如何实现目标。目标的内容和方式产生了脱节，一个原因可能是两者由大脑的不同区域控制。

为了探索这种可能性，研究者将被试置于功能性磁共振成像机器中，该机器通过检测脑部血流的变化来测量大脑活动。如果特定大脑区域血流增加，这表明被激活的大脑区域负责当前的任务。被试在实验过程中，实验者为被试提供了人们可能从事的各种活动的列表，如节食或上网。在某些试验中，被试需要指出行为背后的目标是什么。

例如，节食的目标是减肥，上网的目标是获取最新消息。在其他试验中，被试需要指出个体如何实现该目标。要想节食得少吃，要想上网得用电脑。结果显示，当人们关注目标是什么时，与心理状态和心理活动表征相关的大脑区域被激活，而当人们专注于如何实现目标时，与行为执行相关的大脑区域被激活，包括前运动皮质。因此，思考如何追求目标与实际实现目标，两者激活的大脑区域相同。

这项研究很重要，原因有两个。第一，该研究表明目标规划之所以如此有益是因为，它可以激活大脑的运动区域，为实际开始实现目标做好准备。第二，该研究表明目标设定期间思维活动依赖的大脑区域，不同于目标计划期间思维活动依赖的大脑区域。从目标设定转向目标规划之所以让人感觉很困难，其原因也许就在于此。

10.7.3　目标奋斗的神经科学

在目标奋斗阶段，个体必须从事发起并保持追求目标的活动。如前所述，引发目标启动的一个因素是检测到当前状态与某个理想状态之间的差异（如对TOTE 模型的第一次测试）。就大脑而言，负责检测这一差异的区域最可能是前扣带皮层。

前扣带回位于额叶的内表面，与负责认知处理（如前额叶皮层）、情绪处理（如杏仁核）和运动控制（如初级运动皮质）的其他大脑区域相互连接。因此，前扣带回被认为是用于处理控制并对大脑其他区域分配控制的中心。

前扣带回可以进一步分为背侧和腹侧两个部分。一些研究表明，背侧负责认知处理，而腹侧负责情绪处理。此外，前扣带回之所以独特还因为它含有丰富的梭形细胞，梭形细胞是仅在人类和少数其他物种（如类人猿和海洋哺乳动物）中发现的特化神经元。这表明，前扣带回是进化史上的近期发展，在复杂的人类进化过程中起着关键作用。

我们将在第 12 章讨论情绪的神经科学和腹侧前扣带回的作用，这里只讨论背侧前扣带回的作用。许多研究表明，当个体犯错时，背侧前扣带回会变得特别活跃。因此，背侧前扣带回被认为是一个"警报系统"，用于表示错误反应与理想反应或正确反应之间是否存在差异。

因此，背侧前扣带回可能负责检测实际状态与理想状态之间的差异。当多个反应之间存在冲突时，背侧前扣带回也会变得活跃，这表明背侧前扣带回在监控目标冲突方面发挥作用。

一旦检测到差异，个体必须启动目标行动。主要负责**直接运动控制**（direct motor control）的大脑区域是前运动皮层、初级运动皮层和基底核。虽然这些区域各自有不同的功能，但综合起来它们对于实施和调节促进目标追求的行动必不可少。

此外，我们还必须在前额叶皮层的帮助下抑制威胁目标的行为。前额叶皮层被认为是"意识中心"，参与控制思想、情绪和行为。因此，前额叶皮层损伤经常会导致严重的自我调节和抑制问题。此外，具有慢性抑制问题（如冲动强烈）的人，其前额叶皮层的某些部分表现出的活动要少于没有这些问题的人。

背侧前扣带回是与抑制有关的另一个大脑区域。一项研究生动地说明了背侧前扣带回的重要性。一些因犯罪而服刑的男子被要求在做功能性磁共振成像时完成抑制任务，在此过程中，有些因犯的背侧前扣带回产生强烈活动，表明其抑制反应的能力很强；而其他因犯的背侧前扣带回活动微弱，表明其抑制反应的能力很弱。有趣的是，在完成任务过程中其背侧前扣带回活动较弱的囚犯，释放后 4 年内因犯罪再次被捕的可能性是背侧前扣带回活动较强的囚犯的两倍。鉴于美国囚犯的再犯率为 40%，有些人建议在做出假释决定前，可以利用背侧前扣带回活动来确定将来假释者再次犯罪的可能性。正如 2002 年《少数派报告》（Minority Report）这部电影中描述的那样，有朝一日我们也许能够在一些人犯罪之前就预测出谁有可能犯罪！

与抑制和自我控制相关的第三个大脑区域是额下回。研究表明，当人们进行多种自我控制行为时，额下回是活跃的。这些自我控制行为包括抑制思想、减少负面情绪、克服分心。此外，一些研究表明，当人们试图克服习惯性反应时，额下回就会被激活。

为了验证额下回对自我控制的作用，有研究者使用上文描述的棉花糖实验，确定了延迟满足能力强和能力弱的 4 岁儿童。40 年后，他们对这些人忍着不看诱人图片（如笑脸）的能力进行了测试。结果显示，4 岁时能够延迟满足的儿童长大后完成抑制任务更成功。更重要的是，在完成抑制任务过程中，这些成功完成抑制任务的人额下回中的活动高于那些 4 岁时无法延迟满足的人。基于这些结果和其他研究结果，研究者们正在制订干预计划，旨在通过增加额下回区域的活动来提高人们的自我控制能力。费城有一个这样的计划，名为"知识就是力量计划"（Knowledge Is Power Program，KIPP）。该计划向低收入家庭的儿童传授各种自我控制技术，甚至给他们一件 T 恤，上面写着"不要吃棉花糖"。也许在不久的将来，所有孩子都可能要上阅读课、写作课、算术课和抵制课！

写一写

用神经科学解决现实问题

我们在上文中谈到，有些人认为应当对囚犯的大脑进行检查，以确定其将来是否有可能再次犯罪。除了这个建议，我们还可以以哪些方式利用有关动机和自我控制大脑区域的信息来解决现实世界的问题？在回答这一问题时，请列出至少两种利用这些知识的方法并各举一个例子，说明如何用其解决实际问题。

11 **自动动机**

两个凯利的故事

2009 年的一个晚上，一名 20 岁左右，名叫凯利·希尔德布兰特（Kelly Hildebrandt）的大学生坐在电脑前百无聊赖。为了打发时间，她做了许多同龄人都会做的事：她开始在脸书上找朋友。在浏览不同的照片和个人资料时，有位男士引起了她的注意。她点开了他的个人资料，里面的内容让她感到欣喜。他和她年龄差不多，很可爱，可惜他住在得克萨斯州，而她住在佛罗里达州，两地相距很远。

她按捺不住冲动，鼓起勇气在网上和他打了个招呼。几分钟后他就回复了，她变得更加好奇。在之后的几个星期，他们两个人很快就在网上确定了恋人关系，直到有一天小伙子一时兴起，飞到佛罗里达与凯利见面。"我是个行动型的人，"后来谈起这一决定，他如是说，"所以我的家人并不是特别吃惊。见到她，他们就会明白的。"当然，凯利的家人对他的来访却有些心怀顾虑，特别是考虑到新闻中经常出现人们因网恋而受到伤害的恐怖故事。因此，当凯利开车去机场接他时，她的妈妈坚持要陪她一起去。

很多网恋第一次见面就"见光死"，但凯利的情况不是这样。她立刻感觉自己与这个年轻人有一种亲近感，他们的关系迅速升温。不久，小伙子调动工作来到佛罗里达，而凯利继续上大学。此后不久，他们就步入婚姻的殿堂。虽然这个故事听起来让人感到温暖，但它与其他许多始自网恋的故事没有太大区别。这个故事的独特之处在于这个男孩的名字。请注意我们一直没提起男孩的名字，那是因为男孩的名字也叫凯利·希尔德布兰特（Kelly Hildebrandt）。

这不是拼写错误。故事中的男孩和女孩的名字和姓氏完全相同！你能想象他们在婚礼上宣誓的场景吗？"凯利·希尔德布兰特，你愿意娶凯利·希尔德布兰特为妻/嫁给凯利·希尔德布兰特吗？"不只是这两个凯利喜欢找与自己同名的恋人。名人中也有很多夫妇符合这一模式，包括汤姆·克鲁斯（Tom Cruise）和佩内洛普·克鲁兹（Penelope Cruz）之间3年的关系、帕丽斯·希尔顿（Paris Hilton）与帕里斯·拉特西斯（Paris Latsis）的短暂交往，以及泰勒·斯威夫特（Taylor Swift）和泰勒·洛特纳（Taylor Lautner）在青少年时期的恋情。甚至有两位美国总统（富兰克林·罗斯福和杰克·肯尼迪）也娶了与他们名字相近的女性为妻。

尽管与同名同姓的人结婚这种情况并不多见，但是两个凯利·希尔德布兰特的故事反映了一个基本的心理过程，其发生的次数超出了我们的想象。这基于如下事实：我们会自动被那些与我们相似的人所吸引，无论是他们与我们同名，与我们同日出生，还是和我们一样喜欢薄荷冰淇淋。自动被与我们相似的他人所吸引只是一个例子，说明我们自觉意识之外的因素如何以强有力的方式指导我们的行为。

本章将探讨在我们没有自觉意识或未加控制的情况下发生的动机驱动我们行为的几种方式。

11.1 潜意识的影响

你是否有过这样的经历：聚会时你正与某人交谈，突然听到房间另一边有人提你的名字？你马上转移注意力，四处寻找，看谁在谈论你。距离这么远，你怎么就能清楚地听到房间的另一边有人提你的名字？而且还是在你正专心致志地与他人交谈的时候。

答案是，你的大脑的一部分，即你的显意识，正在处理你与他人的交谈，而你的大脑的另一部分，即你的潜意识，一直在监视你周围的环境。这种潜意识一直在倾听其他人的讨论，把它认为有用的信息筛选出来，把其余的信息丢掉。当然，你根本没有意识到你的潜意识在这样做，直到它获得一些它认为足够重要、可以传给显意识的信息（即你的名字）。

个体专注地参与一段对话，同时又要筛选与处理背景对话，这种倾向被称为**鸡尾酒会效应**（cocktail party effect）。这只是我们的显意识和潜意识协同工作来指导我们行为的众多方式中的一个例子。事实上，许许多多的人类行为都是由我们意识之外的过程驱动的，而动机心理学家刚开始理解这些过程如何影响我们的目标。

在详细讨论本章内容之前，我们希望先就本章内容给读者打个"预防针"。大多数人信奉人的自由意志能力。如果你长大后成了一名医生、教授或出租车司机，那是因为你选择如此。简单说就是，我们相信自己的命运由自己决定。这种心态在美国等西方文化中尤为普遍。但是，这一论断存在的一个问题是，它忽略了情境的力量。如果你的父母都是医生，你的祖父母都是医生，你的兄弟姐妹也都是医生，那么在这样一个家庭环境中长大，你的职业选择可能非常有限。同样，某个人无家可归并不意味着他愿意这样。情境会对我们的生活产生巨大的影响，但人们通常考虑不到这些因素。在解释他人行为时高估内部影响力（如人格），同时低估外部影响力的倾向是人类的一个基本特征，心理学家称其为基本归因错误。

我们并不是说人类没有自由意志，恰恰相反。人类发挥自由意志以及进行自我控制的能力会对动机过程中目标的设定、计划和奋斗各个阶段产生巨大影响。我们想说的是，有时我们的选择是由外部力量引导的，而且通常是以我们意识不到的方式。人们倾向于忽视或低估这些外部影响，但这些因素会对我们的行为和决定产生巨大的影响。

阅读完本章你会知道，自动动机经常通过这种外部因素的力量运作。

> 你是否有过这样的经历：放学后或下班后你开着车回家，脑子里想着需要做的各种事情，你突然发现自己到家了，可你不记得自己是怎么到家的了。我们都有过这样的经历，因为当我们处于反复以同一种方式做同一件事情的情境时（如每天沿着同一条路开车回家），我们的大脑会变成自动驾驶模式。大脑的潜意识自动控制着单调的驾驶任务，这样大脑的显意识就能专注于更重要的问题，如晚饭吃什么或相亲时穿什么衣服。正是在这些"自动驾驶时刻"，我们的行为最有可能受到自动激励过程的影响。

无论你是否相信自由意志，我们都希望你在阅读本章时能保持开放的心态。人类生来就相信每个人都是自己生活的主人，但事实是并非所有的时候都这样，这可能会让人感觉有点可怕。我们感到可怕的是，承认我们意识之外的力量可能正在指导我们的行为，导致我们走上我们并非有意选择的道路。但是，本章讨论的研究一致表明，人类生活的某些方面是由意识之外的动机控制的。

自动动机的历史　潜意识在心理学领域有着漫长而坎坷的历史。听到"潜意识"一词，大多数人马上会想到弗洛伊德，这是因为弗洛伊德为心理学提供了对潜意识最早（不是最详细的）的治疗方法。弗洛伊德认为，潜意识本质上有激励作用，大多数人类行为都是由自觉意识之外根深蒂固的需求所驱动的。

根据弗洛伊德的精神分析理论，人类行为主要是由生存和生育的基本生物力量驱动的。弗洛伊德最初是一名医生，曾接受过专业培训，他认为这些被称为本能的身体驱力是激励和指导我们行为的能量。但弗洛伊德的独特之处在于，他认为这些本能主要储存在我们的潜意识中，并且以间接的方式对行为施加影响。因此，他认为利用潜意识发现真正动机的唯一方法是使用间接手段，如催眠、释梦、口误和投射测试。但问题是这些间接测试不容易进行客观的科学观察。如果心理学家们要把潜意识的概念从理论层面转到实证研究层面，他们就需要想出其他方法来挖掘其深层次的内容。

发生在 20 世纪 60 年代的"认知革命"为这一困境提供了答案。在这一时期，认知心理学家们开始研究大脑如何将注意力分配给各种不同的刺激。他们很快发现，人类的注意力是有限的，这意味着人们无法同时有意识地关注所有的感官输入。例如，在你阅读本段内容时，你的大脑也在处理各种其他的感官信息（噪音、气味和身体感觉）。在你专注于阅读时，你的大脑无法有意识地关注所有这一切，所以你的大脑必须有所选择，必须选择关注什么信息，忽略什么信息。由这一认识发展而来的科学模型被称为**注意力瓶颈模型**（bottleneck models of attention），这些模型认为有意识的注意力是有限的，因此在任何时候都只能处理有限的信息。这些模型之所以如此命名，是因为人类的注意力就像瓶子中的东西一样，由于瓶颈的存在，一次只能出来一部分。

但是，如果我们的大脑必须决定注意哪些信息，忽略哪些信息，那么它是如何做出这一决定的？

大脑是在无意识中做出这一决定的。我们的显意识必须对环境中的刺激进行筛选，对其意义进行分析，之后我们才会有意识地关注它们。这就像我们之前描述的鸡尾酒会效应，你的潜意识监视着派对上其他人的谈话，只有当在有人说出你的名字时它才会提醒你的显意识。注意力和认知感知在无意识中发生，这一认识具有开创性，它为后来那些认为动机也可能会在无意识中发生的理论家们铺平了道路。

写一写

自由意志是一种幻觉吗

　　有些科学家认为，几乎所有的人类行为都基于自动无意识反应，我们认为自己运用自由意志自愿选择做某事其实只是一种错觉。另一些科学家认为，虽然某些行为可能是自动的，但大多数人类行为都是由有意识的自由意志驱动的。面对这两种相反的观点，你是怎么认为的？你认为自由意志是真实的还是一种幻想？在回答这一问题时，请提供证据或例子来支持你的观点。

11.2　显意识思维系统与潜意识思维系统

　　每年有近 500 万人前往亚利桑那州参观大峡谷，对于那些想去谷底深处的游客来说，有两种选择。

1. 徒步往返 39 千米。根据经验，这一选择非常艰难，特别是因为回来的时候往上爬比去时往下走更困难！

2. 骑着骡子下去。虽然这一选择走路少，不那么费劲，但并非没有危险。骡子在陡峭危险的小径上艰难地行走，蹄子距离悬崖峭壁只有几厘米远。通常，每当骡子迈出一步，它踩在松动岩石上的蹄子就可能会打滑，此时骡子和骑手都有从悬崖上摔下去的危险。在那些紧张的时刻，骑手经常试图控制骡子，引导它远离小径边缘，但是无论他们怎么努力，骡子都会拒绝服从命令。

　　选择第二种方法的人经常会问，为什么这么险峻的旅途要依赖骡子而不是马。其理由是马通常会做骑手想做的事，而骡子会做它自己想做的事。骡子本质顽固，这听起来可能像是一种负面特征，但是 19 世纪的矿工们很快就知道，骡子能够更好地驾驭峡谷的险峻小径，因为骡子更会出于本能保护自己的兽皮，而不是听从骑手有时糟糕的指令。这些特征使骡子成为潜意识思维的完美类比。

什么是双过程思维？

心理学的最新进展表明，人类的思维是由两个独立的过程控制的。根据这种**双过程思维**方法，人类有自动（潜意识）和受控（显意识）两种思维系统。

自动系统　**自动系统**（automatic system）发生在我们的自觉意识之外，本质上是我们思维的一部分，处理所有"肮脏"的工作，以使我们的生活更美好。自动系统审视所有不断进入我们大脑的声音、视觉和气味，解释并组织这些信息，然后决定是应该丢弃还是需要进一步处理。通过这种方式，自动系统能够处理大量信息而无须我们的意识参与或关注，从而绕过前面描述的瓶颈。虽然弗洛伊德认为思维的这种潜意识是危险的，会导致人们表现出内心深处最邪恶的冲动，但现代心理学家们认为潜意识思维非常有益。如果没有潜意识思维，我们的大脑就必须逐个处理每一条信息。如果大脑以这种方式工作，正面处理我们遇到的每一个刺激，那么我们就什么事也做不成了！

受控系统以走路为例，自动系统和受控系统协同工作，将通常需要大量精力和注意力的行为转化为自动习惯。当我们在同一情境下一遍又一遍地重复同一个行为时，这种习惯就会形成。随着时间的推移，情境线索与行为反应形成关联，于是激活情境线索便自动激活习惯性反应。例如，当你还是个孩子的时候，你的父母在某个阶段可能会提醒你，过马路前要看两边。由于父母的不断提醒，你学会了在情境线索（马路）和行为反应（向两边看）之间形成联想。因此，只要想到情境线索就会自动激活行为反应，而且你会发现向两边看时，甚至都没有觉察到自己在这样做。因此，动机研究者们认为习惯是非常有益的，因为习惯使得人（和动物）在最少努力或注意的情况下就可以完成任务，从而把我们的其余资源用于需要受控系统注意的任务。

大峡谷骡子的故事也很好地说明了自动系统和受控系统如何协同工作。在这一类比中，骡子代表自动系统，而骑手代表受控系统。大峡谷的骡子经常走某段路，这就成了一种习惯。对于骡子来说，走路是如此自动，闭着眼走可能都行（尽管我们都不想成为验证这一理论的人）。

请记住，形成习惯可以把个体的意识解放出来，这样它就可以专注于其他任务。大峡谷的骡子也是这样，让骡子做艰苦的工作，骑手就可以在旅行中欣赏四周的美景，拍风景照，甚至可以给朋友打电话。没有骡子，这些任务几乎是不可能的，因为徒步旅行者不得不专注于安全旅行所需的各种任务（注意脚下的每一步，不要在那块岩石上打滑，不要太靠近边缘）。在许多诸如此类的情境下，最好让我们的"内部骡子"来操纵。例如，你是否有过这样的经历：你试着分步骤教别人做一项自动任务，如骑自行车（向前看、保持平衡、掌把、踩踏板），在这样做时你突然发现自己好像不会骑车了。有时，让自动系统接管某项服务，我们的表现才最好。

11.3 自动激活模型

本书中讨论的大部分研究都假设，成功的目标实现需要自觉参与。也就是说，个体有意识地选择目标，制定目标规划，然后主动并有意识地追求目标直到完成。

虽然目标的确是以这种方式实现的，但这种自觉过程不是目标实现的唯一方式。目标也可以在你的自觉意识之外被激活和追求。如前所述，20 世纪 60 年代的研究者们认识到，感知和注意可以在没有自觉指导的情况下发生，但在又过了 30 年后，研究者们才将这一逻辑扩展到目标研究中。约翰·巴格（John Bargh）提出了自动激活研究的先驱理论之一——**自动激活模型**（auto-motive model），该理论指出人们的思想、感情和行为都会受到无意识（或自动）目标追求的影响。根据该理论，自动激活需要两个步骤。

- 第一步，目标在个体的意识之外被激活。
- 第二步，一旦被激活，无意识的目标必须以确保目标达成的方式进行管理。

本节我们将讨论支持该模型的每个步骤的研究。

11.3.1 自动目标激活

你可能听过 20 世纪 50 年代电影院使用隐性广告的故事。据称，在电影预告片中快速（1/3000 秒）闪现爆米花图像的电影院，其爆米花销量增加了一倍以上。这些图像闪现得如此之快，以至于人们的有意识大脑无法识别自己看到的东西，它看起来就像屏幕上的光点。但是大脑的自动部分（即监测和过滤环境中所有刺激的部分）识别出了图像，突然引发人们对爆米花的渴望。虽然这些关于隐性广告的最初断言受到质疑，但从那时起，许多心理学家都开始使用类似的方法来研究自动心理系统。要了解这些方法，我们必须先了解大脑是如何组织信息的。

大脑把我们的思想分门别类，就像计算机用文件夹来组织文件一样。在认知心理学领域，这种观点被称为**联结主义模型**（connectionist model）或**并行分布式处理**（parallel distributed processing）。该模型指出，语义相关的概念在我们的记忆中被组合在一起。例如，图 11-1 描述了某人的大脑如何组织与"鸟"这个词相关的概念。

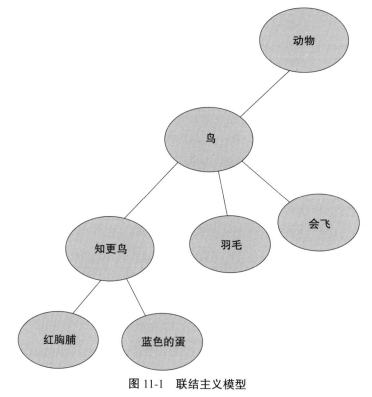

图 11-1 联结主义模型

注：根据联结主义模型，在我们的记忆中，语义相关的概念（如鸟和羽毛）比语义不相关的概念（如鸟和狮子）关系更近。

在心理学中，这样在头脑中"激活"某个概念被称为**启动**（priming），即环境中的刺激对心理表征的被动激活。启动在人们不知不觉中发挥其影响，通常以两种形式发生：阈下启动或阈上启动。

　　阈下启动与阈上启动　阈下启动（subliminal priming）意味着启动项（环境刺激）发生在自觉意识之外。如果健身房的图像在计算机屏幕上以 1/3000 秒的速度闪现，那么你就不会有意识地觉察到这一图像，但是你的潜意识会觉察到，这个图像会在你的头脑中启动有关体育锻炼的想法，你会突然发现自己想到运动和健身器材，但你不知道为什么。

　　阈上启动（supraliminal priming）意味着人们清楚地意识到启动刺激，但不知道这种刺激如何影响其反应。

　　例如，给出有些单词前面的字母，让你把其余的字母填上。

　　　　补全下列由五个字母组成的单词：TR＿＿＿。

　　补全这个题目有很多词可供选择（如 treat、truck 和 train），但是当你完成这一任务时，如果房间的墙上有一幅有关森林的照片，那会是什么情况？你很可能会用 "trees" 这个词。如果让你说出是什么原因让你想起这个词，你可能不知道自己为什么选择了这个词——它好像是突然出现在你的脑海里的。因此，虽然你注意到这张照片，但你不知道它如何影响了你的反应。因此，这张照片将被认为是一个阈上启动项。

　　启动对行为的影响　说启动可以引发某些想法是一回事，但是要说这种启动可以继续影响行为是另外一回事。电影院的爆米花内隐图像可能会让你的大脑开始想爆米花，但这真的会让你离开座位去买爆米花吗？为了验证自动引发的思想是否会影响实际行为，巴格及其同事进行了一项巧妙的研究，重点研究刻板印象的阈上启动。研究者想看看引发刻板印象是否会以与刻板印象一致的方式影响人们的行为。为此，他们让大学生们完成了一项造句任务。研究者给被试一组单词，要求他们从五个单词中选四个单词造一个句子。例如，有两组单词是这样的：

- 阳光使温度升高，进而使葡萄失去水分而变为满是褶皱的葡萄干（sunlight makes temperatures wrinkle raisins.）。
- 天空是灰色的，没有一丝阳光（sky the seamless gray is.）。

　　仔细看看，你是否注意到这两组单词有点儿奇怪？被试不知道，其中有几个词与年老有关（如皱纹和灰色）。在完成造句任务后，研究人员感谢他们的参与，告诉他们可以走了，但是离开大楼前，他们得走一段长长的走廊。当时他们不知道，研究人员秘密记录了每个被试走这一段走廊所用的时间。正如研究者所料，与那些接触中性词汇的学生相比，那些接触了与"老"相关的词汇的学生走得更慢。在他们的大脑中激活"老"的概念使他们表现得好像自己已经老了！

如果一个被自动激活的刻板印象会影响行为，那么被自动激活的目标是否也是这样？就以成功完成某一任务这一目标为例。我们通常认为，我们是有意识地选择这一目标。学霸下定决心在课程中得 A。美国女子篮球联盟的球员下决心投中三分球。但是，他们是否能在无意识的情况下激活这一目标，在不知不觉中取得成功呢？

巴格及其同事使用阈下启动技术对这一点进行了验证。在一项研究中，被试必须完成单词搜索任务，一半被试搜索的单词包括中性词（如乌龟、灯和植物），另一半被试搜索的单词包括与成功相关的词（如获胜、竞争和实现）。接下来，所有被试都完成了另一项单词搜索任务，其中只包含中性词，最后研究者对他们在任务中的表现进行了评估。

结果显示，在第一项任务中以成功启动的人在第二项任务中的表现要好于没有以成功启动的人。使用阈下启动的研究也发现了类似的结果。例如，研究者发现，用一些与努力工作相关的词（如努力）对人们进行阈下启动，可以使其比没有进行这一启动的人握拳更紧且持续时间更长。另一些研究者则发现，用字母 A 进行阈下启动的学生在测试中的表现优于用字母 F 进行阈下启动的学生。

在此基础上，心理学家们进一步研究了阈下启动对心理反应的影响。在开始学习任务之前，研究人员用一些与学习相关的词汇（如学习和记忆）对学生们进行阈下启动。在完成任务过程中，研究人员用心电图测量学生心血管系统的工作强度。结果显示，用与学习相关的词汇启动的学生在学习任务中表现出更强的心血管活动，这一生理证据表明他们比没有用与学习相关的词汇启动的人更努力。

看到红色

你是不是希望有人可以发觉你更有魅力了？那么你可以考虑换换你的衣服。有些研究发现，男性觉得女性穿红衬衫时或站在红色背景下时更具吸引力。另一项研究发现，女性觉得男性戴红色领带时更性感。产生这些效应的原因是我们自动将红色与积极的品质（如女性的性感和男性的力量）联系起来。事实上，女性应意识到这一点，因为她们在与有魅力的男性互动时更容易穿红色的衣服。所以下次你约会时，请考虑穿红色的衣服！

自动目标激活的启示与局限　无论目标是通过阈下启动还是阈上启动激活，关键是一旦目标被无意识激活，它就会像有意识激活的目标一样引导与目标相关的认知和行为（见图 11-2）。

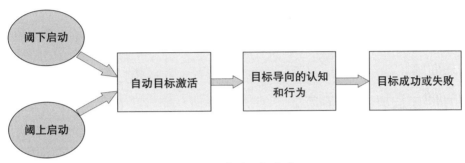

图 11-2　自动目标追求

这对你的目标追求有什么影响？

了解自动目标激活有助于你确定为什么实现某些目标比较困难。如果你的不良行为与情境线索密切相关，那么每当你把自己置于该情境时，你就会面临一场艰苦的战斗。例如，如果你通常会在看电视时吃东西，那么只要打开电视就会激活你对食物的渴望。要打破这种自动联系，请尝试只在餐桌上吃饭。

关于自动目标激活的研究还为如何使目标更容易实现提供了解决方案。越是将某一行为与某一情境提示自动关联，你就越容易不假思索做出该行为。想一想如何将目标导向的行为与某些情境线索联系起来。例如，如果你想记住每天早餐吃香蕉，请尝试每天把香蕉放在车钥匙旁边。随着时间的推移，只要看到车钥匙你就会想到香蕉。

但是，研究人员如何确切知道这些研究的被试确实没有意识到正在被启动的目标？研究人员通常只是要求被试识别在其面前闪现的单词或图像。例如，在前面提到的关于心血管活动的研究中，没有一个被试报告称看到了被阈下启动的单词。当被试被迫猜测启动词并在包含该词的单词组中将之挑选出来时，他们的准确率并不比单凭运气猜中的概率（50%）高。在使用阈下启动的研究中，即使被试意识到了启动项，他们仍然否认启动项对其行为有任何影响。如果问你一个单词任务是否会让你走得更慢或者一个公文包是否会让你变得更自私，你很可能也会持怀疑态度！

戒掉快餐

　　还需要其他理由来戒掉你的快餐瘾吗？我们都知道快餐会使我们发胖，但最近的研究表明，快餐还会削弱我们坚持目标的能力，即使这些目标与减肥无关。人们将快餐与快速和即时满足联系起来。在一项研究中，与那些用中性标识进行阈下启动的人相比，用快餐标识进行阈下启动的人更加不耐烦，更加不愿意延迟满足。因此，不管你的目标是什么，如果你想成功，那么就避免吃快餐。

11.3.2　自动目标管理

　　如果你想实现特定目标（如考试得 A），这通常意味着你必须抑制或抗拒可能妨碍你实现目标的其他诱惑（如睡懒觉、参加派对而不是学习）。为此，人们经常使用一些策略。例如，将注意力从诱惑物上移开或贬低诱惑。但是，这种策略需要很多努力和自我控制，因此不容易实施，尤其是当自我控制资源耗尽时。

　　假如我们能自动抑制诱惑呢？

　　根据**反作用控制理论**（counteractive control theory），人们也能以自动、无意识的方式抑制诱惑。该理论认为，面对诱惑会激发两种相反的力量。诱惑无疑会让我们远离焦点目标。但与此同时，诱惑会激发反作用控制策略，自动降低诱惑的价值，从而使我们朝着焦点目标前进。

　　例如，查看甜点菜单可能会诱使节食者放弃节食目标，但与此同时，甜点菜单也可能会让其想起节食目标。如果存在这种关联，那么用诱惑（如甜点）进行启动可能也会自动激活人们的焦点目标（如节食）。

　　为了验证这一点，研究者要求被试列出一个焦点目标，然后列出有损于该目标的一个诱惑。这样，被试就将自己的个性化目标与诱惑配对（如学习 - 篮球，忠诚 - 性，节食 - 巧克力）。然后，研究人员向被试展示了与其目标相关的目标词，让他们以最快的速度说出这个词是什么。但被试不知道，在目标词出现之前，研究人员已对他们阈下启动了一个词。有时，这个词是与他们的目标相关的诱惑（如"巧克力"与节食相关），而其他时候该词与目标无关（如"篮球"与节食无关)。

结果表明,当被试被启动相关诱惑时,他们能以更快的速度识别出与目标相关的单词。看到"甜点"一词的节食者比用"椅子"一词启动的节食者更快地识别出"节食"这一目标词。然而,反过来却不是这样,目标启动不会使人们自动想到诱惑。因此启动"甜点"一词激活了"节食"的目标,但启动"节食"不会自动激活"甜点"。这些结果表明,当人们遇到诱惑时,诱惑会自动激活目标,从而提高目标成功的概率。这意味着至少有些自我控制困境无须特意计划和努力实施就可以在无意识的情况下得以解决。

但并非所有人都能以这种方式自动保护自己的目标免受诱惑。如果真是这样,那么任何人都不会被诱惑了。哪些因素决定了人们是否能够成功地自动管理目标? 有三个这样的因素是通过加强启动诱惑时自动想起目标这一倾向来做到这一点的。

1. **自我效能感**(self-efficacy)。对特定目标越有信心和把握,人们就越有可能在启动诱惑时想到自己的目标。

2. **目标重要性**(goal importance)。越是重视目标,人们就越有可能在启动诱惑时想到自己的目标。

3. **目标承诺**(goal commitment)。越是致力于目标,人们就越有可能自动保护目标不受诱惑的影响。

写一写

有效利用启动

现在你已了解启动与促进目标实现的各种方法,请考虑如何利用这些知识来提高你的学习成绩。请你详细描述如何做可以启动"取得好成绩"这一目标。启动方法可以是阈下启动,也可以是阈上启动,你可以巧妙地用房间里的文字、图像或物体来启动。

11.4 自动目标追求的意外触发

到目前为止讨论的大多数研究都是使用文字或图像来启动相关目标。然而，研究人员还发现了一些环境触发目标的意外方式。本节将讨论目标被自动激活的一些有趣且非常规的方式。

11.4.1 内隐自我主义

回想一下本章开头的故事。两个凯利的故事不同寻常，他们立刻就对彼此产生了亲近感，这反映了影响我们所有人的基本心理过程。一般而言，我们都会被那些让我们想起自己的人、地方和事物吸引，这种效应被称为**内隐自我主义**（implicit egotism）。这指的是，我们过于积极的自我认知会自动延伸，让我们自然而然地偏好在某个方面与我们相似的人、地方和事物。

试一试：最喜欢的字母

快速写下你最喜欢的三个字母。如果你和大多数人一样，这三个字母中很可能有一个是你的名字或姓氏的首字母，或者两个都有。这就是内隐自我主义的证据。我们喜欢与自己名字相关的字母，这种效应被称为**姓名字母偏好**（name-letter preference）。这种偏好只是内隐自我主义的一个例子。

受到研究者极大关注的一个研究领域是，内隐自我主义如何影响注意力。正如本章开头两个凯利的例子所示，人们钟情于那些和自己名字相同，甚至是名字中只有几个字母相同的人。

例如，在一系列档案研究中，研究者对一些家谱网站、出生记录和电话簿进行了研究，看看人们是否更有可能与自己名字相同的人结婚。这些资料提供的证据一致表明，内隐自我主义对人们的婚姻决定起到了推动作用。人们更有可能和某个与自己姓氏首字母相同（如 Jerry Barlett 和 Susan Brook）、与自己姓氏相同（如 Jerry Brown 和 Susan Brown）或与自己名字首字母相同（如 Frank 和 Frances）的人结婚。因此，下次当你在网上查看某人的个人资料而感觉自己突然被其吸引时，请查看他们的名字。这有可能是其突然吸引你的原因！

为了探索内隐自我主义与吸引力之间的联系，有研究者进行了一项实验，男性和女性观看了一名身穿运动衫的迷人女性的照片。一半被试的运动衫上印有数字 16，而另一半被试的运动衫上印有数字 24。在观看照片之前，这些被试在计算机上完成了一项决策任务。但他们不知道，这项任务实际上是为了让他们把自己的名字与数字 16 或 24 自动联系起来。具体做法是在 30 多次尝试中，让被试下意识地将自己的全名与其中一个数字配对。研究者的假设是，在这项任务结束时，被试会自动将数字 16 或 24 与他们的名字联系起来，具体与哪一个数字联系取决于他们属于哪一组。那么这些被试是如何评价这名穿运动衫的女性的呢？

当运动衫上的数字与被试已经与自己名字联系起来的数字相一致时，无论男性还是女性，他们对她的评价都更为积极。

需要注意的是，根据定义，内隐自我主义是暗自（即无意中）发生的。因此，这种对相似的人和相似事物的偏好超出了我们的意识。并不是说丹妮斯（Denise）因为牙医（dentist）这个职业听起来像她的名字，便会有意识地决定成为一名牙医。相反，丹妮斯可能正在从几种职业中做出抉择，而牙医就是其中之一，只不过她有一种直觉：牙医是适合她的职业。

尽管有实证研究支持内隐自我主义，但对此也不乏批评者。有些研究者认为，许多关于内隐自我主义的档案研究都歪曲或误解了研究数据。与科学界大多数有趣的概念一样，人们对这一主题持相反的观点。但是，大量支持和反对内隐自我主义的研究告诉我们，这是一个有趣的概念，将继续激励未来的研究。

变色龙效应　内隐自我主义的一个有趣启示是，我们越是能够在无意识层面上使自己看起来与其他人相似，那么这些其他人越是会更喜欢我们。我们可以通过巧妙地模仿互动伙伴的行为（包括其姿势、习惯和面部表情）来做到这一点。这种模仿被称为**变色龙效应**（chameleon effect）。

就像变色龙自发改变肤色使其与周围环境一致，人也会自发改变自己的行为使之与互动伙伴的行为一致。例如，假设你在参加一个派对，有人把你介绍给安娜。当你开始和安娜说话时，她开始用手指敲玻璃杯。你甚至不会觉察到，你也会开始自动用手指轻敲玻璃杯。虽然你不知道自己这样做的原因，但研究表明，以这种方式模仿安娜，她会更喜欢你。

为了验证这种模仿是否会增加对方的喜爱，研究者指示一名助理装作是一名学生，模仿或不模仿与他们互动的被试的动作和姿势。在互动之后，相对于合作伙伴没有模仿他们的被试，那些合作伙伴模仿其动作和姿势的被试认为其合作伙伴更可爱，互动更顺利。

研究表明，除了提高喜爱度，模仿也可以通过其他方式促进社会互动。这些包括：

- 合作伙伴信任度提高；
- 亲密感；
- 一致性；
- 助人行为；
- 压力减少（表现为压力激素皮质醇水平下降）。

如果模仿如此有益，那么除了人以外动物也这样做也是可以理解的。"猴子见什么学什么"这句话是不是很有道理？答案似乎是肯定的。一项研究模拟了先前对人类进行的变色龙效应研究，但是他们的研究对象是卷尾猴。为了实现这一目标，研究人员把两个人介绍给一只猴子，并且分别给这两个人和一只猴子一只完全一样的球，让其在互动过程中玩。其中一个人用球模仿猴子做的一切，而另一个人只是自己玩，而不管猴子怎么做。最后，猴子选择靠近并模仿与其进行更多互动的人，这表明猴子感觉与其模仿者有着更紧密的社会联系。如果像灵长类动物和人类这些高度进化的社会性动物更有可能模仿他人，那么这种能力究竟是如何演变的呢？

一个线索来自镜像神经元的科学发现，镜像神经元是大脑中的神经元，当生物体执行动作时就会变得活跃，当生物体观察他人执行相同动作时也会变得活跃。例如，当你握拳时，你的前运动皮层和运动皮层中的镜像神经元会被激活，而当你看别人握拳时，这些神经元也会被激活。这有助于解释为什么看见别人打哈欠，你也想打哈欠；看见别人吃柠檬，你会咧嘴。人们在几种高度社会化的物种中发现了这种神经元，包括鸟类和灵长类动物，当然还有人类自己。

虽然科学家们仍在试图弄清楚这些神经元的确切用途，但有人推测，通过模仿神经元能促进新技能的学习，包括将心理状态归因于自己和他人（即心理理论）的能力、确定他人行为原因（即归因）的能力、语言发展以及情绪和共情的发展。然而，这些观点大部分仍然是猜测，我们需要对镜像神经元进行更多的研究，才能确定它们在动物和人类模仿中的作用。但无论镜像神经元是否能解释模仿，很明显模仿就像是一种将人类联系在一起的"社会黏合剂"。

11.4.2　拟人化

你是否有过这样的经历：在某些日子里电子技术世界似乎在与你作对？也许你的计算机拒绝执行你的命令，你不得不与它协商，先哄骗它屈服，然后再咒骂它。也许你觉得你的智能手机比你还聪明。很多人都有过这样的经历。大多数人在某种程度上认为他们的电子设备都有自己的思想。这种将人类特征赋予非人类实体的倾向被称为拟人化。

人类的拟人化倾向由来已久——该词的出现可以追溯到公元前 6 世纪，这一概念最早是由希腊哲学家色诺芬尼（Xenophanes）提出的。这种对拟人化的偏爱远远超出了电子设备范畴。研究表明，人们会对一切事物进行拟人化，从机器和天体到飓风和宠物。由于拟人化，我们会自动将某些人格特质与某些对象联系起来。之前我们曾提到，用某个概念（如老年）启发人们，会无意识地促使人们改变自己的行为，使之与刻板印象（如走得更慢）相匹配。最近，研究者们调查了如果用拟人化的物体启发人们，是否会出现相同的激励效果。

说到狗和猫，哪一个被认为更忠诚？如果你像大多数人一样，你可能会认为狗比猫更忠诚。正如小说家玛丽·布莱（Mary Bly）所说，"你叫它们时，狗会过来，猫接到信息后会回应你。"鉴于这种常见的假设，有科学家想知道用狗的想法启发人们是否会激励他们更忠诚。为了验证这一假设，研究人员让被试阅读了一则关于一名正在备考的兽医学生的故事，但考试的内容各不相同。有些人读的故事中的考试是关于狗，有些人读的故事中的考试是关于猫，第三组被试读的故事中是关于金丝雀（中性动物）。之后，这些被试填写了一份忠诚度调查问卷，问卷询问他们做出此类行为（当其他人说朋友闲话时捍卫朋友，或者当朋友正在经历痛苦的分手时守护在朋友身边）的可能性。正如人们所料，事先用猫启发的人得分最低。狗和猫通常看起来与人类相似，因此人们将它们拟人化并不奇怪。

那计算机呢？我们是否认为不同类型的计算机也都有自己的个性？

乍一听，这一想法似乎很奇怪，但想想苹果公司的热门广告，这些广告使用的口号是"我是 Mac，我是个人电脑"。根据这些广告，苹果 iMac 是酷炫、创新、"解放思想"的计算机，而其他计算机则古板无聊。为了检验这些关联是否能激发人们的行为，研究者在被试不知不觉中用苹果计算机的商标或其他个人计算机的商标（如 IBM）对其进行启发。第三组没有接受启发处理（对照组）。

当被试后来被要求说出看到的内容时，没有人能够识别这些图像，从而确认被试没有意识到启动项。然后，被试参加了一项创造力测试，该测试要求他们想出砖块尽可能多的不同寻常的用途，想出的用途越多就越有创意。该研究发现，经苹果商标启发的人想出的砖块的用途最多，而经其他个人计算机的商标启发的人想出的用途最少（见图 11-3）。

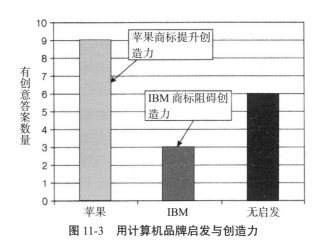

图 11-3　用计算机品牌启发与创造力

苹果组列出的用途数量超过了对照组，这表明苹果商标实际上让人们更有创意。从某种意义上说，这促使人们采用创造性目标。其他个人计算机品牌组列出的用途少于对照组，这表明其他个人计算机品牌商标实际上降低了人们的创造力，使他们无法跳出固有的思维模式。因此，当你发现自己需要进行创造性思考时，请拿出你的 iPad、iPhone 或 Mac 笔记本电脑，并且确保隐藏任何其他计算机品牌的商标！

11.4.3　具身认知

目标被自动触发的另一种常见方式是通过身体变化。在大多数情况下，心理学界认为思想与身体之间的关系是单向的：思想影响身体，但身体不影响思想。虽然大脑可能会告诉手指移动，但手指不会告诉大脑如何思考。然而，最近的研究进展质疑了这一观点。

运动系统的变化会引起认知系统的变化，这一概念通常被称为**具身认知**

（embodied cognition）。也就是说，身体的物理变化可以触发思维方式的变化。因此，身体成为许多无意识目标的自动触发器。

具身认知与温度　想象一下，你到达一座大楼的门厅，一名女性实验人员陪同你到电梯。和她一起乘电梯时，你发现她一只手拿着一堆杂乱的文件，另一只手拿着一杯热咖啡。当文件就要从她的手中滑落的时候，她问你是否能帮她拿一下咖啡，这样她好整理一下文件。你生性乐于助人，于是便欣然同意，从她手中拿过咖啡。到达指定楼层，她从你手中接过咖啡，陪同你进入一间会议室，并且将你介绍给一名求职者。她告诉你，在这项研究中，你的任务是与这名求职者进行一场模拟面试，然后表明你是否会雇用此人。

现在再次想象上述场景，不过这次有一处改变：电梯里的女士拿着一杯冰咖啡。你认为咖啡的温度会影响你对那名求职者的评价吗？

出乎人们的意料，答案是肯定的。在这个实验中，一半被试在评价求职者之前手持热咖啡，另一半则手持冰咖啡。相对于手持冰咖啡的被试，那些手持热咖啡的人对求职者的评价更为积极，更有可能建议雇用此人。饮料的温度为什么会产生如此巨大的影响？其原因在于，人们在温度和友好之间建立了很强的联系。我们经常把友好的人描述为"热情""阳光"，而把不友好的人描述为"冷淡"或"冷漠"。所以当我们的身体感觉温暖时，它会自动激活我们心中温暖的想法，因此当我们判断求职者时，我们认为此人热情、友好。但是，当我们的身体感觉很冷时，它会自动激活我们心中冰冷的想法，于是我们会认为求职者冷淡、不友好。

具身认知与手势　要想成功实现目标，我们必须知道何时趋近对我们的目标有益的事物（如吃蔬菜），何时避开对我们的目标有害的事物（如不吃奶酪蛋糕）。越是善于区分趋近情境和回避情境，我们就越有可能实现目标。那么，具身认知原则是如何帮助我们做出这一重要区分的？

一种方法是通过使用手势。假如你站在马路的一边，你的朋友站另一边。如果你想让朋友过马路，你会用什么手势？如果你想让朋友待在原地不动，你会用什么手势？想让朋友过马路，你很可能会用手指或手做出向自己拉动的动作。想让朋友待在原地不动，你很可能会张开手做出远离自己的推的动作。因此，我们的手势的方向暗示某事物是应该接近（拉），还是远离（推）。

为此，研究者们一直对这类手势如何影响我们的目标导向行为很感兴趣。例如，在一项研究中，被试一边推动或拉动操纵杆，一边观看目标人物的照片。

结果表明，拉动而非推动操纵杆时，人们对目标人物的判断更为积极。在另一项研究中，在评价过程中向内侧弯曲手臂时人们对产品的判断更为积极；而在评价过程中将手臂向外伸展时，人们对产品的判断更为负面。

最后，一项有关闪电约会的研究发现，与那些坐等约会对象接近他们的人相比，那些后来走向潜在约会对象的人报告称，对方的吸引力更大。总之，这些研究表明，做出与趋近行为相关的身体动作会自动激活一种趋近动机。

但这些关于手势的信息可以用来帮助我们实现目标吗？为了验证这一想法，研究者训练人们在看到健康食物（如酸奶和苹果）或不健康食物（如饼干和炸薯条）的图片时拉动或推动操纵杆。在这次培训之后，那些受训看到健康食物拉动操纵杆和看到不健康食物推动操纵杆的人做出的食物决策更健康。这表明，具身认知能以有益的方式重新设置人们的自动关联。

激发创造力

想更有创意吗？具身认知可以帮你。创造力和新奇往往与未来（"前瞻性思维"）联系在一起，而传统和熟悉往往与过去联系在一起。因此，研究者想知道，表示时间进展的运动（顺时针）是否会比表示时间倒退的运动（逆时针）更能鼓励创造力和对新颖刺激的渴望。于是，他们让被试顺时针或逆时针旋转一个圆柱体，然后对被试进行了一项经验开放性（openness to experience）测试。顺时针旋转该物体的被试在开放性测试中的得分高于逆时针旋转物体的被试。在另一项研究中，他们在餐桌转盘上为被试提供了美食果冻豆。当转盘顺时针旋转而不是逆时针旋转时，人们选择爆米花或口香糖等不寻常果冻豆味道的可能性增加了 **44%**。因此，下次当你需要提升创意时，请尝试用手顺时针运动或以顺时针方向在纸上涂鸦。

具身认知与物理体验　研究表明，许多物理体验，如房间的亮度或天花板的高度，会改变我们的思维方式和行动方式。

就光线而言，隐藏在黑暗中时人们更有可能行事自私。例如，一项研究表明，在光线昏暗的房间里参加考试时，人们更有可能在考试中作弊。另一项研究发现，佩戴太阳镜时人们更贪婪。

研究表明，高度会影响创造力。在天花板高的房间里人们更具创造力。研究表明，重量会改变人们形成评价的方式。具体而言，在评价过程中拿着沉重的剪贴板，人们更有可能判断某物体是重要的或是有价值的。

研究还表明，肌肉硬实度能改变人们的自我控制能力。当试图施加自我控制时，人们经常咬紧牙关、握拳或绷紧肌肉。研究者还想知道反过来是否也是如此：绷紧肌肉是否能促进自我控制？在一些研究中，他们找到了支持这一论断的证据。例如，在一项研究中，坐着时将脚跟抬高，从而收缩小腿肌肉，被试能够饮用更多味道令人讨厌的饮料（用醋制成）。在另一项研究中，握紧左手时，被试能将右手放在冰冷的水中的时间更长。所以下次当你需要提升意志力时，试着握紧拳头。

11.4.4 他人的影响

人类是社会性生物，因此社会情境可以成为人们自动激活目标的主要触发因素。无论是陌生人还是最好的朋友，我们周围的人都会对我们的动机产生巨大的影响。我们先讨论重要他人会如何触发我们的无意识目标，然后再讨论其他人的影响。

重要他人　很明显，你的配偶或最好的朋友越是支持你的减肥目标或职业目标，你成功的可能性就越大。但是新的研究表明，我们的重要他人也能帮助我们以更加自动的方式实现目标。重要他人影响我们的动机的第一种方式是通过联想。当我们将自己的目标与生活中的某个人联系起来时，只要想到这个人就能自动触发我们的目标。

那么这种联想是如何形成的？

一种方式与我们到底为什么追求目标有关。无论我们是否愿意承认，我们追求目标通常是因为我们需要归属，需要他人喜欢我们。例如，学生们经常报告称，他们希望取得好成绩，以使父母感到自豪。每当我们为取悦某人而追求某个目标时，我们会将此人与该目标联系起来。随着时间的推移，这种心理联系会变得更加强烈，以至于想到此人就会自动想到该目标。

有相关研究支持这一说法，研究者发现仅仅是想到某个重要他人就足以增强人们的目标导向行为。在学期初，研究者确定了那些为了和不为"使母亲感到自豪"而希望取得好成绩的学生。几个月后，这些学生回到实验室完成了一项学业测试。参加测试前，研究者要求一半被试描述其母亲的外貌，以使他们想起自己的母亲。其他被试描述了与母亲无关的内容（即自己的学习经历）。结果显示，事先想起自己母亲的那些学生在学业测试中的表现优于那些事先想到中性内容的学生，但这一效应仅限于那些因为母亲而想取得好成绩的学生（见图 11-4）。

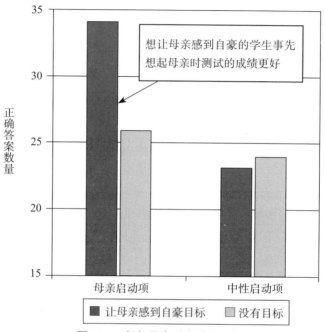

图 11-4　想起母亲时启动的目标

重要他人也可以通过激活他们为我们设定的目标来影响我们的动机。生活中经常有人为我们设定目标：母亲希望我们有礼貌，父亲希望我们坚强、坚持自我，语文老师希望我们能写出一部伟大的小说。即使我们自己没有这些目标，想到生活中的重要他人也足以让我们追求这个目标，至少是暂时追求。

为验证这一点，研究者让被试进行了语言流利测试。考试前，研究人员要求被试说出一个希望自己考出好成绩的重要他人（即朋友或家庭成员）的名字，以及没有为自己设定该目标的某个人的名字。之后，被试被阈下启动两个名字中的一个。结果显示，当希望其取得好成绩的那个人的名字被启动时，被试的考试成绩更好。一项后续研究表明，被试与重要他人的亲密程度对这一效应具有调节作用。被试感觉与希望其取得好成绩的重要他人的关系越亲密，其考试成绩就越好。

目标传染　并非只有重要他人才能自动触发目标。根据目标传染原则，当我们观察他人的行为时，我们倾向于用随后在自己心中被激活并指导自己行为的目标来解释他们的行为。只需看到某个陌生人做出某个行为就足以在自己心中自动激活陌生人的目标。

例如，在一项研究中，被试阅读了某人度假的故事。一半被试读的故事是去农场做助手，而另一半被试读的故事是在社区中心做志愿者。虽然故事没有明确提到赚钱的目标，但被试将第一种情景（即农场）中的行为解释为由赚钱的愿望所驱动。然后，被试完成了一项计算机任务，并且被告知如果提前完成任务，他们可以利用空余时间参加可以赢钱的彩票游戏。因此，被试完成计算机任务的速度越快，他们的赚钱动机就越强。

结果显示，那些阅读他人试图赚钱的故事（即农场场景）的人完成计算机任务的速度更快。也就是说，观察有赚钱目标的他人会让他们更有可能自己也追求这一目标。重要的是，被试的实际财务状况对这一效应有调节作用。与缺钱的被试相比，有钱的被试较少表现出目标传染。这意味着目标具有传染性——就像从他人那里传染上感冒一样，我们也可以从他人那里传染上目标——但是只有当该目标作为一种理想状态已经存在于我们心中时，这种情况才会发生。因此，观看《钻石王老五》（*The Bachelor*）不会自动让你找配偶，观看《飞黄腾达》（*The Apprentice*）也不会自动让你变得贪婪。但如果你已经有了这些目标，那么观看这些节目可能就会让你更有动力采取行动。

写一写

现实世界的意外触发物

上文讨论了目标被自动触发的四种方式：内隐自我主义、变色龙效应、拟人化和具身认知。请选择其中一个，并从你自己的生活中、新闻媒体或流行文化（如电影、电视、书籍）中选取一个例子，对这一触发因素进行阐述。在回答这个问题时，请先描述该例子，然后描述它如何产生了其中一个自动触发物的幻觉。

11.5　自动目标追求的结果

到目前为止，无意识目标追求和有意识目标追求似乎没什么区别。一旦某个目标被（有意识或无意识）激活，它便以相同的方式运作，引导个体的行为朝向期望的最终状态。例如，与有意识追求的目标一样，即使面对障碍和中断，自动激活的目标也会提高个体坚持达到目标的可能性。尽管大多数研究表明，无意识目标和有意识目标的表现相同，但也有一些值得注意的例外。

11.5.1　无意识目标对情绪的影响

人们通常会在成功时体验到积极情绪，在失败时体验到消极情绪。但是，假如我们某个目标成功或失败，但我们甚至不知道自己在为目标而努力，那会是什么结果？我们还会经历同样的情绪起伏，还是觉得自己根本没有追求过目标？

为了验证无意识目标是否会影响情绪，研究者对一半被试启动了成就目标。然后，所有被试完成了一项字谜任务，该任务要求被试还原一系列单词（如将"BBYA"还原为"BABY"）。一半被试收到的字谜非常简单，足以让其感觉自己成功地完成了任务，而另一半被试收到的字谜非常难，足以让其有一种失败感。最后，所有人都报告了自己当时的情绪。

结果显示，被启动成就目标的被试做简单任务时比做困难任务时感觉更好。没有被启动目标的被试在这两种情况下没有表现出情绪差异。这表明即使在无意识追求目标时，成功也会让我们感觉良好，失败仍会让我们感觉糟糕。

由无意识目标追求产生的情绪很独特，因为当我们体验到这些情绪时，我们不知道为什么。通常情况下，如果在一个目标上取得成功，你会感觉良好，于是你就会把这种良好的感觉归功于自己的成功表现（如"我感觉很好，因为我减掉了 1 千克"）。但是，当你在一个你不知道自己在追求的某个目标上取得成功时，你会突然感觉良好，但却不知道为什么。

由于这些情绪起因不明确，所以通常被称为"神秘情绪"。因为不确定自己为什么突然感觉良好或糟糕，我们更有可能错误地将神秘情绪归因于其他来源。

在文献中，将特定体验（如情绪）错误地归因于其他来源的倾向被称为错误归因。因此，对自己的情绪进行错误归因时，人们错误地认为实际原因之外的某个事物让其感到快乐或悲伤。这意味着在无意识目标上取得成功时，人们可能将其积极的神秘情绪归因于其他事物，例如，正在与之调情的性感调酒师或收音机中正在播放的新歌。在无意识目标上失败时，人们可能会将其负面神秘情绪归咎于他们讨厌的实验室搭档或即将到来的数学测试。

11.5.2　无意识目标对自我控制的影响

为目标而努力需要极大的自我控制，而我们的自我控制力是有限的，很容易变得枯竭，从而影响表现。虽然研究表明有意识的目标会出现这种损耗效应，但是如果我们的目标努力是无意识的，那会是什么情况？

为了回答这个问题，研究者让被试观看了一段令人作呕的视频并做出如下指示：

1. 明确指示他们要抑制自己的情绪（有意识目标组）；
2. 在其不自觉的情况下事先给他们灌输情绪抑制的概念（无意识目标组）；
3. 没有给其任何指示（对照组）。

然后，所有被试都参加了一项自我控制测试。与损耗效应一致，那些被明确指示要抑制自己情绪的人在自我控制任务中的表现不如那些没有得到任何指示的人。这是因为在视频任务中有意识地抑制情绪使他们已耗尽自我控制资源，因此可用于第二项任务的资源较少。

但是，无意识目标组呢？

有趣的是，他们的表现介于其他两组之间：比有意识目标组好，但不如对照组。这表明追求无意识目标确实需要自我控制资源，但所需要的资源数量不如追求有意识目标时那么多。

其他研究发现，无意识目标实际上有可能劫持自我控制系统，比有意识目标消耗更多的资源。所以，在你感到特别疲惫的日子里，可能是因为某个无意识目标被激活，为了自身进步而窃取了你的能量。

11.6　让目标变自动

很明显，让目标变得更加自动有一些益处。因此，动机研究者试图寻找实现目标自动化的方法。其中一个策略是形成执行意向，一旦个体进入相关情境就会自动激活目标。

这听起来可能令人难以置信，人们未能实现目标的主要原因之一是一开始就忘记了启动目标。例如，一项研究发现，70% 曾打算进行乳房自查但未能这样做的女性表示，这是因为自己把这件事忘了。为确保自己不会忘记执行目标，请列出三种让目标变得更加自动的方法。想想在你周围的环境中放什么东西能自动启动你的目标（如贴在浴室镜子上的便条）。

写一写

让目标变自动

形成执行意向是使目标变得更加自动的一种方法，但你也可以使用其他策略。考虑一下增加体育活动这一目标。请描述拥有该目标的人让目标变得更加自动的两三种方法，说明你为什么认为这一策略有利于目标实现。

12 情绪

丽莎的故事

　　丽莎·诺瓦克（Lisa Nowak）6 岁时，在电视上看到阿波罗登月的镜头，于是决心长大后成为一名宇航员。虽然许多小孩都曾许下长大后成为一名宇航员的愿望，但丽莎真正做到了。29 岁时，丽莎获得航空工程硕士学位，成为美国海军的一名飞行员。四年后，丽莎加入美国国家航空航天局，担任机器人技术任务专家。43 岁时，丽莎作为国际空间站的工作人员，登上了"发现号"（Discovery）航天飞机，从而实现了自己的梦想。尽管取得了不少成就，但由于宇航员工作的性质，丽莎并不出名。人们知道她的名字是因为，2007 年 2 月 5 日那天发生的一系列离奇事件。

　　丽莎与另一名宇航员威廉·奥菲莱恩（William Oefelien）的婚外情已有两年的时间。2006 年年底，威廉与丽莎分手了，丽莎的丈夫也跟她离了婚。更糟糕的是，分手刚几个星期，威廉就开始与佛罗里达州空军基地的一名工程师科琳·希普曼（Colleen Shipman）约会。丽莎性格中的竞争精神和完美主义曾让她取得巨大的成就，而此时这些特质却让她瞬间崩溃，完全失去控制。她因嫉妒和愤怒而不知所措，于是她设计了一个杀人计划：把科琳干掉，让威廉重新回到自己身边。2007 年 2 月 5 日晚上，丽莎装好作案工具，包括乳胶手套、手枪、小刀、胡椒喷雾、锤子、塑料垃圾袋、假发和防水衣，然后驱车 1500 千米，从休斯敦来到佛罗里达。为了避免路上上厕所，她甚至穿上了成人纸尿裤。

　　到达佛罗里达后，她去了机场，因为她知道科琳·希普曼那天要从威廉那里回来。从行李提取处到停车场，她一路尾随着科琳。在科琳正要上车时，丽莎从后面蹿出来试图抓住她。但科琳动作很快，跳上车立刻锁上了车门。情急之下，丽莎一边哭一边拍打着车窗，声称自己遇到了麻烦，需要搭车。出于关心，科琳把车窗摇下几厘米。丽莎此时已准备好胡椒喷雾，她把喷雾对准车内猛喷。科琳挂上车挡，飞驶到停车场入口附近的岗亭。服务生立即报警，几分钟后警察到达现场时，他们看见丽莎正把那包作案工具往一个垃圾桶里塞。最后，丽莎因企图绑架和殴打他人而被捕。尽管丽莎最初提出无罪辩护，但她最终还是对情节较轻的指控表示认罪。

一个在事业上如此成功的女人，为何在个人生活上会如此失败？一个曾遨游太空的人为何会跌入疯狂的深渊？虽然导致丽莎做出这些行为的因素可能有很多，但一个主要因素是她的情绪。丽莎一直是一个争强好胜、雄心勃勃的人，正是这种驱动力使她成为海军学院班的尖子生，并且在之后加入美国国家航空航天局，甚至成为美国太空计划中为数不多的女宇航员之一。但是，当她无法让恋人回心转意时，这种永远想当第一的愿望变成了危险的愤怒。丽莎的故事告诉我们，情绪可以成为动机的强大来源。虽然情绪并不总是对人有害，但情绪有时会导致我们做出伤害自己和他人的行为。

本章将探讨什么是情绪，情绪为什么会对动机产生如此大的影响，以及如何确保情绪引导我们走上正确的道路。

12.1　什么是情绪

情绪与动机密不可分。事实上，**情绪**（emotion）一词最初源于拉丁语词 *emovere*，意思是"移出"或"鼓动"。这就说明为什么情绪这个词中包含"**运动**"（motion）一词。术语的选择表明情绪会促使我们运动或促使我们采取行动。然而，情绪与动机领域有着漫长而混乱的关系。

并非情绪的所有方面都是有意识的体验。相反，**情感**（affect）一词通常用于描述对特定对象或事件的无意识的评价性反应。情感和情绪的主要区别在于，情感迅速产生而情绪需要时间。接触事物的那一刻，你能在几毫秒内就判断出自己是喜欢还是不喜欢，从而产生积极或消极的情感。

此时你可能在想，"那心情呢？"人们经常说自己"心情很好"或"心情不好"，所以心情与情绪和情感有共同点。然而，许多研究者将心情视为一个单独的概念。心情与情绪或情感的主要区别是，**心情**（mood）是一种与特定对象或事件没有明确关联的广义情感状态（见表 12-1）。我们会对特定目标产生情绪或情感（"我爱我的狗"或"我不喜欢吃西蓝花"），但我们常常不知道自己为什么心情好或心情不好。有时没有特别的原因，我们一整天心烦意乱。

表 12-1　情绪、情感和心情的区别

术语	描述	举例
情绪	对特定对象或事件的有意识的评价性反应	达里仁正在对申请经理助理职位的三名求职者进行面试。前两个没有给他留下深刻的印象，但是看到第三名求职者时，他马上就喜欢上她的聪明、专业和友好
情感	对特定对象或事件的无意识的评价性反应	与阿什莉相亲时，杰森一见面就不喜欢她。他说不出为什么，但直觉告诉他，这名女子不适合他
心情	一种与特定对象或事件没有明确关联的广义情感状态	玛蒂娜与朋友约好共进午餐，一见面她就冲朋友发脾气，并不是因为朋友做了什么得罪她的事，而是因为她一整天都感觉心情烦躁

写一写

科学家能研究情绪吗

有些科学家认为，由于情绪如此抽象和主观，所以无法对其进行科学研究。而有些人不同意这一观点。你怎么看？你认为情绪过于主观，一个人对快乐或悲伤等情绪的体验与另一个人的体验不一样；还是认为不同情绪也有客观相似性，可以用科学方法进行研究？在你的回答中，请提供证据或具体的例子来支持你的论点。

12.2　情绪是如何产生的

你已经知道情绪是什么，下面我们讨论触发情绪的因素。乍一看，这个问题似乎很简单：好事（如糖果）会引发好情绪，坏事（如蛇）会引发坏情绪。但是答案要比这复杂得多。当你遇到像蛇一样可怕的东西时，恐惧究竟来自哪里？恐惧是始于你的大脑（头脑中闪过所有关于蛇的消极想法），还是始于你的身体（心跳加速、肌肉僵硬、肚子收紧）？

情绪是源于头脑，还是源于身体，几十年来这一问题一直困扰着科学家们，因此出现了多个关于情绪的不同理论。

在讨论有关情绪的理论之前，我们先来看看常识如何看待情绪触发（见图12-1）。

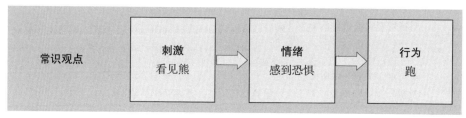

图 12-1　常识理论

注：假设你正在荒野中徒步旅行，路程过半时你突然看到前面有一只咆哮的熊。如图 12-1 所示，常识认为，当你接触到刺激（熊）时，你的头脑会将其评估为危险（恐惧），因此这种情绪会使你做出相应的行为（跑）。

因此，常识告诉我们：

1. 思想导致情绪；
2. 情绪导致行为。

这一顺序似乎符合丽莎的故事：她意识到威廉是因为另一个女人而把她甩了，她感到很气愤，这种愤怒使她采取报复行为。但是我们知道，科学家们不依赖常识来告诉他们情绪是由什么原因引起的。因此，许多理论家都提出了不同于这种常识方法的情绪因果顺序，而且他们的主张也有充分的证据支持。

写一写

重新排列情绪 - 行为顺序

除了图 12-1 中描述的常识，你能否想出这三个组成部分（刺激、情绪和行为）以其他方式相互联系？例如，如果把概念的顺序颠倒过来或改变箭头的方向会怎样？或者这些概念是否根本没有因果关系？如果你确定了另一种顺序，请提供适合这一顺序的实例。

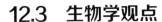

12.3 生物学观点

在达尔文出版了著名的《物种起源》（*On the Origin of Species*）一书的 10 年后，他又出版了一部关于情绪进化的著作《人与动物的情绪表达》（*The Expression of the Emotions in Man and Animals*），这部著作不如前者知名，达尔文在书中表达了情绪是基于生理学的观点。这一主张促使几位理论家从生物学的角度开始研究情绪，认为情绪是由身体或大脑中的生理过程的变化而引起的。

12.3.1 詹姆斯－兰格理论

威廉·詹姆斯（Williams James）和卡尔·兰格（Carl Lange）最早提出了关于情绪的科学理论。虽然该理论的名称包含了他们两个人的名字，但事实上詹姆斯和兰格从未合作过。美国心理学家詹姆斯和丹麦心理学家兰格几乎是在同一时间各自独立提出了同一个观点。因此，该理论归功于他们两个人（见图 12-2）。

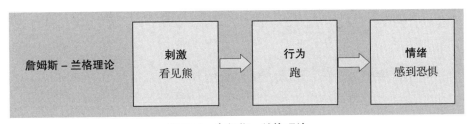

图 12-2 詹姆斯 - 兰格理论

注：詹姆斯 - 兰格理论认为，情绪是刺激自动引起的生理变化所产生的直接结果。

请注意，在图 12-2 中詹姆斯 - 兰格理论中的事件顺序与前面讨论的常识方法完全相反。虽然常识认为情绪导致行为，但詹姆斯 - 兰格理论认为，行为是导致情绪的一种自动反应。正如詹姆斯所写：

常识说失去财富，我们会伤心哭泣；看到一只熊，我们会因害怕而奔跑；受到竞争对手的侮辱，我们会因生气而反击……更合理的说法是我们感到伤心是因为我们哭泣，感到生气是因为我们反击，感到害怕是因为我们颤抖。

从这个角度来看，情绪没有直接的激励作用，因为情绪只是我们的头脑对身体的自动反应所做的解释。

为更好地理解詹姆斯 - 兰格理论中的事件顺序，我们来看一个你可能亲身经历过的例子。

假设你正在高速公路上开车快速行驶，你突然看见前面有一辆汽车停在道路中间，你一边猛打方向盘，一边急踩刹车，以避开那辆车，然后把停在了路边。停下车以后，你才意识到差一点儿就发生严重的车祸，于是一阵恐惧突然袭来。请注意，在这种情况下，你的第一反应是身体反应。如果你等到感觉害怕身体再做出反应，那么你可能早就撞上那辆车了。正如詹姆斯 - 兰格理论指出的那样，先是身体反应，然后才是情绪反应。

呼吸新鲜空气

研究表明，在户外活动 5 分钟后，人们会感觉更快乐。例如，对超过 11 项研究的调查发现，在自然环境中锻炼与精力、活力的增加以及抑郁、愤怒、困惑和紧张情绪的减少有关。所以下次当你情绪低落时，可以去公园散步或去森林里徒步旅行。这样既不用花钱又有效，而且只需要几分钟就能让你感觉良好。事实上在日本，人们常常进行"森林浴"之旅，这就是为了放松，在森林中漫步。

自动神经系统　情绪发生之前的身体反应是由自动神经系统引起的。自动神经系统是外周神经系统的一部分，在我们无意识的情况下，自动神经系统通过控制内脏反应（如心率和瞳孔放大）来维持体内平衡。自动神经系统由两个相互作用的系统组成，以维持体内平衡（见图 12-3）。

• 交感神经系统在人们遇到危险时使身体做好行动准备，方法是通过加快心率，提高血压，增加肌肉张力以及减慢消化，从而把血液转移到身体最需要的地方（即大脑和肌肉）。

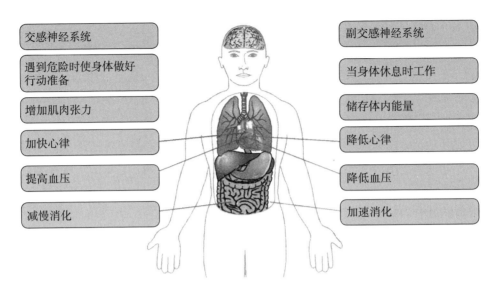

交感神经系统

遇到危险时使身体做好行动准备

增加肌肉张力

加快心律

提高血压

减慢消化

副交感神经系统

当身体休息时工作

储存体内能量

降低心律

降低血压

加速消化

图 12-3　交感神经系统与副交感神经系统

- 副交感神经系统在身体休息时工作，方法是通过在体内储存能量，降低心率和血压，加速消化。

　　根据詹姆斯 - 兰格理论，当可怕的刺激出现时，它会自动激活我们的交感神经系统，从而导致恐惧情绪出现。虽然詹姆斯 - 兰格理论是第一个以这种方式将身体和情绪联系起来的理论，但是也有几位当代理论家认为生理变化会使人产生情绪。

　　然而，如果身体引发情绪，我们又如何体验如此众多不同的情绪呢？

　　为回答这一问题，詹姆斯 - 兰格理论指出，自动神经系统中的不同生理反应会产生不同的情绪。也就是说，激活身体特定部位会产生特定情绪。

　　当代研究对詹姆斯－兰格理论的支持　尽管詹姆斯 - 兰格理论已有 100 多年的历史，但它仍然激励着当代研究者。大量借鉴詹姆斯 - 兰格理论的一个现代研究领域是对具身情绪的研究。身体中的物理变化可以改变人们的思维方式和行为方式（即具身认知）。例如，人们将黑暗与不良行为联系起来，因此戴墨镜时人们更容易行为不检点。

　　身体变化也会改变人们的感受（即具身情绪）。例如，有一个观念由来已久，即负罪感可以被"洗掉"。许多宗教都有一个仪式，用水清洁身体，以净化精神（如洗礼）。同样，莎士比亚的戏剧《麦克白》（*Macbeth*）中有一个人物，他在杀人后会用洗手的方式来消除负罪感。有趣的是，最近的研究表明，身体行为实际上可能会让我们感到内疚。

在一项研究中，研究者持有这样一种观点：内疚的人想通过补偿行为（如志愿服务）来恢复其道德纯洁性。然而，如果进行身体清洁"冲走"了这种内疚，那么人做出补偿行为的可能性就更小。为了验证这种可能性，他们让被试反思自己过去做出的某种不道德的行为。然后，他们对一半被试进行了消毒擦拭，并且指示他们洗手，而另一半被试则没有进行自我清洁。最后，所有被试都被问到是否愿意参加另一项无偿研究，以帮助一名焦急的研究生。结果显示，非清洁组中74%的人自愿参加另一项研究，而清洁组中只有41%的人自愿参加。这意味着洗手这个简单的动作使被试的志愿精神减少了一半！看来，"清洁仅次于圣洁"这一谚语似乎有一些道理。

对詹姆斯－兰格理论的批评　尽管得到相当多的支持，詹姆斯－兰格理论也遭到了一些严厉的批评。最早的批评者之一是生理学家沃尔特·坎农（Walter Cannon），他指出了该理论存在的两个问题。

1. 该理论描述的那些生理变化发生得相对缓慢，因此无法解释情绪体验的即时性。如果有人辱骂你，你感觉气愤的速度要快于你大脑的温度上升或肌肉变紧的速度。
2. 支持特定身体变化产生特定情绪这一论断的证据很少。大多数研究表明，很多不同情绪的生理反应非常相似。例如，最近对该主题所有已发表的研究进行的荟萃分析发现，心率加快与三种不同的情绪（愤怒、悲伤、恐惧）有关。

很少有证据表明，身体变化会产生不同的情绪。虽然坎农在这一点上是正确的，但是有充分的证据表明，面部变化会产生不同的情绪。下面我们将讨论这一点。

面部反馈假设　詹姆斯－兰格理论后来扩展为面部反馈假设（facial feedback hypothesis）。该假说指出，不同的面部活动会使人产生不同的情绪体验。

如果你强迫自己微笑，你会感到快乐。如果你强迫自己皱眉，你会感到愤怒。虽然这一说法看起来很牵强，但是有证据支持这一说法。有研究者设计了一项研究，来验证面部某些肌肉收缩是否会引发某些情绪。被试被告知，该研究的目的是测试人们在不能用手的情况下如何完成任务。然后研究者给被试一支笔，告诉他们各自做下列三件事之一。

- 第一组被试被告知把笔夹在上下牙齿之间。这一要求看似很奇怪，但是把笔夹在牙齿之间会使颧大肌收缩，人在微笑时这一面部肌肉会收缩。
- 第二组被试被告知把笔夹在双唇之间。把笔夹在双唇之间会使眼轮匝肌收缩，人在皱眉时这一面部肌肉会收缩。
- 第三组被试被告知用人类原始的方式持笔，即用手握笔。

在他们咬着笔或拿着笔的同时，研究者向所有被试展示了一系列漫画，让他们评价这些漫画多么有趣。

正如人们所料，那些把笔夹在牙齿之间（假笑）的人感觉漫画最有趣，而那些把笔夹在双唇之间（假皱眉）的人感觉漫画最无趣。

因此，当你感到沮丧而有人告诉你"露出笑脸"时，你最好听从这一好建议。

试一试：面部反馈假说

请拿起一支笔（最好是干净的）和一面镜子，试试上面的方法。先把笔夹在牙齿之间，观察镜子中的你，你的嘴形与微笑有多接近？然后把笔夹在双唇之间，你看起来像是在微笑，还是在皱眉？

12.3.2　坎农 – 巴德理论

在对詹姆斯 - 兰格理论提出批评以后，坎农与他以前的学生菲利普·巴德（Philip Bard）一起提出了他们的情绪理论。由于发现詹姆斯 - 兰格理论存在一些问题，他们反对生理变化会引起情绪这一观点。但他们承认，有时某些生理反应会与情绪共同发生（见图 12-4）。

为了描述这一过程是如何发生的，这些研究者强调丘脑的重要性，丘脑是一个调节睡眠和警觉性的大脑区域，就像神经冲动的交换机一样。根据这一理论，当视觉刺激（熊的图像）激活丘脑时，这会把电波信号分裂，并且将其发送到两个不同的方向。一个信号传到大脑皮层产生情绪（恐惧）体验，另一个信号传到下丘脑和自动神经系统产生生理反应（心率加快）。

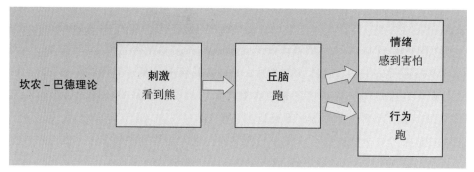

图 12-4　坎农 - 巴德理论

注：根据坎农 - 巴德理论，身体的物理变化伴随而不是引起情绪。

常识告诉我们情绪导致行为，而詹姆斯 - 兰格理论告诉我们行为导致情绪，但是坎农 - 巴德理论告诉我们两者都不正确，情绪和行为同时发生，而不是一个引起另一个。

但哪个理论最准确？虽然这两个理论都有一些实证支持，但大多数研究者认为，相比詹姆斯 - 兰格理论，研究数据似乎更支持坎农 - 巴德理论。

写一写

评价情绪的生物学理论

请选择你喜欢的詹姆斯 - 兰格理论的一个方面并说明原因。然后，选择你喜欢的坎农 - 巴德理论的一个方面并说明原因。最后，指出你认为哪个理论能更准确地解释引起情绪的真正原因，并且说明理由。

12.4　认知观点

到目前为止，我们的讨论清楚地表明，生理对情绪的出现起着重要作用。但同样重要（有些人甚至认为更重要）的是认知对情绪的作用。正如哲学家尼采所说，"每一种情绪……都有理性的成分。"因此，许多理论家对情绪采取认知观点，认为情绪是由人的思想和评价引起的。

12.4.1　辛二氏认知标签理论

20 世纪 60 年代早期，心理学领域出现了"认知革命"。认知心理学家们不再将人类视为与动物类似，而是开始将人类大脑视为与计算机类似。这种范式转变的结果是强调思想、感知和信息如何激发人们的决策、行为和情绪。斯坦利·沙赫特（Stanley Schachter）和 J.E. 辛格（J.E.Singer）提出了对情绪原因的认知解释。

根据**辛二氏认知标签理论**（Schachter-Singer cognitive labeling theory），情绪是由两个组成部分——生理唤醒和认知标签——共同产生的结果（见图 12-5）。

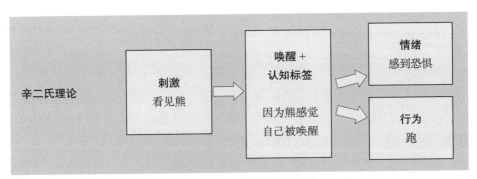

图 12-5　辛二氏认知标签理论

注：根据这一理论，刺激会导致一般性唤醒。然后大脑会搜索唤醒的原因，产生认知标签（我感觉到唤醒是因为……）。一旦唤醒被标记，就会经历特定情绪。

与之前的生物理论家们一样，沙赫特和辛格认为生理唤醒对情绪有着重要作用。然而，他们不同意不同唤醒引起不同情绪这一说法。根据其理论，不管经历什么样的情绪，刺激都会使人产生一般性生理唤醒（如心率加快、血压升高、出汗）。那么是什么决定了你是感到恐惧、愤怒还是喜悦？这是由第二个组成部分决定的。

根据辛二氏认知标签理论，当你开始感觉唤醒增加时，你的大脑会试图通过审视周围的环境来确定唤醒的原因。如果你正在健身房的跑步机上健身，你的大脑会意识到这就是唤醒的原因，因而你就不会感觉到由此引发的情绪。但是，假如你正站在观众面前演讲呢？你的大脑会认为你的惶恐是唤醒的原因，于是你会感到焦虑。假如经历唤醒时你正抱着刚出生的婴儿呢？你的大脑会认为宝宝是唤醒的原因，于是你会感到快乐。因此，你的头脑为一般性唤醒贴什么标签就决定了你会经历什么样的情绪。

唤醒的错误归因　辛二氏理论最有趣的一个方面是，如果你的头脑错误地标记唤醒原因，那么你就有可能"被欺骗"，从而感受到特定情绪。当人们无法从当前情境中找到明确的原因导致唤醒无法解释时，就会出现这种错误标记（或错误归因）。当出现这种情况时，人们会为唤醒提供某个认知标签，从而感受特定情绪。要了解这是怎么回事，请假设你是沙赫特和辛格经典研究的被试之一。

当你到达实验室时，实验者告诉你该研究的目的是，测定注射某种维生素对视力有什么影响。然后，实验者给你注射了这种维生素，并且告诉你该药物可能会有一些副作用，包括麻木和瘙痒。

然后，有人把你领到一个房间，让你和另一名学生共同完成一项任务，这名学生恰好是一个非常快乐的人。与这名学生互动几分钟后，你开始感觉自己脉搏加快。你知道这一反应不可能是注射维生素引起的，因为实验者描述的副作用不包括这种反应，那么这一定是因为与那名同学互动让你感到快乐。

沙赫特和辛格的研究就是这么做的。只不过他们不是像上述所说的那样给人们注射维生素，他们给人们注射的是**肾上腺素**（adrenaline）。注射肾上腺素会引起生理唤醒，导致心率加快和发抖等副作用。

在注射肾上腺素后，被试被随机分为三组，接收有关药物预期副作用的不同信息。

- 知情组：该组被试获得关于注射预期副作用（如心率加快和发抖）的正确信息。
- 误导组：该组被试获得不正确的信息（如麻木和瘙痒）。
- 不知情组：该组被试未被告知有任何副作用。

然后，所有被试都在一个房间中与另一名学生互动 20 分钟，这名学生实际上是实验者的助理，被指示要表现得很快乐。在研究结束时，被试需要评估自己在互动过程中的感受（见图 12-6）。

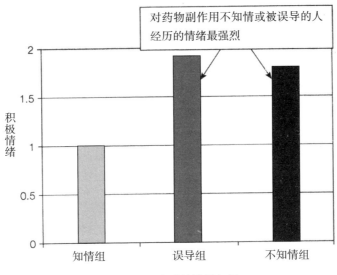

图 12-6　唤醒的错误归因

对副作用不知情或被误导的被试报告的积极情绪最强烈。这为**唤醒错误归因**（misattribution of arousal）概念提供了有力的证据，这仅仅意味着唤醒的原因被错误标记（或错误归因）。被告知副作用正确信息的人表现出的情绪最弱。这是因为当开始感觉被唤醒时，他们正确地将注射标记为唤醒的原因。

唤醒错误归因能增进浪漫吸引力吗　唤醒错误归因是一个很实用的概念，如果你认为它只发生在实验室，那么你就错了。事实上，你可以在生活中运用这一原则来获得你想要的东西。

那么你如何利用这些信息来改善自己的爱情生活呢？只需确保你的第一次约会包含令人兴奋、诱发唤醒的活动。你可以去游乐园坐过山车，看恐怖电影或动作电影，如果是 10 月份，可以去看看鬼屋。《钻石王老五》和《单身女郎》（The Bachelorette）这些真人秀相亲节目，在计划相亲活动（如蹦极或在有异域风情的地方乘坐热气球）时，使用的就是这种方法。无论具体是什么活动，其目的是让当时的情境激发唤醒，以期约会对象把这种唤醒归因于你。

但是，在你与约会对象跳出飞机或从大桥上蹦极之前，你要确保约会中的活动令约会对象感到兴奋，而不是害怕。尽管辛二氏理论认为，所有的情绪都基于同样的唤醒，但研究者们后来发现了两种唤醒的证据，一种是正面的，另一种是负面的。

- 愉快的唤醒来自令人愉快的体验，助长快乐等情绪。
- 不愉快的唤醒来自令人不愉快的体验，助长愤怒和恐惧等情绪。

虽然我们很容易将愉快的唤醒错误地归因于积极的情绪，但是将不愉快的唤醒归因于积极情绪也许不可能。这意味着感觉蹦极有趣的约会对象很可能将这种唤醒错误地归因于你的性吸引力，但是感觉蹦极可怕的约会对象不太可能这样做。

12.4.2　评价理论

辛二氏理论认为，一个问题（激发唤醒的原因是什么）决定了人们会体验到哪种情绪。虽然其他研究者认为认知在情绪过程中起着重要作用，但他们认为两个主要问题决定了我们的情绪体验。

根据拉扎勒斯的评价理论，人们在遇到刺激时问自己的第一个问题（或"初级评价"）是："这一刺激是好还是坏，关乎我的幸福吗？"确定刺激的含义后，人们会转向第二个重要问题（或"次级评价"），他们会问："我有能力应对此事件的后果吗？"

理查德·拉扎勒斯（Richard Lazarus）的评价理论明显关注认知在情绪过程中的作用，但这并不意味着他认为唤醒不重要。只不过他认为认知先于唤醒。根据他的理论，首先是初级评价，初级评价决定生理唤醒是否会发生。如果个体认为事件与之不相干，那么就不会有唤醒，因此也就不会有情绪。但是，如果个体认为事件与之相关，无论是好还是坏，那么唤醒就会增加。正是这种唤醒的增加引发次级评价。如果个体能够成功应对该事件，那么唤醒就会减少，情绪发作结束。但如果个体无法应对事件，那么高度唤醒就会持续存在，因而情绪也会持续。

写一写

评价情绪的认知理论

选择辛二氏认知标签理论中你所喜欢的一个方面并说明原因。然后，选择拉扎勒斯评价理论中你所喜欢的一个方面并说明原因。最后，指出总体上你认为哪一个理论能够更准确地解释情绪的真正原因并说明理由。

12.5 先有认知还是先有情绪

一个经过长时间辩论的问题是，认知必须先于情绪，还是在大多数情况下先于情绪。例如，扎荣茨（Zajonc）认为，虽然认知往往先于情绪，但有时候我们可能会自动感受到一种情绪，而不必去思考它。为说明这种可能性，扎荣茨列举了**纯粹接触效应**（mere exposure effect）的证据，纯粹接触效应是指人们自然偏好以前接触过的事物这一倾向，即使先前接触是无意识发生的。例如，你是否有过这样的经历：第一次听一首歌就立刻喜欢上了它，后来才发现你之前在一部电影或一则广告中听过，只是不记得了？这就是纯粹接触效应。虽然在意识层面你认为自己是第一次听到这首歌，但是在无意识层面，这一刺激似乎很熟悉，因为你以前经历过，只不过忘记了。因此，虽然拉扎勒斯认为认知（即评价）总是先于情绪，但扎荣茨的研究表明，有时情绪会在没有意识认知的情况下产生。

因此，根据罗伯特·普拉奇克（Robert Plutchik）的观点，认知和生理不会直接引发情绪，但两者都会对最终的情绪反应产生间接影响。

写一写

认知和情绪有何关系

拉扎勒斯认为认知总会引发情绪，扎荣茨认为在没有认知的情况下情绪也可能产生，而普拉奇克认为两者都有可能，因为两个概念是循环关系而不是线性关系。这三个观点你最赞同哪一个？为什么？在回答时请使用情绪方面的真实例子来支持你的论点。

12.6　情绪的神经科学

先有认知还是先有情绪，神经科学的最新发展使我们能够以新的方式回答这一问题。在 20 世纪 30 年代和 40 年代，研究者们确定了一系列与情绪相关的大脑区域，这些大脑区域被总体称为**边缘系统**（limbic system）。边缘系统位于脑干顶部（颈部与头后部相交处），深埋于大脑皮层中，由几种结构组成，包括杏仁核和海马体。

多年来，人们认为边缘系统控制情绪，而前额叶皮层控制认知。但最近的证据表明，这两个过程明显重叠，无法确定哪一个大脑区域专门负责情绪，哪一个专门负责认知。因此，现代神经科学研究不支持情绪和认知彼此独立这一观点，而是支持上文讨论的认为认知和情绪错综复杂地交织在一起的认知理论。

12.6.1　前扣带回

尽管大脑中没有专门负责情绪的区域，但有几个区域被认为是产生情绪不可或缺的。其中一个区域是前扣带回。前扣带回位于额叶内部，与大脑其他区域（包括边缘系统）相互连接。

前扣带回的作用是检测不同反应之间的冲突，当个体未能达到预期结果而必须控制由此产生的负面情绪时，前扣带回可能被激活。与此假设一致，患有焦虑症（如强迫症）、恐惧症和创伤后应激障碍的人，其前扣带回会表现出高度激活，特别是存在冲突时。因此，前扣带回，尤其是其腹侧部分，被认为负责整合认知和情绪信息，以便将注意力引到最需要的地方。

12.6.2　杏仁核

要了解另一个大脑区域在情绪方面所起的作用，我们先来看看查尔斯·惠特曼（Charles Whitman）的故事。

查尔斯·惠特曼是一名 25 岁的鹰童军（Eagle Scout），前海军陆战队队员，在得克萨斯大学主修工程学。但是在 1996 年 8 月 1 日，查尔斯爬到学校主楼楼顶，开始不分青红皂白地开枪扫射下面的路人。他射中的第一个人是一名孕妇，当孕妇的男友跪在地上救她时，查尔斯也开枪把他打中。下面的人试图逃跑，他把他们挨个击中。他甚至射中了一名试图帮助受害者的救护车司机。当警方将其击毙时，他的扫射已造成 17 人死亡和 32 人受伤。警方在他家搜集线索时发现了他在前一天晚上写的遗书，遗书上写的东西很奇怪。

在遗书中，他要求对其进行尸体解剖，以确定其大脑是否有问题，因为他一直经历着无法控制的暴力冲动。在进行尸检时，验尸员发现有一个硬币大小的肿瘤压迫着查尔斯的杏仁核。

一般而言，杏仁核被认为是动物和人类的"情绪计算机"，因为它会将注意力引向情绪方面突出的刺激，特别是当刺激新鲜、令人惊讶或不确定时。杏仁核主要负责识别刺激对情绪的意义，然后将这种情绪印在我们对该刺激的记忆中。因此，当我们因碰触烤箱烫着手而感到愤怒时，杏仁核会将这种情绪印在我们对热烤箱的记忆中。当我们第一次品尝甜草莓而感受到快乐时，杏仁核会将这种情绪印在我们对草莓的记忆中。因此，当我们再次遇到这些刺激时，它们会立即激活相应的情绪，让我们知道自己是该接近还是避开刺激。

杏仁核是一种杏仁状结构，位于大脑颞叶的深处，是边缘系统的一部分。

当杏仁核受损时会怎么样？

当灵长类动物的杏仁核受损时，它不再担心以前的威胁性刺激，它会试图与其他物种交配，并且试图吃不可食用的物体，如岩石和粪便。如果没有杏仁核，动物就无法确定对特定刺激应做出何种恰当的反应，不知道是该逃避它、接近它，还是把它吃掉。

在人类中，杏仁核受损与各种精神疾病有关。正如查尔斯·惠特曼的故事所表明的那样，这一大脑区域受损的人会变得暴力，更喜欢冒险。杏仁核的扩大和过度活动也与抑郁症高度相关，抑郁症通常以缺乏动机为特征。因此，杏仁核在我们如何形成情绪并利用情绪做出决定方面起着重要作用。

写一写

运用情绪－神经科学研究解决社会问题

查尔斯·惠特曼的故事提供了一个生动的例子，说明情绪是如何与大脑的某些区域相连的。你认为如何利用这些知识来解决现实问题？在你的回答中，请选择某一社会问题（如路怒、欺凌、恐怖主义），并且考虑如何利用神经科学对情绪的研究来解决这一问题。

12.7　情绪有哪些类型

　　除了情绪产生的原因这一问题，另外还有两个问题一直困扰着研究者们：人类总共有多少种情绪？分别是什么？现在，请你停下来问一下自己，英语中有多少表示情绪的单词。200 个？ 500 个？事实上，这一问题没有明确的答案，但据估计英语中有 800 个情绪词！然而，问题是这些词是否每一个都代表了一种独特的情绪。例如，"angry" "livid" "mad" "frustrated" 这几个词是否真的存在很大差异？ "happy" "blissful" "joyous" "merry" 这几个词呢？有些理论家认为只有三种情绪，而有些理论家则声称有无数种情绪。

　　导致这种分歧的一个原因可以追溯到我们最初提出的那个问题，即情绪是由生物学引起的，还是由认知引起的。生物理论家们倾向于将情绪数量限制为少数"核心情绪"，因为身体对刺激做出反应的方式有限（即有限数量的神经回路、面部运动等）。因此，大多数生物理论家认为情绪的数量是 3~10 种。

　　而认知理论家认为情绪的数量几乎无穷尽，因为人们感知和评价刺激的方式无穷尽。虽然他们可能承认有少数几个简单的核心情绪（如快乐和愤怒），但他们认为源自这些核心情绪的次级情绪更值得关注。因此，愤怒和沮丧之间的差异对一名生物理论家来说可能无关紧要，但对一名认知理论家来说却至关重要。

　　在确定不同类型的情绪之前，我们想给你一个有用的提示以帮助你理解。人们常常把情绪视为独立的类别，但如果我们像看待颜色那样看待情绪可能会更好。

　　我们都知道有三种基色（蓝色、红色和黄色），这三种颜色可以进行组合产生三种二次色（绿色、橙色和紫色）。但事情并不是这么简单，因为你还可以有其他组合，如蓝绿色（绿色＋蓝色）或蓝紫色（蓝色＋紫色）。如果往这些颜色中添加白色，你会有更多的颜色，如粉红色（红色＋白色）或浅蓝色（蓝色＋白色）。因此，不要把颜色看作独立的类别，把它们说成是代表有些模糊的颜色选项"家族"的颜色原型可能更准确。颜色的这种"家族"特征正是涂料公司对待颜色的方式。在任何一家建材商店的油漆区,你都会发现颜色深浅不一的色板。如果你想把房间涂成蓝色,那么油漆色板能帮你找到你想要的蓝色。虽然午夜蓝和浅蓝看起来截然不同,但我们仍然认为它们都是"蓝色"家族的成员。颜色的另一个特征是我们倾向于将它们视为不同的类别,但我们也认识到它们构成了一个连续体。很难准确地说出浅蓝色浅到什么程度就会变成白色,或者午夜蓝深到什么程度就会变成黑色。从这一点上来讲,情绪与颜色非常相似。

要识别少数几个核心情绪"家族"(如快乐、悲伤、恐惧)很容易,但我们必须认识到这些情绪只代表一种定义模糊、包含许多次级情绪的连续体。例如,惊讶(surprise)和惊吓(startle)两种情绪比较相似,但前者似乎代表积极的体验("这真是一个惊喜"),而后者则代表负面体验("你吓了我一跳")。这就是我们为什么办"惊喜派对"(surprise parties)而不是"惊吓派对"(startle parties)。因此,我们不应把惊讶和惊吓看作独立的情绪类别,它们更有可能属于一个包含正反两面的情绪家族。

12.7.1　核心情绪

如果主要(核心)情绪数量有限,那么我们如何定义它们?这仍然取决于研究者是从生物学角度出发,还是从认知角度出发。我们先讨论核心情绪的生物学观点,然后再讨论核心情绪的认知观点。

在生物理论家看来,核心情绪应当:

1. 是生来固有的,而不是后天习得的;
2. 以独特的方式表达(如特定的面部表情);
3. 对所有人都具有普适性。

按照这三个标准,许多生物理论家一致认为,核心情绪有六种:愤怒、厌恶、恐惧、快乐、悲伤和惊讶。正如人们所料,这些情绪与特定的面部表情相对应。

埃克曼对核心情绪的研究　许多认知理论家都研究过情绪,但保罗·埃克曼(Paul Ekman)对面部表情的兴趣,使他成为研究核心情绪的最杰出的当代研究者。他的研究动机很可能来自其个人悲剧。14 岁时，他的母亲自杀了。回想起这件事，他总是想当时要是自己能在她脸上看到精神病征兆就好了，这样他就可以及时给予她帮助，可现在一切都晚了。成为一名心理学家后，埃克曼就致力于理解面部表情的本质，以期自己的发现可以用来拯救生命。

在埃克曼研究面部表情之前，许多科学家都认为面部表情是由文化决定的，这意味着孩子会从父母和同伴那里学到微笑或皱眉的含义。如果确实是这样，也就是说情绪表达是后天习得的，而不是生来固有的，那么这些表达将因文化的不同而有差异。但埃克曼不这么认为。受达尔文《人类与动物的情绪表达》一书的启发，埃克曼认为情绪植根于心理学，这意味着情绪的表达在多种文化中应具有普遍性。

为了验证其理论，埃克曼制作了一组与六种核心情绪相对应的照片。他先用这些照片测试美国和欧洲各国的被试是否能够准确识别面部表情。然后，他前往巴布亚新几内亚的一个偏远村庄，在那里他发现了一个部落，这些人生活在孤立的文化中，与现代社会接触很少。令人惊讶的是，他发现这里的成员也能够正确识别这些相同的面部表情。一个远离主流社会的孤立部落也能够识别六种情绪的表达，这一事实表明这些核心情绪具有普遍性，因此必定根植于生理学。与此断言一致，多项荟萃分析一致表明，特定核心情绪与大脑特定区域的活动有关。例如，厌恶与基底核的活动有关，恐惧与杏仁核的活动有关，悲伤与前扣带回皮层有关。

把情绪表达出来

有时只需用语言把感受表达出来就能让我们感觉好一些。在一项研究中，被试观看了一种情绪表达，并且被要求阅读出现在照片下方的两个单词之一。其中一个词描述照片中的情绪，另一个词是此人的名字。脑部扫描显示，那些阅读此人姓名的人，其大脑的情绪区域（即杏仁核）的活动增加。但是那些阅读情绪名称的人，此大脑区域几乎没有活动。对情绪进行描述能使人们"遏制"情绪反应。因此，若你下次感受到负面情绪时，请考虑向朋友描述这一情绪，或者在日记中把它写下来。

面部动作编码系统　在发现情绪及其面部表情的普遍性之后，埃克曼研制了面部动作编码系统（Facial Action Coding System，FACS），这是一个全面的人类面部表情词典，对六种核心情绪中的每一种都进行了定义。例如，通过使用面部动作编码系统，我们能很容易看出真笑和假笑的区别。当真诚地微笑时，人们不仅用嘴巴微笑，还用眼睛微笑。具体来说，真笑时，人们的嘴角会上扬（收缩颧大肌），脸颊会被抬起（收缩眼轮匝肌）。但假笑时，人们只会收缩嘴巴。由于埃克曼如此精通人类面部表情，所以他担任了几部动画片及特效电影的顾问，如《玩具总动员》(Toy Story) 和《阿凡达》(Avatar)，以帮助动画师使影片中的角色活灵活现。此外，埃克曼还担任了一部以情绪为主题的皮克斯电影《头脑特工队》(Inside Out) 的顾问。

　　埃克曼面部动作编码系统的一个有趣且非常有用的方面是对**微表情**（microexpressions）的研究。微表情是指无意识的、快速发生的、短暂的、非故意的面部情绪表达，持续时间仅为 1/25 秒或 1/15 秒。虽然人们通常能够控制自己的整体面部表情，但微表情很难伪造或隐藏。因此，当熟练的扑克玩家低头看见自己有一手好牌时，他能忍着不让自己微笑，但他仍会有轻微的面部肌肉收缩，这很可能会出现在他的嘴角。

　　为了验证微表情是否存在，一项研究让一些女性观看不同效价（令人愉快与令人不愉快）和不同强度（温和与激烈）的图像。例如，海滩场景令人轻微愉快，而淹没在浮油中的鸟则令人非常不愉快。这些女性被告知不要对照片表现出面部反应，研究人员将小电极放在她们的嘴角、前额和眼睛周围的特定的面部肌肉上，以评估其微表情。正如所料，电极检测到的微表情能够区分这些照片的效价和强度。就效价而言，令人不愉快的图像会使眉毛（皱眉肌）、嘴周围（颧大肌）和眼睛周围（眼轮匝肌）的活动增多。就强度而言，与轻微令人不愉快的图像相比，非常令人不愉快的图像会使被试的眉毛收缩幅度更大。

　　想一想，如果能准确阅读他人的微表情，那么你就会受益匪浅。假如你只需通过观察某人脸上的微表情就能判断他是否有一手好牌，那么你可就成了扑克行家！但是，埃克曼对拯救生命比对赢得扑克游戏更感兴趣，因此他着手制订了一个详细的培训计划，帮助专业人员解读微表情。他的培训计划已被医护人员用于识别患有精神疾病的人，被中央情报局特工和警察用于识别潜在的罪犯，被机场安检用来识别潜在的恐怖分子，被世界 500 强企业用来识别可疑的商业行为。甚至一部名为《别对我撒谎》(Lie to Me) 的电视剧集也是基于埃克曼的研究而创作的，该剧的主角作为一位心理学家会运用他的微表情知识来识别骗子和罪犯（埃克曼甚至担任了该剧的科学顾问）。

　　埃克曼并非没有批评者。许多科学家认为，他的方法并没有来自科学文献的充分支持。说面部动作编码系统能训练你从人们脸上读出情绪是一回事，但是说它能帮你识别骗子、罪犯或恐怖分子是另一回事。许多人认为，甚至没有实证证据表明面部动作编码系统可以这样使用。此外，很多人担心这项工作所导致的连锁反应及不当应用，特别是现在人们正在创建基于面部动作编码系统的计算机程序来解读面部表情。

普拉奇克对核心情绪的研究　另一位试图扩展并澄清核心情绪概念的研究者是罗伯特·普拉奇克。埃克曼通过面部表情识别核心情绪，而普拉奇克通过动机来确定核心情绪（见图 12-7）。具体而言，普拉奇克认为，核心情绪必须具有独特的进化动机。例如，驱逐有害东西的基本动机由厌恶情绪驱使。

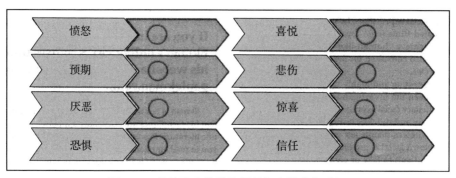

图 12-7　普拉奇克的情绪及其相应的进化动机

普拉奇克还以另一种方式对核心情绪的研究做出了贡献。与我们之前的讨论一致，他也认为最好以看待颜色的方式来看待情绪。在传统的色轮中，互补色（即色调相反的颜色）出现在轮的对侧。红色的反色是绿色（因为绿色是通过混合蓝和黄两种非红色而形成的），因此红色和绿色出现在色轮对侧辐条上。根据普拉奇克的理论，情绪的组织方式也与此大致相同。普拉奇克的八种情绪代表四对对立面：喜悦与悲伤，信任与厌恶，恐惧与愤怒，惊喜与期待。

此外，普拉奇克进一步把情绪与颜色进行类比，声称这八种主要情绪在强度上可以有多种变化，因此产生了许多不同的次级情绪。就像蓝色可以有深蓝和浅蓝等色调一样，悲伤、喜悦或愤怒也是如此。例如，当愤怒强度低时，人们会感到**恼怒**（annoyance），但是当愤怒强度最高时，人们会感到**狂怒**（rage）。另外，普拉奇克认为，我们可以把原色混合以获得新色调，同样我们可以把这八种主要情绪混合来获得新的情绪变体。这些次级情绪发生于他的理论图中的每个"花瓣"之间的空间。厌恶和愤怒结合会产生蔑视，而快乐和信任结合会产生爱。

12.7.2　积极情绪

你可能已注意到，到目前为止我们讨论的大多数情绪理论列出的负面情绪（愤怒、恐惧、厌恶、悲伤）远远多于正面情绪（快乐）。许多情绪理论的确更加适用于负面情绪。例如，很容易用詹姆斯 - 兰格理论来解释恐惧，但用它来解释喜悦似乎并不合理。因此，有些研究者认为，积极情绪在心理学中一直是一个被忽视的主题。

最近的研究关注积极情绪的本质，人们发现积极情绪与消极情绪有两个重要区别。

1. **特异性反应与非特异性反应**。负面情绪产生特异性反应，而积极情绪产生非特异性反应。恐惧使我们想逃跑，愤怒使我们想攻击，但快乐或满足会使我们做什么？事实上，积极情绪通常与行动缺乏有关，因此人们会变得轻松自满。积极情绪似乎能使我们自由探索、执行当前所需的任何行动，而不是引发特定行为。

2. **身体反应与认知反应**。负面情绪通常产生身体反应，而积极情绪则产生认知反应。害怕我们会跑，生气时我们会出拳，但是感到快乐或自豪时，我们的身体会怎么做？积极情绪似乎会改变我们的思维方式，而不是激发特定的行为。

把这两个特征结合起来我们会看到，消极情绪会产生特异性行动反应，而积极情绪会产生非特异性思维反应。

有趣的视频与音乐

由于积极的情绪能够拓宽思维，所以积极情绪实际上能使我们更聪明。利用这一点的一个快速方法是听音乐。在一项研究中，听欢快音乐（如莫扎特）的人比听中性音乐或悲伤音乐（如《辛德勒的名单》主题曲）的人更善于解决问题。观看开心视频（如爱笑的宝宝）与中性视频（如《古董巡回秀》）的人也表现出类似的效应。因此，下次当你需要打起精神时，请播放一首欢快的歌曲或在网上观看一段有趣的视频。

写一写

为什么积极情绪会被忽视

几个世纪以来，人们一直对负面情绪进行着科学研究，但直到最近科学家们才开始研究积极情绪。你认为这是为什么？为什么人们更倾向于研究负面情绪而不是积极情绪？你认为在过去 20 年左右的时间里，哪些变化使得人们开始将注意力转向积极情绪？

12.8　情绪的目的是什么

如果你在大街上随意问路人，情绪对我们是好还是坏，大多数人可能都会认为情绪对我们有害。正如本章开篇丽莎·诺瓦克的故事所表明的那样，情绪往往会使人们做出破坏性的行为，甚至是犯罪活动。鉴于此，我们可能会想，人类要是没有情绪是不是更好。许多信息来源——从电影《星际迷航》(*Star Trek*) 到《圣经》再到中国哲学家——都说情绪是我们生活中的一种破坏性力量。所有这一切可能都会让我们思考情绪的目的是什么。

虽然情绪有时会促使我们做出糟糕的决定或有害的行为，但若不是利大于弊，在人类进化的过程中情绪可能早就被淘汰了。今天情绪依然存在，这说明情绪发挥着某个重要作用。这个作用可能是什么？

12.8.1　情绪提供反馈

情绪的一个重要作用是为我们提供重要反馈。在最简单的层面，情绪会告诉我们某件事情是好或是坏。在动机方面，情绪会告诉我们在实现目标方面自己做得如何，并且帮助我们做出相应的调整。

在 TOTE 模型中，人们将自己当前的行为与目标标准进行比较，以试图减少这两个端点之间的差异（即更接近目标）。但是提出 TOTE 模型的研究者们觉得该模型缺少某个东西。于是，他们添加了**元监控回路**（meta-monitoring loop），用于评估目标的进展速度。反馈回路告诉我们要达到目标还要走多远的距离（即目标距离），而元监控回路告诉我们正在以多快的速度接近目标（即目标速度）。

　　这一元监控回路在很大程度上依赖情绪为我们提供有关目标速度的反馈。当目标进展速度超过预期时，我们会感受到积极情绪，这会让我们放松，减少付出的努力。当目标进展的速度比预期缓慢时，我们会经历负面情绪，这又会促使我们加倍努力。因此，元监控回路与汽车中的**巡航定速**（cruise control）系统很相似。当汽车因爬坡的速度太慢时，巡航定速会使汽车加速；当汽车因下坡而速度太快时，巡航定速会使汽车减速。

12.8.2　情绪促进归属感

　　情绪的另一个重要功能是促进归属感。通过帮助我们将感受传达给他人，情绪可以促进归属感。我们的亲人知道我们何时快乐、悲伤或焦虑，我们不必告诉他们，他们能从我们的脸上和我们的肢体语言中看出来。虽然这种非言语交流在所有年龄段都很重要，但对于还没学会口头表达内心感受的婴儿，非言语交流可能最为重要。刚出生时，婴儿能表达厌恶、兴趣和快乐；3 个月时，他们能表达愤怒和悲伤；6 个月时，他们能表达恐惧。虽然婴儿的面部表情与成人不同，但两者比较接近。重要的是，研究表明看护者能准确阅读婴儿的面部表情。

　　情绪还可以通过创建和保持关系来促进归属感。在通过友谊、恋爱或家庭观念形成牢固的社会纽带时，人们会体验到积极情绪。发誓加入姐妹会或兄弟会的学生，在被这一独特群体接纳时会感觉非常棒。做父母的人经常说，生命中最幸福的日子就是孩子出生的那一天。通过这种方式，积极情绪有助于我们与他人建立联系。因此，许多专家认为，我们微笑或开怀大笑并不是因为我们本身快乐，而是因为我们想"润滑"我们的社交互动。人们在他人面前笑的可能性比单独一人时笑的可能性高出 30 倍，其原因就在于此。

　　如果积极情绪有助于形成社会纽带，那么消极情绪就会破坏社会纽带。在社交网站上被人欺负或被"解除好友"时，我们会感到难过。就像丽莎·诺瓦克一样，当另一半移情别恋时，我们会感到愤怒和嫉妒。由于这些原因，人们经常用自己的负面情绪的强度或持续时间来评估关系的真实价值。

由于情绪对社交互动非常重要，他人的情绪可以传染给我们，就像他人的感冒可以传染给我们一样。这种效应被称为**情绪感染**（emotional contagion），即情绪由一个人传给另一个人。人们认为，出现情绪感染是因为：

1. 看到有人表达某种情绪，我们会模仿其面部表情（如变色龙效果）；
2. 一旦做出那种面部表情，我们自己就会感受到那种情绪（如面部反馈假说）。

因此，看到一个快乐的人微笑，你会自动回他一个微笑，而这种微笑也会让你感到快乐。情景喜剧的剧组经常在现场观众面前使用"罐头笑声"（laugh track）或录音带，其原因就在于此。听到他人的笑声，我们更容易发笑，因此也就更喜欢这个节目。

这些给我们的启示是，要谨慎选择与什么人为伍。如果你想更快乐，那么就去找快乐的人。如果你想少生气，那么就要避免与愤怒的人交往。

12.8.3 情绪指导思维

本章前面详细讨论过认知如何影响情绪。反过来也一样：情绪也会影响认知。我们说过，积极情绪能使我们的思维更具创造性，但积极情绪也可能会使我们变笨。这是因为积极情绪向大脑发出信号说一切都好，结果使我们的思维变得更加简单。例如，感觉快乐的人表现出较差的记忆力，较少被有说服力的论据所说服，更容易对他人形成刻板印象。

相反，负面情绪会向大脑发出信号说一切都不好，有问题需要我们注意。因此，负面情绪可以使我们的思维更审慎、更注重细节，并且为当前任务投入更多的认知资源。因此，负面情绪是有益的，可以帮助我们认识到自己的错误并加以改正。例如，恋人与你分手时，你会感受到一股负面情绪，这会使你思考恋人与你分手的原因。一旦找到问题的根源（如你在工作上花的时间太多），你就能找到将来不再犯同样错误的方法。相关研究支持这一观点，对那些因腹内侧前额叶皮层损伤而缺乏情绪的人进行的研究表明，这些人不能从错误中汲取教训，他们一遍又一遍地重复同样糟糕的决定。

感觉信息理论 除了表明某事是否顺利之外，情绪也是我们做决定时可以依赖的有价值的信息。根据**感觉信息理论**（feelings-as-information theory），我们经常通过暗自自问"我对此感觉如何"来对事物做出判断。

如果你想在两个专业之间做出抉择，你可能会问自己"我对每个专业的感觉如何"，而不是列出每个专业的所有利弊。如果与数学课相比，文学课让你感觉更快乐，你很可能就会选择文学专业，即便获得文学学位找到工作的可能性远低于数学学位。在做人生决定时，我们可以把感觉作为信息来利用，而当对生活满意度进行判断时，感觉的影响更为明显。

请考虑下面这个问题：

| 你对生活的整体满意度如何？

这样的问题其实很复杂。要回答这一问题，你需要考虑大量的信息，包括你的身体状况、你当前的财务状况、你的关系情况、你的友谊质量、你的工作性质（或就业前景）以及你与家人的关系等。

但有一项研究表明，人们经常会略过这一烦琐的过程，只根据自己当前的情绪状态回答这一问题。在这项研究中，研究人员分别在阳光明媚的日子和阴雨天给学生们打电话，要求他们表明自己对生活的满意度。与感觉信息理论一致，学生们在晴天的生活满意度高于在阴雨天。好天气会让人们透过"玫瑰色眼镜"看自己的生活。这一结果令人惊讶，因为我们想不到像天气这种东西会影响我们的生活满意度。但是，当人们通过问自己"我对自己目前的生活感觉如何"来评估其满意度时，就会出现这种情况。

值得注意的是，在这项研究中如果被试一开始被问及"你所在的地方天气如何"，那么天气对生活满意度的影响就会消失。因此，意识到自己的积极情绪只是天气缘故时，人们就不会把这些感觉误解为对生活的满足感。当我们对一件事情感觉满意时，只要不专注于积极情绪的初始缘由，我们就会对所有事情都感到满意。

12.8.4　情绪指导行为

如果不能让你逃跑，恐惧有什么用？如果不能让你建立关系，爱有什么用？因此，许多理论家认为，情绪进化是因为情绪直接引导行为。但是，本章讨论的几个理论质疑情绪引发行为这一观点（如詹姆斯 - 兰格理论和坎农 - 巴德理论）。此外，支持情绪与行为关联的实证证据很少。这是否意味着情绪与行为无关？别这么快下结论。虽然情绪似乎不直接引发行为，但情绪仍然会对行为产生重要影响，只不过情绪是间接施加影响。

根据罗伊·F.鲍迈斯特（Roy F.Baumeister）及其同事的观点，情绪发生在行为之后，情绪是一种内部反馈，这种反馈使人们对先前的行为进行反思，对行为的后果进行评估。每当某种情绪以这种方式跟随某一行为时，就会创建一个情感记忆。在将来某个时刻，这种自动关联（即情感）可以被激活，从而指导行为（见图 12-8）。

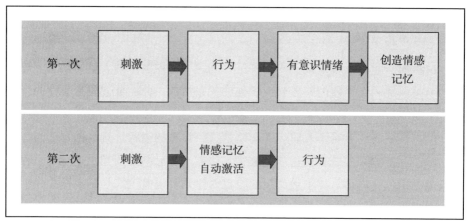

图 12-8　情绪间接指导行为模型

例如，假设一个小男孩第一次从杂货店偷了一块糖，在被父母发现并受到惩罚时，他会经历完全有意识的内疚情绪，这会使他反思自己的行为，意识到这一行为的不良后果。结果，他在记忆中自动形成偷窃和内疚之间的关联，日后如果再想偷窃，这一自动关联就会被激活。在这种新情境下，他未必会经历强烈的内疚感，但他会自然而然地有一种感觉，那就是偷窃不好，所以也就不会做出这种行为了。

情绪输入理论（mood-as-input theory）　情绪影响行为的另一种方式与我们如何解释自己的情绪有关。情绪可以增加动机行为，也可以减少动机行为，这取决于我们使用哪种"停止规则"。**停止规则**（stop rule）是人们用来决定何时停止执行任务或目标的认知规则。

情感预测　对情绪的预测也会影响我们的行为。通常情况下，我们的决策不是基于我们目前的感受，而是基于我们认为自己未来会有什么感受。在餐馆，我们会选择我们认为会让自己开心的甜点。在确定大学所学专业时，我们会选

择我们认为会让自己最满意的职业。人们预测自己未来感觉的这种能力被称为
情感预测（affective forecasting）。

人类为什么如此不善于预测自己未来的感受？

所有这些可能都会让你认为情感预测是一件坏事，因为我们似乎总是把它
弄错。但事实上，情感预测可以说是件好事。无论我们的情感预测是否准确，
都会对我们的动机产生有益的影响。例如，大多数人认为生孩子会让自己更快
乐，但数据显示，有孩子的夫妻不如那些选择不要孩子的夫妻幸福。人们倾向
于高估有孩子的快乐，这是人类生育的主要动力。同样，我们相信金钱和事业
成功会使我们快乐，这激励我们去上大学、获得学位、为社会做贡献。尽管这
些信念可能不准确，但它们仍然会激励我们，对我们的行为产生有益的影响。

写一写

你过去的情感预测

回想一下你非常期待某事的一次经历。也许你迫不及待地盼着拿到驾照的那一天。
也许你在翘首以盼假期的到来。如果你已结婚，也许你在期盼婚期的到来。在确定某件
事之后，想想那一天到来时你实际上有多开心。你感觉自己像你想的那样快乐吗？那种
快乐持续的时间像你想的那么长吗？

12.9　情绪调节

很明显，情绪本身无所谓好坏，但有时情绪会让我们走上黑暗的道路。因
此，人们必须学会调节自己的情绪。情绪调节指的是人们试图影响自己体验何
种情绪，何时体验这些情绪以及如何表达这些情绪。许多人都感受过丽莎·诺
瓦克看到前男友与另一个女人在一起时所感受到的排斥和嫉妒。但与她不同的
是，大多数人都能够控制这些情绪，并以健康的方式应对。能有效调节情绪的
人之所以比缺乏调节技能的人更少患精神疾病，其原因就在于此。情绪调节实
际上就是让你控制自己的情绪，而不是让情绪控制你。

人们可以通过多种方式来控制情绪。

尽管我们经常有意识地调节自己的情绪，但有时我们也会无意识地调节自己的情绪。在一项有趣的研究中，研究者在被试不知不觉的情况下预先激活了其特定情绪，目的是让被试控制或表达自己的情绪。其方法是让被试解读包含控制词（如抑制和稳定）或表达词（如冲动和易变）的句子。完成这项任务后，被试与一位不友好的实验者互动，这位实验者让他们完成一项令人沮丧的任务。正如人们所料，大多数被试表示，在完成任务期间他们感到愤怒，但那些事先被启动控制词的人报告的愤怒程度低于那些用表达词启动的人。在一项后续的研究中，用控制词启动的人在经历令人沮丧的经历之后，表现出的心血管活动少于那些用表达词启动的人。就像生活中的其他目标一样，有效调节情绪的目标可以是有意识的、受控的，也可以是无意识的、自动的。

13 个体差异

这个真实案例听起来就像电影情节一样令人难以相信：一名有前途的年轻运动员得了不治之症，生存的概率不到 40%，但出乎所有人的意料，他不仅战胜了疾病，而且重返赛场，七次赢得该项运动的最高奖项！

兰斯·阿姆斯特朗（Lance Armstrong）天生就具有竞争精神，始终保持着昂扬的斗志。少年时期，他就曾参加过游泳比赛，赢得过小铁人三项（Iron Kids Triathlon）。16 岁时，他成为一名铁人三项的职业运动员。在这段时间里，他对竞技体育非常着迷，以至于高三的学业几乎都荒废了！

25 岁时，他已经成为世界排名第一的自行车运动员。由于在这项运动上的成功，他获得了多项顶级赞助，最终成为家喻户晓的运动明星。但正当他处于运动事业的巅峰时，他的世界突然间崩溃了。1996 年秋天，他在骑自行车时开始感觉不适。几周后，医生的诊断结果是他患有三期睾丸癌。癌症分零至四期，兰斯被查出患癌时，癌细胞已经扩散到他的肺部、腹部和大脑，他存活的概率不到 40%。

但兰斯不是普通人。得知自己患癌后，他决心战胜病魔，他表现出的毅力正如他此前力争成为顶级运动员时一样坚韧不拔。不幸的是，这种癌症的标准疗法会导致肺活量明显减小，如果选择这种疗法，很难想象他还能骑自行车。于是他选择了另一种有可能挽救其自行车职业生涯的药物疗法，此外他还得忍受手术切除脑部肿瘤和后续化疗的痛苦，最终他的病情有所缓解。

对大多数人来说，罹患三期癌症就什么也不做了，但兰斯与大多数人不一样。虽然患病导致他的身心遭受了巨大的摧残，但是他不让任何困难阻止自己实现目标。被诊断患癌不到两年，兰斯就重返自行车赛场，决定参加巴黎至尼斯的自行车赛。但是他的复出几乎还没开始就结束了，这场比赛恰逢天气寒冷，阴雨连绵，兰斯迫不得已做出违心之举：退赛。当时许多人认为以后再也不会在自行车赛场上看到兰斯·阿姆斯特朗的身影了。在聚光灯下，虚弱不堪的兰斯无比尴尬地退出了比赛，他后来承认这场比赛对他来说"强度过大，为时过早"。他休息了一年，但很快又斗志昂扬。于是他为自己定了一个新目标：他不想仅仅再次成为一名自行车手，他想再次成为一名最优秀的自行车手，这意味着赢得最著名的自行车赛事——环法自行车赛。

对于一名癌症幸存者来说，出现在环法自行车赛场就已经非常了不起了，但兰斯赢了这项赛事，后来又赢了六次。这一壮举使他的名字荣登许多"最佳"名录，其中包括《时代周刊》的"100位最具影响力人物"，以及四次荣膺美联社年度最佳男运动员（对于这一成就，任何其他运动员都无法比肩）。但随后兰斯·阿姆斯特朗的成就也让他的名字被列入另一个重要组织——美国反兴奋剂机构——的名单。

2012年，因被指控非法使用兴奋剂，兰斯被美国反兴奋剂机构终身禁止参加自行车比赛，同时也被剥夺环法自行车赛七冠王头衔。起初，兰斯极力否认这些指控，但他在2013年承认取得的成绩的部分原因是使用了兴奋剂，如可的松、睾丸激素和小牛血去蛋白提取物，以及常规加氧输血。是什么使他做出了这种不道德的行为？根据兰斯本人的说法，"不惜一切代价也要赢得比赛，这种近乎残忍的欲望"驱使他采取作弊行为。因此，即使在使用兴奋剂这一行为中，我们也能看到兰斯坚定不移的动机，尽管在这件事上他的动机最终断送了自己的职业生涯。

兰斯·阿姆斯特朗通过使用兴奋剂取得成功这件事确实令人非常失望，但毋庸置疑他是一个有执着追求的人。他选择使用兴奋剂是出于一种非常强烈（抑或危险）的动机——不惜一切代价实现目标。尽管他的行为为职业体育所不齿，但我们不能否认，在服用兴奋剂丑闻之前，他的故事激励了许多癌症幸存者。此外，他创办的"坚强活下去"基金会是癌症教育和治疗方面最具影响力的组织之一。尽管目前兰斯·阿姆斯特朗已脱离该组织，但这将是他热衷于寻找癌症治疗方法永久的证明。

本章将讨论影响动机的各种人格特质和个体差异。

13.1　个体动机差异

就动机而言，兰斯·阿姆斯特朗的故事说明了什么？除了表明其他章节讨论的一些主要动机原则（如设定目标和克服困难），他的故事还表明，有些人拥有动机，而有些人却没有动机。我们从他的故事中可以清楚地看出，兰斯不是普通人。他在青少年时期就表现出极强的竞争精神和动力，这在大多数成年人中都不多见。无论是骑自行车还是与癌症抗争，他总是在面对失败时表现出无比的决心和毅力。

兰斯的故事表明，人类动机存在很大的个体差异。对某些人来说，实现目标很容易，而对其他人来说，实现目标很艰难。希波克拉底确定的四种体液是将个体差异与动机联系起来的最早尝试之一。他认为人的气质取决于四种体液——血液、黏液、黑胆汁和黄胆汁——的过量或不足（见表 13-1）。

表 13-1　体液不均衡引起的人格差异

体液	体液不均衡引起的人格差异
血液	产生一种以冲动、合群和寻求快乐为特征的**多血质**
黏液	产生一种以冷静、懒惰和热情为特征的**黏液质**
黑胆汁	产生一种以内向和创造力为特征的**抑郁质**
黄胆汁	产生一种以抱负和进取为特征的**胆汁质**

自公元前以来，对动机个体差异的探索已经走过了一段漫长的道路，本章不可能涵盖影响动机的所有人格特质和个性特征。因此，本章重点讨论动机研究者最关注的特征。

13.2　成就动机

在所有与动机相关的人格差异中，成就动机被研究的时间最长，因此研究也最彻底。亨利·默里（Henry Murray）最先在其需求清单中确定了成就动机，他称之为 n-Ach。他将这种成就需求定义为实现艰难而遥远目标的长期努力。这一定义表明，具有较强成就动机的人有动力通过坚持更高标准、克服障碍、掌握高难度技能来取得重大成就。请注意，这一描述与我们之前对兰斯·阿姆斯特朗的描述极其相似。因此，成就动机类似于能力需求，成就动机强的人比成就动机弱的人表现出更强的能力需求。

13.2.1　成就动机的测量

有了默里对成就动机的定义，下一步就是找出测量成就动机的方法。尽管大多数人格心理学家都依赖自我报告调查问卷，其中受访者会被问及一系列直接的问题（例如，"我尽力做到最好"），但默里选择了不同的路线。他认为人们常常意识不到自己做某事的原因，所以不能要求人们直接报告其潜在动机。鉴于此，默里及其同事编制了一种被称为**主题统觉测验**（Thematic Apperception Test，简称 TAT）的间接测量法。这种测验通让人们就内容隐晦的图片编故事，以此来评估其动机。这一方法受到精神分析概念的启发，即人们在解释模糊形象或情境时会将内心状态"投射"出来。因此，研究者认为，根据图片编出来的故事能够反映人们的潜在欲望和动机。

例如，其中一张 TAT 图片上有两位穿着白色实验室外套的女性，年长女性在观看年轻女性用科学仪器测量液体。被测者需要根据图片编一个故事，在他们编出的故事中，有的是关于两位女性之间的友谊的（表明归属需求高），有的是关于两位女性之间的地位差异的（表明权力需求高），而有的则是关于两位女性正在进行的科学实验的（表明成就需求高）。为了具体测量成就动机，每当被试在故事中提到高标准、卓越表现、优异成绩或长期成就目标时，都会得到一分。得分越高，其成就动机越高。

这种投射测试经常因过于主观和不科学而受到批评。虽然许多投射测试是这样，但 TAT 得到了许多科学研究的支持。这些研究表明 TAT 能够发现各种动机（包括但不限于成就动机）的差异。例如，在一项研究中，研究人员调查了在一种已知会增加成就关注的情境下，TAT 中是否更多地提到成就。一半被试被告知 TAT 由一名研究生来实施。该研究生解释说，该测试尚处于早期开发阶段，被试的回答仅用于评估测试，而不是评估被试本人（低成就关注）。另一半被试被告知 TAT 由一位知名研究人员实施，这是一种经过验证的智力测验，他们应尽力做到最好（高成就关注）。正如人们所料，第二种条件下的被试在 TAT 中提到的与成就相关的主题，多于在第一种条件下的被试。后来，类似的研究表明，在中性条件下，TAT 能有效区分成就动机本来就强或弱的人。

　　尽管 TAT 是用于测量成就动机的常用方法，但它不是唯一的方法。成就动机也可以用自我报告问题（例如，"我很乐意做对我来说有点困难的任务"）直接测量，或者用认知任务进行间接测量。

13.2.2　成就动机的结果

　　既然你已经知道如何测量成就动机，那么下一步就是分析其结果。也就是说，成就动机强的人与成就动机弱的人有何不同？探究这一问题的研究者们推测，成就动机可能会产生一些重要结果。下面我们重点讨论有关成就动机结果的三个关键问题。

　　1. 成就动机强的人是否与成就动机弱的人选择的目标不同？

　　2. 成就动机强的人思考其目标的方式是否与成就动机弱的人不同？

　　3. 成就动机强的人是否比成就动机弱的人更有可能实现其目标？

　　成就动机差异对目标选择的影响　成就动机强的人更关注效率，这意味着他们会不断寻找能完成相同任务但需要更少时间或精力的方法。因此，他们更愿意选择最能让他们提升能力的目标，这往往既不是最容易的目标也不是最难的目标。如果目标太容易，仅凭已经掌握的技能就够了。如果目标太难，可能会超越其技能而无法实现。因此，成就动机强的人一般偏好中等难度的目标。

　　为验证这一假设，研究者让成就动机强和成就动机弱的被试玩沙狐球。在沙狐球游戏中，玩家用扫帚形状的推杆将加重的球推向狭窄区域，目的是让球停在得分区。经过多次练习后，被试被告知有五次开球机会，站在哪里开球都可以，但是获胜球所在的得分区越远则得分越高。

　　从图 13-1 可以看出，成就动机强的人偏好中等距离，而成就动机弱的人则偏好非常容易或非常困难的距离。

　　由于成就动机强的人以更高的标准要求自己，所以他们没有选择最难的距离，这似乎很奇怪。然而，选择最难的距离会使目标几乎不可能实现，所以出现这种结果是有道理的。因此，他们希望的是难度适中的目标。成就动机弱的人最有可能选择困难的距离，这可能看起来也很奇怪，但是这很有可能是因为，假如最后失败的话，他们不会像成就动机强的人那么在乎。

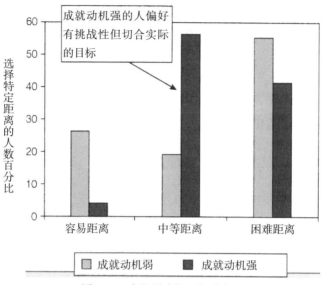

图 13-1　成就需求与目标选择

成就动机差异对认知的影响　一旦个体选择某个目标，那些成就动机强的人就会表现出某些认知特征，使他们更有可能坚持自己的目标。其中一个特征是**蔡格尼克效应**（Zeigarnik effect）。

你是否有过这样的经历：你正在做某项任务，突然被电话铃声打断了？在这种情况下，你可能感觉很难将任务放在一边专心听电话。其原因就在于蔡格尼克效应，这指的是人们更有可能记住被中断的行动而不是已经完成的行动这一倾向。当我们为实现某个目标而努力工作却被打断时，我们会发现自己大脑里想的全是这个未完成的目标，而且很难将之从脑海中清除。虽然这种经历可能很烦人，但却对我们有好处，因为这会促使我们感觉必须把已经开始的任务完成。只有把任务完成，我们才能摆脱这些恼人的想法。

蔡格尼克效应显然是有益的，因为它会推动个体达成目标。但是对于不同的人，这一效应的强度是不一样的。成就动机强的人比成就动机弱的人更有可能表现出蔡格尼克效应。

在一项研究中，选修人格课程的本科生在学期初参加了一项主题统觉测验，他们的成就动机被确定为强、中、弱三档。学期末，这些学生参加了期末考试，研究人员记下每个学生做对了哪些题（即回答正确），没做对哪些题（未作答或回答不正确）。考试一结束，研究人员就让学生们回忆考题。结果显示，成就动机弱的学生对做对的题和没做对的题的回忆没有差异。而成就动机强的学生，回忆起没做对题的可能性是回忆起做对题的两倍。正如蔡格尼克效应所表明的那样，这些成就动机强的学生似乎无法不去想没做对的题。

在越过终点线之前放弃

做一个耗时的长期项目，最困难的一点是日复一日、月复一月地保持动力不减。在这种情况下，我们经常会寻找一个"合适的地方"结束当天的工作。但蔡格尼克效应表明，最好在达到这一点之前结束。例如，著有《老人与海》（*The Old Man and the Sea*）和《丧钟为谁而鸣》（*For Whom the Bell Tolls*）的美国著名作家海明威（Ernest Hemingway）曾经说过："当你写作顺利时，请把笔放下。"他甚至一个句子写到一半就搁笔了！同样，著有《查理和巧克力工厂》（*Charlie and the Chocolate Factory*）和《詹姆斯与大仙桃》（*James and the Giant Peach*）的著名作家罗尔德·达尔（Roald Dahl）也说过："我每次开始都不是另起一页，我总是写到半截就搁笔……你要强迫自己停下来，这样你会迫不及待地想继续往下写，因为你知道接下来要说什么。"通过强迫自己在行动过程中停下来，这两位作家是在有意识地激发蔡格尼克效应。因此，下次你写学期论文或写故事时，请考虑采纳这两位作家的建议。不要在瓶颈时或一个段落结束时停止，等到文思泉涌时，强迫自己离开电脑。这样的话，你第二天很可能会继续写下去。

成就动机差异对目标绩效的影响　成就动机强的人，其目标绩效优于那些成就动机弱的人。例如，与成就动机弱的农民相比，成就动机强的农民倾向于使用更多新型耕作方法，其农作物的产量也更高。同样，由成就动机强的领导者经营的企业，其增长率比成就动机弱的领导者经营的企业高出 250%。

有些研究还调查了成就动机强的长期益处。一项此类研究发现，在 31 岁时测出成就动机强的人，在 41 岁时事业更成功，收入也更高。另一项纵向研究发现，即使在控制了其他一些有影响的变量（如孩子的智商和教育质量）之后，16 岁时成就动机强的孩子在 23 岁时的学业成功率也更高。事实上，这项研究发现，近 40% 的学业成就是由孩子的成就动机水平决定的！

最后，实验室研究表明，成就动机强的人在简单任务（如简单数学测试）中的表现优于成就动机弱的人。这种差异最有可能发生于不怎么需要能力而更多依靠努力和坚持的简单任务上。这表明，成就动机强的人不一定比成就动机弱的人能力强，他们只是更愿意在任务上付出许多努力，而且一直坚持到把任务完成。

成就动机的根源

你认为成就动机差异源自何处？在回答这一问题时，请考虑可能源于个体童年或社会环境方面（即后天）的原因以及可能源于由生物学或由遗传决定的个人气质方面（即先天）的原因。

▶

13.3 行动导向与状态导向

为成功实现目标，你必须能够有效控制你的思想、情绪和行为，使你远离阻碍因素，不偏离通往成功的道路。但是，有些人（如兰斯·阿姆斯特朗）比其他人更善于自我管理。一种解释自我管理差异的人格理论是行动控制理论。根据这一理论：

- 以行动为导向的人能够控制其思想、情绪和行为，促使其实现目标；
- 以状态为导向的人无法以这种方式进行恰当的自我管理。

大量研究发现，以行为为导向的个体能更好地发起目标行为并坚持下去，直到目标完成；而以状态为导向的个体很难为新目标开始行动，因此更有可能拖延。除了很难开始新的行为，以状态为导向的个体还感觉很难在适当的时刻停止旧的行为，转向新的活动，这种反应被称为"行为解脱"。因此，以状态为导向的酗酒者和节食者比那些以行动为导向的人更有可能"旧瘾复发"。

在结束这一话题之前，需要指出一点：虽然行动导向和状态导向通常被视为稳定的个体差异，但个体有可能从一种取向转变为另一种取向。引起厌倦、对失败的恐惧或外在动机的情境会激发状态取向，而引起兴奋、自主或内在动机的情境则会激发行动取向。

写一写

以状态为导向有益处吗

到目前为止，你已了解以行动为导向的诸多益处。但是，以状态为导向也可能有一些益处，特别是在某些情境下或某些文化中。就这一问题，请描述一种情境或一个例子，说明状态导向实际上可能比行动导向更好，并且详细说明你的理由。

13.4　趋近气质与回避气质

目标有趋近目标和回避目标之分，人往往也分别倾向于趋近或回避类型。因此，许多专家认为人大体上会分别具有趋近气质或回避气质。

- 趋近气质被定义为对积极、有益刺激的一般敏感性；
- 回避气质被定义为对负面、惩罚性刺激的一般敏感性。

正如所料，具有趋近气质的人更有可能采取趋近目标，而具有回避气质的人则更有可能采取回避目标。

除了对目标的选择，人的气质也会影响认知和情绪反应。趋近型个体很可能会将注意力集中于积极刺激，并且对积极刺激产生更强烈的情绪反应；而回避型个体会将注意力集中于负面刺激，并且对负面刺激产生更强烈的情绪反应。因此，如果了解某人的气质，我们就能更好地对其进行激励。对于一名具有趋近气质的学生，如果取得好成绩就对其加以表扬或承诺给其奖励，他就会更有动力取得好成绩。而对于一名具有回避气质的学生，如果成绩不好，失望或惩罚的威胁就会使其更有动力。因此，奖励对具有趋近气质的人更有激励性，而惩罚对具有回避气质的人更有激励性。

趋近气质和回避气质之间的区别很重要，这些差异被认为是源于神经生理学差异。

虽然每个人都有行为激活系统和行为抑制系统，但这两个系统的强度可能因人而异，这反过可能会导致气质差异。具有趋近气质的人被认为行为激活系统更活跃，而具有回避气质的人被认为行为抑制系统更活跃。

为验证这一点，有研究者对趋近或回避气质的人进行了预先筛选，用脑电图记录其头皮的电活动。结果显示，具有趋近气质的人的大脑左前额叶区域（与行为激活系统相关）具有较高活动性。相反，具有回避气质的人的大脑的右前额叶区域（与行为抑制系统相关）具有较高活动性。事实上，这种脑电活动的差异占气质差异的 25%。

写一写

你在学习方面的气质

考虑一下你在学习方面的整体气质。对待学习任务，你是趋近气质还是回避气质？在回答这一问题时，要确定你表现出的气质类型，并且提供至少一个能够体现这种气质的具体例子。最后，找出一个可能的原因，说明为什么你认为自己以这种气质而不是另一种气质来对待学习。

13.5 评估与行动

任何与目标相关的活动都涉及两个基本自我调节功能：

1. 对活动进行评估；
2. 花费资源以开始行动和保持行动。

虽然这一描述可能暗示评估和行动是同一连续体的两端，但事实并非如此。评估和行动被认为是两种独立的特质，因此某个人可能两者都高，或者两者都低，或者一高一低。此外，这些特征通常被视为稳定的人格差异，但情境因素能够诱发一种或另一种倾向。例如，研究者通过让人们"回想一次你将自己与其他人进行比较的经历"，来诱发评估心态；通过让人们"回想一次你决定做某事后迫不及待想开始行动的经历"，来诱发行动心态。

评估和行动都是实现目标所必需的，因此缺少一个或另一个，或者两者都缺乏，这可能会导致一些问题。正如亚里士多德所说，凡事适度最好。如果真是这样，那么评估方面过高或行动方面过高都可能会导致问题。例如，评估程度高的人会表现出更多的焦虑和抑郁，而行动程度高的人会表现出更强烈的冲动和攻击性。然而，就动机而言，评估程度高往往比行动程度高更容易造成问题。评估程度高的人更有可能拖延，其目标的实现受外在动机驱动。相反，行动程度高的人不太可能拖延，更有可能将其目标意图转化为目标行动，这使他们更有可能实现目标。

写一写

你生活中的评估与行动

虽然人们的评估和行动程度被认为是稳定的，但是我们都有过这样的经历：有时感觉评估程度高，有时感觉行动程度高。想一想，你在生活中是什么样。请描述生活中你表现出评估倾向的一次经历，当时你特别谨慎，对所有选择进行评估之后才开始行动。然后再描述生活中你表现出行动倾向的一次经历，当时你不假思索就开始行动，只专注于把任务完成。最后，考虑一下可能导致你在第一个例子中评估程度较高的因素，以及在第二个例子中行动程度较高的因素。

13.6 冲动

思想就好比一个人骑着骡子进入大峡谷。在这一类比中，骑手代表我们思维中有意识、受控的部分，而骡子代表我们思维中自动、习惯性的部分。根据这一类比，有两个原因会使我们偏离通往目标的道路。

1. 在我们的内心，代表我们冲动欲望的骡子可能过于强大，它使我们朝着与目标不一致的方向前进。例如，烟瘾大的人比烟瘾小的人更有可能戒烟失败。

2. 即使我们有很强烈的冲动，我们还有第二道防线。在我们的内心，代表我们有意识施加自我控制能力的骑士会拽住骡子的缰绳，迫使它继续前进。因此，只要具备很强的自我控制力或意志力，即使烟瘾很大的人也能把烟戒掉。

因此，大多数目标情境都涉及我们的冲动与自我控制之间的拉锯战。虽然我们都经历过这种拉锯战，但有些人感觉一边更强，有些人感觉另一边更强。也就是说，有些人抑制这些冲动的能力总是很强，而有些人则总是很弱。心理学家们将前一种倾向称为"冲动"，将后一种倾向称为"特质自我控制"。在本节中，我们先讨论冲动，下一节再讨论特质自我控制。

有一些人生来其内心的骡子就比较弱。冲动性高的人通常行事不假思索，临时做决定，不能提前做计划，而且很容易受其冲动或愿望影响而偏离正轨。因此，在延迟满足情境下——为将来获得更大回报而必须放弃即时回报——冲动性差异最有可能影响表现。当然，我们都在努力抵制诱惑和延迟满足，但是冲动性高的人会感觉这些任务特别困难。

虽然在大多数情况下，高冲动性会损害目标追求和表现，但在个别情况下，冲动会产生积极的结果。最值得注意的是，冲动性高的人在简单任务中或需要快速决策的任务中表现更好。这些任务的成功在很大程度上依赖于无意识的自动心理过程。由于冲动性高的人更可能依赖其内心无意识的骡子，因此他们在这些任务上的表现要好于冲动性低的人。

写一写

冲动与社会问题

确定一个主要社会问题（如肥胖、贫困、种族偏见和污染），说明为什么这一问题可能是由冲动性高的人引起的。然后，描述一种可以通过解决冲动原因来减少这一社会问题的解决方案。

13.7　特质自我控制

正如我们内心的骡子可强大可弱小一样，我们内心的骑士也是可强大可弱小，这意味着人们固有的自我控制能力各不相同。特质自我控制高的人能够控制自己的思想、情绪和行为，以此抵制内心的冲动。特质自我控制越高，人们就越不容易受冲动的影响，因而实现目标的能力也就越强。因此，特质自我控制可以被视为冲动的对立面。冲动是缺乏意志力，而特质自我控制是拥有意志力。

为了研究特质自我控制如何帮助人们抵制冲动和欲望，研究者对人们吃薯片的冲动进行了评估，然后给他们一袋薯片，用以进行所谓的口味测试。对于特质自我控制较低的人来说，吃薯片的冲动越强，实际吃的薯片就越多。但对于特质自我控制较高的人来说，无论冲动是否强烈，吃的薯片都少。后来研究者发现，喝酒也是如此。因此，你感觉受到诱惑，并不意味着你一定会屈服于诱惑。但是，如果你感觉受到诱惑，而且你的特质自我控制也较低的话，那可能就麻烦了。这个研究也有助于说明为什么你 3 岁时的特质自我控制能够预测你 30 多岁时的健康和富裕程度！

不用就会失去

即使你的特质自我控制很低，你也可以采取一些措施来增强你的意志力。在下次吃饭时，尝试用非惯用手拿餐具，这不仅会让你吃得慢一些，还有助于你提升自我控制力。在一项研究中，那些连续两周使用非惯用手完成日常任务（如刷牙、开门、移动电脑鼠标）的被试，在自我控制任务中，比没有进行这一训练的被试表现更好。以这种方式锻炼你的自我控制力，有助于你抵制那些可能会威胁你的目标的诱惑。因此，就自我控制而言，你如果不使用它，就会失去它！

与特质自我控制相关的一个概念是"**工作记忆**"（working memory），这指的是受控认知过程胜过自动认知过程的能力。

- 工作记忆强的人：就像特质自我控制高的人更能抵制内心的冲动一样，工作记忆强的人也是如此。
- 工作记忆差的人：相反，工作记忆差的人往往是内心欲望的奴隶，缺乏控制内心的骡子的自制力。

例如，在一项针对异性恋男性的研究中，研究者对他们看色情图片的冲动进行了评估。研究者让这些男性观看色情图片和艺术图片的幻灯片，同时计算每个人观看每张图片所用的时间。对工作记忆差的男性，对色情图片的冲动越强，花在看色情图片上的时间就越长。对工作记忆强的男性，他们的冲动对其花在看色情图片上的时间几乎没有影响。虽然这项研究重点针对性诱惑，但后来的研究发现，在吃糖、饮酒、控制愤怒和滥用药物等方面，工作记忆有同样的效果。因此，就像高特质自我控制能够抵制诱惑一样，工作记忆也是如此。

写一写

培养儿童的特质自我控制

假设你是一位父亲或母亲（或者你已经是了），指出两种可以用来进一步培养孩子自我控制力的方法。请对这两种方法进行描述，提供一个具体的例子，然后说明该方法如何促进儿童自我控制力的发展。

13.8　毅力

另一个影响动机的个体差异是勇气，即对长期目标的坚持与热情。无论追求什么目标，有毅力的人在面对逆境和无聊时都会坚持不懈。这种坚韧不拔要求个体每当遇到失败或无聊时，都能抵制住诱惑，使自己不放弃，或者不转向更容易或更有趣的任务。因此，从某种程度上说，我们可以把毅力视为长时间表现出的高度自我控制。

要想知道什么叫有"毅力"，让我们来看看屡获殊荣的音乐家兼演员威尔·史密斯（Will Smith）的这句话：

> "你可能比我更有天赋，比我更聪明……但如果我们一起踏上跑步机，那只有两种结果：要么你先下去，要么我要死了。就这么简单。"

很显然，威尔·史密斯很有毅力，他的这句话的意思是，他之所以成功就是因为他会比对手坚持得更久。那么，这种坚韧不拔的品质对动机有何益处？

大多数表明毅力有益的证据都来自学术领域。在一项研究中，有毅力的人，尽管其学术能力评估考试的分数较低，但他们在大学的平均学分绩点较高，接受的教育程度更高，而且在一生中职业变化次数较少。同样，一项对斯克里普斯全国拼字比赛（Scripps National Spelling Bee）的参赛选手进行的研究发现，有毅力的选手会比没有毅力的选手花更多的时间练习，在比赛中的排名也更靠前。这项研究给人们的启示是，预测人生成功的品质不只是智力和能力。如果有毅力，在这两方面较差的人也能成功，因为为了得到想要的东西，他们愿意"四处奔波"，拒绝放弃人生梦想。

虽然"毅力"这一概念自提出以来一直非常流行，特别是在教育和临床心理学文献中，但是也有一些人对之提出了批评。其中一个批评是，关于毅力的早期研究几乎完全集中在高成就者身上，因此在范围更广的人群中，毅力的影响可能较弱。第二个批评也是更具毁灭性的批评，来自一项对 88 项毅力研究所进行的荟萃分析的结果表明，毅力与成绩只是中度相关，毅力也与另一个已经确立的人格变量（尽责性，本章后面会讨论）高度混淆。因此，我们需要更多的研究，才能真正了解毅力是否会对动机和表现产生重要而独特的影响，或者是否仅仅是在已有的动机概念上贴的一个新标签。

写一写

毅力能训练出来吗

虽然有些人认为毅力是一个稳定的人格特质，但有些人认为毅力是可以被影响的，可以被训练出来的。假设后一种观点是正确的，那么学校或家长可以怎么做来锻炼儿童的毅力？在你的回答中，请描述你的方法，提供一个具体的例子，然后解释这种方法如何锻炼儿童的毅力。

▶

13.9 人格的五因素模型

许多理论家认为，把人格概念化的最佳方式是通过人格特质。但是，需要多少人格特质才能解释人与人之间存在的所有个体差异？正如人们所料，这要看你问谁了。

- 汉斯·艾森克（Hans Eysenck）提出了两种人格特质：外倾性和神经质。
- 雷蒙德·卡特尔（Raymond Cattell）提出了 16 种人格特质，包括完美主义、情绪稳定性和热情。
- 心理学家们在英语词典中找出了超过 4 500 个描述人格特质的单词！

今天，大多数现代人格理论家都认为有五种主要人格特质。受对字典分析的启发，这五个因素是通过把大多数与人格相关的英语单词浓缩为五个核心类别而创建的。由此产生的五因素模型（见表 13-2）指出，人们在以下五种特质上有所不同。

表 13-2　五种主要人格特质

人格特质	高特质人群特征	低特质人群特征
经验开放性	好奇、敢于冒险	谨慎、传统
尽责性	自律、成就导向	随和、粗心
外倾性	外向、精力充沛	孤独、保守
随和性	友善、富有同情心	冷漠、不仁慈
神经质	敏感、紧张	有安全感、自信

测量这五种特质最常用的方法是通过《NEO 人格量表》（NEO Personality Inventory），此外还有其他几个量表也可以评估这几个特质。

诸如此类的人格特质可以通过多种方式影响动机。不同的人格特质可以使人受到目标不同方面的激励，体验与目标相关的不同情绪，采取不同类型的目标，以及体验不同的目标结果。

尽管人们对这五种特质进行了大量研究，但本章重点讨论动机文献中最受关注的三个特质：尽责性、外倾性和神经质。

13.9.1 尽责性

在五大人格特质中，尽责性似乎与动机最直接相关，因为这反映了自律和坚持不懈的品质。尽责性影响动机的一种方式是引导人们选择不同的目标。尽责性高的人比尽责性低的人更有可能选择学习目标和困难目标。他们也更有可能自己选择目标（而不是等待别人分配目标），因为他们更喜欢促进自主感的目标。

写一写

你的尽责性是高还是低

你是经常井井有条、注重实际、效率高，还是经常粗心大意、没有条理？ 如果你是前者，那么你的尽责性可能很高。如果你是后者，那么你的尽责性可能很低。现在知道了自己的尽责程度，你认为自己为什么有这一特质？请描述你认为可能影响你的尽责性的社会/环境或生物/遗传因素。

▶

13.9.2 外倾性

因为外倾性高的人更合群，他们会表现出更强烈的社会刺激动机。因此，外倾性能很好地预测人际目标的动机，但对学术表现等非社会目标的预测性较低。为了研究社会动机差异，心理学家们调查了在学校图书馆里外倾者和内倾者行为的差异。他们发现，与内倾者相比，外倾者寻求社交、更快乐、更乐观且在实现目标方面更成功。

13.9.3 神经质

与尽责性和外倾性不同，神经质对动机的影响是负面的。高神经质会对动机产生以下不利影响：

- 神经质与更强烈的负面情绪有关；

- 更强的行为抑制系统；

- 回避目标和成绩目标。

写一写

你的神经质是高还是低

你是经常喜怒无常、焦虑、多愁善感，还是经常平静、放松？如果你是前者，那么你的神经质可能很高。如果你是后者，那么你的神经质可能很低。现在知道自己的神经质程度了，你认为自己为什么会有这一特质？请描述你认为可能导致你的神经质水平的社会 / 环境或生物 / 遗传因素。

▶

13.10　乐观与悲观

你是否喜欢"看事物积极的一面"？如果是这样，你很可能是乐观性格，这指的是一个人倾向于期待积极的未来结果。相反，性格悲观的人会期待消极的结果。虽然你可能有时感觉乐观，有时感觉悲观，但研究表明，人们的乐观程度在长时间内相当稳定，这表明乐观是一种人格特质。

就动机而言，乐观主义者比悲观主义者更执着于追求目标，这种差异在面对障碍和挫折时最为明显。由于乐观主义者期望更好的未来结果，因此他们更注重趋近积极因素，而不是回避消极因素，他们会付出更多的努力来实现目标（不顾疲劳和痛苦），而且不太可能放弃困难的目标。

然而，乐观与坚持目标之间的联系可能取决于个体有多少自我控制可用。在一项研究中，乐观主义者和悲观主义者分别在自我控制资源完好无损和自我控制资源耗尽的情况下完成了一项任务。当被试的自我控制资源充足时，乐观主义者比悲观主义者在字谜任务上坚持的时间更长。然而，当被试的自我控制资源耗尽时，乐观主义者实际上比悲观主义者更早放弃任务。

在自我控制资源耗尽时，乐观主义者比悲观主义者更早放弃的一个原因，可能与乐观主义者更加以未来为导向的心态有关。因此，当自我控制资源较少时，他们可能更希望保存有限的资源以满足未来的需求，因此，在手头的任务中投入的资源较少。与此解释一致，有研究者发现，乐观主义者在资源投入方面更具战略性。具体而言，研究发现乐观主义者比悲观主义者更执着，但这仅限于被视为高优先级的目标。对于低优先级目标，乐观主义者和悲观主义者的执着程度几乎没有差异。这说明乐观主义者不是对所有的目标都执着，他们只坚持自己认为最重要的目标。

由于乐观主义者更有可能坚持目标，特别是重要的目标，因此他们通常比悲观主义者更健康，能更好地应对生活中的困难。在一项研究中，接受心脏手术的乐观主义者比悲观主义者更快乐、更宽心，而且对其接受的治疗及其社会支持系统更满意。手术后 6 个月，乐观主义者比悲观主义者更有可能恢复剧烈的体力活动。手术后 5 年，乐观主义者报告的生活质量更高，主观幸福感更强。对癌症患者的研究也发现了类似的结果。除了健康方面的益处，一项研究发现，在入学第一学期，乐观的大学新生比悲观的大学新生更能快速适应大学生活。

寻找生活中美好的一面

乐观主义者能从其积极的人生观获得很多益处，但如果你不够幸运，天生就不是一个乐观主义者，那么你要怎么做？好消息是，只有 25% 的乐观主义者似乎是由基因决定的，因此你有足够的空间让自己变得更乐观。有一种方法，人人都可以用它来让自己变得更加乐观，那就是"益处发现"，即从逆境中找到一个益处。当事情的结果与我们的想法或期望不一样时，乐观主义者更有可能使用"益处发现"，从该体验中寻求好的一面。例如，兰斯·阿姆斯特朗在回忆录中写了这样一段话："事实上，癌症是发生在我身上的最好的一件事。我不知道为什么我得了这种病，但它给我带来了奇迹，我不想离开它。这是我生命中最重要、最具影响力的事件。我为什么要改变，哪怕是一天？"阿姆斯特朗能够以某种方式，把患癌这一令人震惊的坏消息转变为有益的体验。与阿姆斯特朗的例子一样，那些被诊断为癌症或多发性硬化症等严重疾病的人，当他们采用"益处发现"这一做法时，他们的抑郁程度更低。越是使用"益处发现"，人们就越乐观。因此，下次当你发生令人失望的事件时，请尝试寻找隐藏在逆境中的益处。

乐观总是有益的吗？

到目前为止，似乎乐观好，悲观不好。但就像生活中的大多数事物一样，实际情况要复杂得多。

在有些情况下，乐观可能比悲观好；而在另一些情况下，乐观反而不好。因为乐观主义者认为事情不会出岔子，而当事情真的变得糟糕时，他们可能比悲观主义者更容易受到负面结果的影响。为了验证这一观点，心理学家对乐观主义者和悲观主义者在过去一年中累积的生活压力进行了评估。累积生活压力是个体在一生中经历的重大生活变故（如配偶的死亡）或美好生活变化（如结婚）的次数。研究者发现，在生活压力小的条件下，乐观主义者比悲观主义者拥有更健康的身心。而在生活压力大的条件下，情况正好相反，悲观主义者比乐观主义者更健康。这意味着在大多数情况下乐观可能是有益的，但在极端压力的情况下，乐观可能会导致问题。

某些类型的悲观情绪可能比其他类型更好。在悲观主义者中，有一部分人被称为**"防御性悲观主义者"**（defensive pessimists）：这些人即使有成功的历史，也期待最坏的结果。通过设定低预期，防御性悲观主义者能够利用其焦虑，来更好地保护自己免遭潜在的失败。因此，防御性悲观主义者倾向于为任务做过多的准备，这意味着他们的尝试通常会成功。

悲观主义者和防御性悲观主义者都预期不好的事情发生，但只有防御性悲观主义者能利用这种担忧来制订防止不良结果的计划。因此，这种规划倾向抵消了悲观主义通常对动机产生的不利影响。例如，有一项研究发现，通过加大目标的重要性以及为目标做出的努力，这种规划倾向能提高防御性悲观主义者的动机。因此，尽管防御性悲观主义者的期望值很低，但他们能够以减少负面情绪的方式管理这些预期，而且他们不会像普通悲观主义者那样让低预期影响任务绩效。

写一写

悲观者看什么都不顺眼

乐观主义者往往很快乐，对许多事物都抱有积极的态度，而悲观主义者往往不快乐，对许多事物持消极的态度。由于这些倾向往往是稳定的，这表明"乐观者看什么都好"而"悲观者看什么都不顺眼"。你认为这些差异是由什么引起的？换句话说，是什么让个体成为乐观主义者或悲观主义者？至少确定两个你认为有助于这一特质发展的因素，可以是社会/环境因素，也可以是生物/遗传因素。

13.11　求知动机

求知动机（Epistemic motivation）是指寻求信息和获取信息的愿望。这种寻求知识的愿望源于我们的自主需求，因为收集的信息越多，人们就越能预测和控制所处的环境。简而言之，我们要控制知识。

求知动机是人类某些优秀品质（包括好奇心、创造力和探索）的驱动力。人类之所以渴求知识，总是试图突破科学和技术的边界，其原因就在于此。因此，求知动机被认为是学习、智力发展以及对教育和学术感兴趣的基础。但是，针对坐在同一间教室的学生，你会发现并非所有人都具有寻求信息和知识的强烈动机。也就是说，求知动机因人而异。

下一节将探讨求知动机方面的两个个体差异：

- 闭合需求；
- 认知需求。

值得注意的是，虽然研究者们将这些个体差异称为"需求"，但这种称谓具有误导性，因为这些个体差异不代表不同的生理需求或人类的核心动机，而是应被视为不同的人格特质。

13.11.1　闭合需求

闭合需求是指对确定性答案的渴望。闭合需求高的人不喜欢混乱、不确定性和模棱两可，而闭合需求低的人对不确定性和模糊性的容忍度更高。因此，与闭合需求低的人相比，闭合需求高的人更看重安全、一致性和传统，而不是新颖、探索和独立性。

由于闭合需求高的人不喜欢模棱两可，他们倾向于认为这个世界是非黑即白的。他们寻求问题的明确解决方案，一旦做出决定，就会坚持下去。所以，这些人的紧迫性（迅速做出决定）和耐久性（坚持决定）都很高。因此，研究者们将闭合需求高的人的行为描述为 **"抓住不放手"** （seize and freeze）策略，因为他们会很快做出某个决定，即使面对相互矛盾的证据也不放手。

闭合需求低的人看到的世界是深浅不一的灰色。他们避免做出明确的判断，而是宁愿暂且不做决定，直到收集到足够的信息。

值得注意的是，虽然闭合需求是一个相对稳定的特质，但也可以被特定情境所激发。研究表明，使得充分的信息处理不现实（如时间压力）或受损（如环境噪音、疲劳和酒精中毒）的情境都会提高闭合需求。

13.11.2　认知需求

认知需求是指进行思考和享受思考的倾向。认知需求高的人本质上喜欢任何需要付出努力的认知加工活动，如评价观点和分析问题。因此，他们进行的需要付出努力的认知加工更多，做出的深思熟虑的决策也更多，而且他们也喜欢寻找新信息。与他人争论或辩论让他们感到很兴奋，因为这会迫使他们运用分析能力，快速作答。如果你空闲时喜欢与朋友玩数独游戏、纵横字谜或文字游戏，那么你的认知需求有可能很高。相反，认知需求较低的人把困难的思考视为工作而不是游戏，所以他们在空闲时间最不想做的事就是思考。

这种偏好是由什么引起的？

大多数研究者认为，这种偏好是后天习得的，并且会随着时间的推移不断发展。例如，被鼓励反复尝试解决问题型任务的儿童，可能会对这些任务产生更强的自主感和能力感。结果，这些人将来更有可能寻找并享受困难的认知任务。

就其对动机的影响而言，认知需求高的人更愿意将认知资源投入自己的目标中，无论是在短期还是在长期。因此，与认知需求低的人相比，他们在自我控制、任务坚持性和目标实现方面表现更好，而拖延程度更低。他们也更有可能建立学习目标，发展复杂的新技能。这有助于解释为什么认知需求高的人比认知需求低的人受教育年限更长。

写一写

求知动机是否具有进化适应性

由于人类具有求知动机，因此人生来就喜欢寻找新信息和新经验。从进化角度来看，这表明求知动机肯定有利于人类生存。对于这个问题，请描述求知动机对人类生存的两个益处。然后想一想，如果我们的祖先求知动机非常低，那会是什么样？如果这样的话，我们的世界或人性将与现在有什么不同？

▶

14 环境的影响

比尔·盖茨的故事

想象一下，若没有电脑，你的生活会是什么样子：没有笔记本电脑，没有互联网，没有 GPS，没有手机，没有流媒体，也没有在线游戏和社交网站。事实上，家用电脑的想法过去被认为是荒谬的。但是在 20 世纪 70 年代中期，比尔·盖茨（Bill Gates）和一些人开始了一场将永远改变人类体验的个人电脑革命。

你可能觉得自己知道比尔·盖茨的故事：一个神童发现了计算机编程世界，为追求梦想从大学辍学，在自家车库开创了微软小型计算机公司，纯粹靠个人勇气和决心，创建了世界上最大的计算机软件公司，最终成为世界上最富有的人之一。但正如作家马尔科姆·格拉德威尔（Malcolm Gladwell）在其畅销书《异类》（*Outliers*）中所说，比尔·盖茨之所以成功，不仅仅是因为他是一个有理想、有抱负的人，还因为他具备成功所需的外部环境。

比尔·盖茨出生于一个富裕的家庭——父亲是一位成功的律师，母亲是一位富有的银行家的女儿。由于家境好，比尔·盖茨享有穷人家的孩子根本得不到的一些机会。例如，13 岁时，父母把他送到湖滨中学（Lakeside School）就读，这是西雅图唯一一所预科学校。在这所学校，"母亲俱乐部"每年举行一次捐赠慈善拍卖活动，以筹集资金为学生们购买物品。事实上，恰好在比尔·盖茨就读期间，该俱乐部筹集到 3 000 美元，用于购买一个高端终端系统，该系统与西雅图一台单片计算机相连。这就意味着在 1968 年这个大多数大学生都接触不到电脑的时代，比尔·盖茨这名八年级学生就接触到了。

他和他的朋友对新技术如此着迷，他们把所有空闲时间都用于计算机编程。有一次，他们被发现利用操作系统中的缺陷入侵计算机，因此整个夏天被禁止使用计算机。但最终，俱乐部的资金用完了，没钱再继续购买昂贵的上机时间。幸运的是，他们早先入侵的系统正是该校一名学生的父亲拥有的公司创建的。当该公司得知入侵者是比尔·盖茨和他的朋友们时，他们为这些孩子免费提供了上机时间，作为交换条件这些孩子要为公司测试软件程序。当时年仅14岁的比尔·盖茨放学后乘公交车前往公司总部，在那里一直编程到深夜。

正当一切顺利进行的时候，比尔·盖茨又遇到了一个问题：雇用他的公司破产了，他再也不能免费上机了。但这一次他还是很幸运，他家在华盛顿大学附近，所以他和朋友们说服该大学让他们免费上机，条件是为该大学开发工资系统自动化软件。16岁的比尔·盖茨在该大学里度过了所有的晚上和周末，有时在凌晨3点到6点的免费上机时间里，他会偷偷从家中跑出去，溜进该大学的计算机中心。他的母亲对他的这些课外活动一无所知，总是纳闷儿子每天早上起床怎么这么困难！

毫无疑问，青少年时期的比尔·盖茨是一个特别有闯劲的孩子，天生就具有计算机编程方面的才能。但是，当时很可能有其他孩子和他一样聪明，一样有闯劲，一样有能力，但却缺乏外部环境赋予比尔·盖茨的许多机会。由于比尔·盖茨的独特经历，他在高中毕业时拥有的计算机经验比那个时代的大多数计算机科学家都多！正如比尔·盖茨所说："我在很小的时候就有机会接触软件开发，我觉得这一点在当时谁都比不了，所有这一切都是因为一系列令人难以置信的幸运事件。"

本章将讨论影响动机的各种环境特征。

14.1　环境的力量

每当我们看到某个成功人士——无论是比尔·盖茨、斯蒂芬·霍金（Stephen Hawking）还是泰勒·斯威夫特——我们通常认为他们的成功应归因于其个性和能力等内部因素。尽管这些个体差异确实对成功起到了一定作用，但这一假设存在的问题是它忽视了也可能影响成功的环境差异的重要性。在解释他人的行为时，人们往往侧重内部因素而非外部因素，心理学家将这种倾向称为**基本归因错误**（fundamental attribution error）。事实上，即使人们被告知另一个人所处的环境时（就像我们讲述比尔·盖茨的故事时所做的那样），人们仍然倾向于忽略这些信息，依赖内部解释。

不仅普通人会犯这种基本归因错误，就连动机心理学家们也会犯这种错误。这就说明为什么有数百个关于动机的人格理论，而只有少数几个环境理论。我们需要一种独特的思维才能抑制人类关注内部原因的自然倾向，进而将注意力转向外部原因。但是，当我们把注意力从内因转向外因时，我们会清楚地看到，环境对我们目标导向的行为具有强大的影响。正如著名心理学家斯坦利·米尔格拉姆（Stanley Milgram）所说：

> 很多时候，一个人将如何行动，更多地取决于他所处的环境，而不是他是什么样的人。

该买新盘子了

人们往往对自己所处的环境如何触发自己的某些饮食行为一无所知，但食品行业的人对这一点很清楚，他们利用这些知识来操纵我们，使我们无意识地想吃他们的产品。盘子的直径、杯子的形状、容器的大小等因素都会对饮食行为产生强烈影响。在一项研究中，研究人员让被试给自己舀一些冰淇淋。有些人拿到的是大碗，有些人是小碗。用大碗吃的人比小碗吃的人多吃三分之一的冰淇淋。使用大盘子、大碗或大杯子时，我们往往会无意识地把剩下的空间填满，而且感觉必须把它全部吃完。不幸的是，在过去 30 年中，美国人的盘子直径从 22 厘米增至 30 厘米，软饮料从 240 毫升增至 1400 毫升的重量杯（Double Big Gulp）。为了对抗这种环境影响，建议你尝试用细高脚玻璃杯饮用含热量的饮料，用小盘子替换大盘子。在一项研究中，把直径 30 厘米的盘子换成 25 厘米的盘子，人们摄入的热量减少了 22%。这些研究表明，环境中的微小变化可以显著减少食物的消耗。

写一写

忽视环境影响

根据基本归因错误理论，人们在解释他人的行为时倾向于注重内因（人格、气质）而不是外因（环境）。例如，如果你向陌生人提供了一条建议，他不听你的，你可能会认为此人很愚蠢或很粗鲁，但你可能不会因此得出如下结论：他今天可能遇到了糟糕的事或刚收到坏消息。你认为人们为什么会这样做？为什么人们更倾向于注重内因而非外因？在你的回答中，至少提供一个原因，而且要有一个具体实例来证明。

14.2　行为主义

从20世纪初开始，美国的心理学家对该领域依赖抽象的心理状态（如梦境、潜意识和感觉）感到沮丧，他们认为基于这种主观经验的研究是不可靠的，不符合严格的科学研究标准。

为解决这个问题，许多心理学家开始采用一种截然不同的方法，他们声称有机体所做的一切——其行为、思想和感情——都可以被视为行为。看到有人在哭，我们可能认为是因为悲伤，但事实上，我们只知道这个人在哭。他也许很伤心，但他流泪也有可能是因为高兴、疼痛或眼里进了异物。作为一名科学家，我们无法准确描述此人正在经历的内部状态，我们只能报告可以直接观察到的行为。因此，这一新的思想流派被称为行为主义。根据行为主义的观点，行为可以（而且应当）以客观、系统的方式来研究，而不考虑内在心理状态。

14.2.1　行为主义原则

行为主义运动迅速在美国流行，成为20世纪上半叶占主导地位的心理学方法。在此期间出现了许多著名的行为主义者，他们分别提出关于动机的独特理论和主张，包括伊万·巴甫洛夫（Ivan Pavlov）、爱德华·桑代克（Edward Thorndike）、约翰·B.华生（John B. Watson）和B.F.斯金纳（B. F. Skinner）。这些先驱者的研究形成了一套基本的行为主义原则，用于充分解释人类和动物的学习行为和动机。

重视环境　根据行为主义的观点，环境是变化的主导力量。行为主义者对环境塑造行为的认识在很大程度上是受到了达尔文进化论的启发。行为主义者想知道，如果环境能够塑造数百年来动物物种的进化，那么环境是否也能在短时间内塑造有机体的行为。

最早对这种理论进行验证的行为主义者之一是桑代克。根据**桑代克效果律**（Thorndike's Law of Effect），当一个有机体被置于特定情境中时，它最初会产生各种各样的行为反应。但随着时间的推移，其后紧跟的理想结果（如奖励）的反应与该情境的联系将强于其他反应，因此当生物体再次处于相同情境时，这一反应更有可能出现。

例如，假设将一只饥饿的猫放进一个**谜题箱**（puzzle box），里面有各种杠杆。这些杠杆大多数都没用，但按下某个特定杠杆会将箱子的门打开，食物就被送进来。第一次被放进箱子时，猫四处跑动，随意按下不同的杠杆。有时猫可能会无意中击中控制门的杠杆，于是食物就被送进来。设想一下，一天后我们又把这只猫放回那个谜题箱，猫这次会怎么做？当然会直接去按能带来食物的杠杆，猫已经学会将特定杠杆与期望的结果联系起来，从而产生行为主义者所谓的刺激 - 反应关系。

条件作用　行为主义者认为，所有行为都是通过条件作用（在概念之间建立某种联系）来学习和改变的。

1. 一种条件作用是**经典条件作用**（classical conditioning），是指环境中的某个刺激与某个自然发生的刺激建立起联系，最著名的例子来自巴甫洛夫的研究，他训练一只狗听到铃声时会分泌唾液。

2. 另一种条件作用是**操作条件作用**（operant conditioning），是指某个行为对环境进行"操作"，以使该行为产生某个结果。如果结果理想（例如，猫按压杠杆得到食物），那么该行为将来更有可能出现。如果结果不理想（例如，当猫跳到餐桌上时，对它大喊大叫），则该行为将来出现的可能性就较小。这种操作条件作用是桑代克效果律的基础。

操作条件作用比经典条件作用更适合解释人类的学习行为和动机。事实上，行为主义者约翰·华生坚信操作条件作用，他认为只需改变个体的环境，他就能创造出他想创造的任何类型的人：

> 给我十几个健康的婴儿，一个由我支配的特殊环境，让我在这个环境里养育他们。我可以担保，从中任意选择一个，不论他的父母的才干、爱

好、倾向、能力如何，也不论他的父母是什么职业和种族，我都可以按照我的意愿把他培养成任何类型的专家——医生、律师、艺术家、大商人，甚至乞丐或强盗。

同样，斯金纳认为，相关组织应该使用这种行为矫正技术来塑造人类行为，以促进社会正义和群体和谐。有趣的是，许多现代行为改变计划，如嗜酒者互戒协会和慧俪轻体把社会支持和赞美作为良好行为的有益结果（例如，嗜酒者互戒协会使用"清醒筹码"）。随着手机应用和社交媒体网站的出现，这种调节原则变得越来越流行。例如，其生态友好型公司使用脸书帮助人们跟踪自己的节能行为，并为此类行为提供社会强化。

强化 就操作条件作用而言，某些类型的强化优于其他类型的强化。"强化"（reinforcement）被定义为跟随某个行为并导致该行为加强或增加的任何事件。这种强化物可以是正面的，也可以是负面的。**正强化物**（positive reinforcers）指愉快结果的出现（例如，因考试得 A 而给予的表扬）。**负强化物**（negative reinforcers）指不愉快结果的消除（例如，因表现好而给予减刑）。强化的时机也很重要，强化出现的时机被称为**强化程序**（schedules of reinforcement），以两种形式出现（见表 14-1）。

表 14-1　部分强化程序类型

部分强化程序类型	描述
固定比率强化程序	当反应达到指定次数后进行强化（例如，老鼠按下杠杆 5 次后给其食物）
固定时距强化程序	间隔特定时间进行强化（例如，1 分钟后给老鼠食物）
可变比率强化程序	当反应出现任意次数后进行强化（例如，一开始老鼠按下杠杆 3 次后给其食物，然后按下 5 次后给其食物）
可变时距强化程序	间隔任意时间进行强化（例如，过 20 秒后给老鼠食物，然后过 2 分钟再给其食物）

- 连续强化指行为每次发生时都得到强化。
- 部分强化指行为只在部分时间里得到强化。

部分强化可再分为固定间隔强化和可变间隔强化。

- 固定间隔强化指根据预定的时间表对行为进行强化。
- 可变间隔强化指根据不可预测的或随机的时间表对行为进行强化。在使用可变间隔强化时，有机体永远不知道何时会得到奖励。

部分强化也可再分为比率强化和时距强化。

- 比率强化指根据反应的次数对行为进行强化。
- 时距强化指根据时间间隔对行为进行强化。

哪一种强化程序最好？

这取决于许多因素，包括试图强化的行为类型以及奖励的成本和可行性。但总体而言，研究表明可变比率强化程序对长期变化最有效。事实上，许多极具吸引力的消遣活动（如彩票、赌博和电子游戏）都依赖可变比率强化程序，这些活动之所以能产生如此稳定的响应率，其原因就在于此。

14.2.2　运用行为主义原则

你很容易就能把这些行为主义原则应用到生活中，以实现你的目标。你只需想想，要增加期望的行为，你需要在环境中做出哪些改变。如果你想少吃甜食，那么就不要在桌子上放糖果盒。如果你想加强锻炼，那么就在客厅里放一台跑步机，只有锻炼时才允许自己看电视。

然而，具有讽刺意味的是，当你采用行为主义的方法来实现目标时，为了控制自己的行为，你必须先认识到你从来没有真正控制过，而且最终控制你的是环境。这并不是说人类不能运用意志力来克服环境限制，但如果在生活中你的意志力总是与环境持续战斗，那么环境最终会胜出。从这一点来说，人类受周围环境影响的方式与动物没有什么不同。但与动物不同的是，人类能够有目的地改变环境，把行为塑造成他们希望的那样。如果你对环境进行操纵，除了健康的、与目标相关的结果你几乎别无选择，那么你实现目标的可能性就非常大。

14.3 驱力理论

桑代克在研究期间有了另一个重要发现。当他把一只饥饿的猫放在谜题箱中时，它比不饥饿的猫能更快知道哪支杠杆能带来食物。为什么会发生这种情况？如果行为只是简单的刺激 - 反应关联，为什么饥饿状态似乎加强了这种关联？行为主义者对这一问题的回答是**驱力**（drive）。

驱力被认为是一种令人厌恶或令人不舒服的状态，当驱力升高时，有机体就有动力采取减少驱力的行为。因此，驱力被认为是推动学习的能量：有机体的驱力越强，学习该行为的速度就越快。

驱力是如何产生的？

行为主义者再次依赖进化论，他们声称每当生物体的生理需求得不到满足（即需要被剥夺）时，驱力就会产生。生理需求被剥夺时（例如，人感到饥饿），驱力就会增加，然后生物体的行为就会被激发。因此，驱力被视为有机体对需求被剥夺这一外部原因所做出的内部反应。需求被剥夺越久，驱力就越强。

14.3.1 驱力理论的原则

虽然驱力的概念已存在一段时间，但直到 1943 年克拉克·赫尔（Clark Hull）才提出一个清晰完整的驱力理论。

赫尔的驱力理论认为，驱力和习惯是乘法关系，即

$$行为 = 驱力 \times 习惯$$

该等式表明，行为的兴奋程度取决于驱力和习惯的乘积。因此，驱力是赋予行为强度的动机因素，而习惯是赋予行为方向的习得因素。虽然赫尔认为驱力是非特异性唤醒，但他认为驱力更有可能激发习惯性熟练反应，而不是非习惯性反应。因此，高强度的驱力能激活或"诱发"有机体的习惯性反应。

赫尔认为，驱力与习惯之间为乘法关系（而不是其他数学关系），因为他认为如果驱力为零，即使习惯的强度很高，也不会引发行为。因此，赫尔认为即使一只老鼠在之前的试验中学会了在迷宫中寻找食物，除非它至少有点饿，否则它不会真正走迷宫。

赫尔最初提出驱力理论时，该理论引起了许多动机科学家的注意，并且迅

速成为当时的主导理论。驱力理论受欢迎的一个原因是，驱力概念比先前的动机理论更有用，也更客观。与先前的"目的"或"本能"等概念不同，驱力可以在实验室中操纵，而且驱力对行为的影响很容易观察。研究人员只需在不同的时间长度内剥夺有机体的基本生理需求（即食物和水），然后研究其对行为的影响。当时，许多研究都支持赫尔的驱力概念。例如，有研究发现，饥饿的老鼠比不饿的老鼠能更快学会按压杠杆，以获取食物。那些有更多机会来学习杠杆任务并因此创建了更强习惯的老鼠尤其如此。

写一写

确定驱力理论的要素

假设你在考试前临时抱佛脚，通宵熬夜学习。凌晨 3 点左右，你突然感到肚子很饿，于是你跳进汽车，开车来到一家快餐店，你经常去那里吃午饭，你很庆幸免下车窗口还开着。在这一场景中，（1）确定驱力是什么，（2）解释它为何是非特异性驱力，（3）确定习惯是什么，（4）解释驱力和习惯如何促使你来到这家快餐店的免下车窗口。

对简单任务和困难任务的启示　简单任务实质上就是人们熟练掌握因而习以为常的任务，例如，输入电子邮件账户的用户名和密码。在过去的几年里，你可能每天都要做几次这样的行为（甚至可能每小时几次）。现在，你甚至不用考虑就能熟练地输入这些信息，这就是习惯的真正定义。相反，困难任务是你没有太多经验的新任务，例如，反向输入用户名和密码，你可能没这样做过，因此需要大量的注意力才能成功完成。

考虑这些概念与时间的关系，我们得到的启示是，当我们是新手第一次尝试某件事时，完成该任务会很艰难。但是，当我们成为专家，已做了某件事很多年后，完成该任务会变得很简单，我们会习以为常。鉴于此，让我们重温赫尔的驱力理论，但这一次，我们用简单任务与困难任务的概念取代他的习惯概念。

因为高驱力会引发有机体的习惯性反应，这意味着高驱力将促进有机体在简单任务中的表现，但会削弱其在困难任务中的表现。如果要求你正常输入你的用户名和密码，高驱力将激活你的习惯倾向，从而促进你在该任务中的表现。但是，如果任务要求你反向输入用户名和密码，结果会怎样？在这种情况下，你在这项新的困难任务中的表现将被削弱。高驱力将激活你正向输入用户名和密码的习惯性反应，这与你尝试执行的操作正好相反。要取得成功，你必须克服习惯性反应，要完成这一任务很难。因此，最好等到驱力较低且习惯性反应处于休眠状态时，你再反向输入登录信息。

因此，当你刚开始学习新行为且任务很困难时，高驱力会削弱你的表现。但是，当你反复执行该行为以至于对其习以为常时，完成该任务就会变得容易，而高驱力将促进你的表现。

14.3.2　对赫尔驱力理论的批评

尽管赫尔的驱力理论有其实用性，但研究者们很快就开始对该理论的许多基本主张提出了质疑。

这些批评导致赫尔的理论在心理学中不再受到青睐，但它仍然代表一种重要的动机理论，并且将持续激发后来许多仍被广泛认可的动机理论。对赫尔的驱力理论的批评主要有三种：

- 该理论缺乏非特异性驱力的证据；
- 该理论只能解释生理需求；
- 该理论不能解释所有行为。

14.4　唤醒理论

20 世纪 50 年代，驱力理论开始"失宠"，于是动机心理学家们开始寻找新的理论。鉴于对赫尔理论的批评，研究者们提出了唤醒理论。

14.4.1　唤醒理论的原则

唤醒理论依赖唤醒概念，而不是驱力概念。唤醒指的是精神和身体都处于机警状态。唤醒的定义较宽泛，被认为负责意识、注意力和行为强度。虽然人们认为唤醒与驱力相似，但唤醒理论的三个原则是这两个理论的不同之处（见图 14-1）。

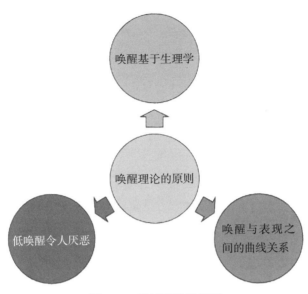

图 14-1　唤醒理论的原则

下面我们对每一个原则都进行详细介绍。

唤醒基于生理学　与驱力理论不同，唤醒理论依赖生理学概念。驱力是一个难以测量或无法测量的抽象概念，而唤醒可以通过各种指标直接测量，包括心率、出汗（皮肤电反应）、肌肉紧张、体温和脑电活动（通过脑电图）。研究人员还经常将唤醒与大脑的特定区域联系起来，最引人注目的是网状激活系统。例如，有研究表明，对网状结构的电刺激会使猫从睡眠中醒来，而这一大脑区域的损伤会导致猫进入类似昏迷状态的深度睡眠。由于唤醒可以直接测量，所以人们认为这一概念比驱力更客观、更科学。

唤醒与表现之间的曲线关系　唤醒理论与驱力理论的另一个区别在于预测的唤醒与表现之间的关系。驱力理论认为，驱力与表现是线性关系：驱力越大，表现越好。而唤醒理论认为，唤醒与表现是曲线关系：唤醒太多或太少都会削弱表现。以前的许多理论都支持这一关系。其中，最早也最受认可的是**耶克斯 – 多德森法则**（Yerkes-Dodson law），该法则提出两个观点。

1. 倒 U 形曲线最能说明唤醒与行为表现之间的关系（见图 14-2）。当唤醒开始增加时，唤醒能促进表现，但这有一个限度。一旦唤醒变得太高，表现就会受损。例如，想想你在考试时，什么样的机警水平是最佳状态。很明显，你不希望自己昏昏欲睡或迷迷糊糊（低唤醒），也不希望自己过于兴奋或过分焦虑（高唤醒）。适度机警最利于个体在考试时发挥出应有的水平。

2. 唤醒与表现之间的曲线关系的确切性质取决于任务的困难程度（见图 14-2）。

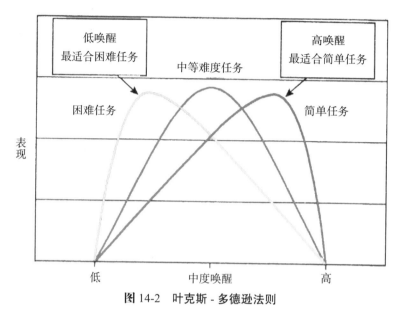

图 14-2　叶克斯 - 多德逊法则

注：每条曲线的峰值都代表每项任务的最佳表现。对于困难任务，低唤醒产生最佳表现。对于简单任务，高唤醒产生最佳表现。

简单任务不需要太多的思考或注意力，而是依靠耐力和毅力。因此，简单任务的最佳唤醒水平是高唤醒。例如，如果一家慈善机构要求你把传单装进 100 个信封，这项任务不需要太多思考，但需要持续投入精力。相反，困难任务需要大量思考和注意。因此，困难任务的最佳唤醒水平是低唤醒。如果一家慈善机构要求你为即将举行的活动发表演讲，这项任务就需要大量的注意力，较低唤醒水平能使你更容易集中注意力。因此，就唤醒而言，并不是越多越好。从更广泛的意义上来讲，动机也是如此。这表明动机过强可能与动机缺乏一样有损于表现，因为压力太大会使人表现失常。

为了验证耶克斯 - 多德森法则的第二条原则，有心理学家研究了咖啡因水平与考试成绩之间的关系如何随测试的难易度而发生变化。在这项研究中，大学生们完成一项简单的考试任务，或者一项困难的考试任务。在考试前，学生们摄入零咖啡因、低剂量咖啡因（每千克体重 2 毫克）或高剂量咖啡因（每千克体重 4 毫克）。说得更直观些，体重为 68 千克的被试在低剂量条件下是摄入 136 毫克咖啡因，相当于一杯咖啡；在高剂量条件下是 272 毫克咖啡因，相当于两杯咖啡。结果如图 14-3 所示。

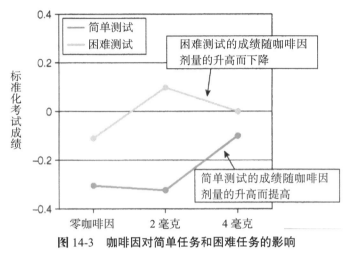

图 14-3 咖啡因对简单任务和困难任务的影响

鉴于这些结果，在下次参加考试时，你可以喝一瓶汽水或吃一小块巧克力来给自己增加一点咖啡因，但不要喝能量饮料或浓缩咖啡。

低唤醒令人厌恶 驱力理论认为，驱力令人厌恶，低驱力总是令人愉快，而高驱力总是令人不愉快。而唤醒理论认为，适度唤醒最佳，因此也最令人愉快。唤醒太多令人厌恶（如感到非常焦虑），但唤醒太少也同样令人厌恶（如感觉太无聊）。我们需要的唤醒程度是刚刚好。

实验心理学之父威廉·冯特起初先凭直觉猜测唤醒与愉悦之间这种"刚刚好"的动态。他发现，刺激强度的增加越来越令人愉快，但这是有限度的，超过峰值后，刺激的增加只会令人越来越不愉快。例如，做过烘焙食品的人都知道，一炉饼干中加入少量盐能提味改善口感，但是加入太多的盐就把饼干毁了。冯特认为，就像做饭时盐的量一样，最大的快乐来自于适度刺激。

驱力理论和唤醒理论都认为，过多的刺激令人不愉快，但是这两个理论不一致的地方在于其关于太少唤醒的论断。刺激太少与刺激太多一样令人厌恶和有害，这似乎令人惊讶，但是一些关于感觉剥夺（即从一种或多种感官中刻意减少或去除刺激）的研究支持这一观点。

例如，人们可以蒙上眼睛来阻挡视觉刺激，或者堵住耳朵来阻挡听觉刺激。

在更极端的情况下，研究人员可能会使用感觉剥夺室来阻挡所有的光线和噪音。

使用这种感觉剥夺技术的研究一致表明，缺乏感觉刺激会产生许多负面影响，包括幻觉和认知功能受损。事实上，这些研究的被试经常在 24 至 48 小时后退出实验，尽管参与研究能够得到丰厚的补偿。

14.4.2　对唤醒理论的批评

虽然"唤醒"这一动机概念优于"驱力"，但它很快就失去了动机心理学家们的青睐。情绪、注意力和思想等其他概念似乎能更好地解释人类的行为。此外，有些人开始质疑唤醒是否确实基于生理学。例如，研究表明，心率、皮肤电传导和脑电活动等唤醒测量值之间没有高度相关性，这表明它们研究的并非同一个潜在唤醒过程。

这并不是说"唤醒"不再是一个有用的概念，动机理论家们仍然提到唤醒，但他们对这一概念的定义有所不同。现在人们认为，唤醒不是一个单纯的生理过程，而是一个假设**构念**（hypothetical construct），代表着一个包括生理、情绪和行为三个方面的复杂过程。

写一写

驱力理论与唤醒理论

比较唤醒理论和赫尔的驱力理论的利弊，然后指出你认为哪个理论能更好地解释行为并说明你的理由。

▶

14.5　社会环境

人类本质上是社会性生物。我们几乎每时每刻都在与他人互动，通过电视上观看他人，在网上与他人交流，或者在睡觉时梦见他人。从古希腊哲学家亚里士多德到现代心理学家埃里奥特·阿伦森（Elliot Aronson），每个人都用"社会动物"一词来形容人性，其原因就在于此。因此，在讨论环境影响的力量时，我们必须考虑社会环境如何影响动机和目标导向的行为。

14.5.1　社会促进和社会抑制

1897 年，心理学家诺曼·特里普利特（Norman Triplett）发现一个有趣的现象。在观看自行车比赛时，他注意到在与竞争对手比赛时，自行车赛手的速度比单独计时比赛时要快。这一现象引起他的兴趣，他决定在实验室进行一项实验。大多数人都认为这一实验是社会心理学领域的第一项实证研究，因为它是第一项操纵社会环境力量的研究。

在这项研究中，研究者让 40 名儿童以尽可能快的速度转动一个夹在桌子上的渔线轮。有时候，孩子们独自一人转动渔线轮；其他时候，他们与另一个孩子竞争，看谁转动得更快。通过对数据进行直观分析，特里普利特得出结论，孩子们在竞争对手面前转动渔线轮时比单独完成任务时的速度更快。

他人的存在可以提高（或促进）任务表现的倾向后来被称为**社会促进**（social facilitation）。虽然特里普利特认为出现社会促进是因为其他人的存在激发了个体的竞争本能，但后来的研究表明，即使另一个人只是一个非竞争性旁观者，也会发生社会促进。只需在房间内有一个观察者就足以促进任务表现。

但是，他人的存在并非总能带来更好的表现。你很可能有过这样的经历：你需要主演一部戏剧或者在课堂上做展示，你发现独自一人在房间排练时，你记台词没有任何问题，可面对观众时，你却突然什么都忘了。其实，在面对观众时，许多人都会感到紧张，都会出错。他人的存在削弱（或抑制）任务表现的倾向被称为**社会抑制**（social inhibition）。

扎荣茨理论　他人的存在为何既能促进表现，也能抑制表现？这一问题困扰了心理学家们一段时间。直到 1965 年，扎荣茨提出一个正式的理论来解释这些相互矛盾的结果（见图 14-4）。

此外，扎荣茨理论指出，当任务简单时，唤醒的增加将改善行为，因为任务需要习惯性反应；但是当任务困难时，唤醒的增加会削弱行为，因为任务需要非习惯性反应。第二个假设听起来很熟悉，因为这实际上是赫尔驱力理论的核心。

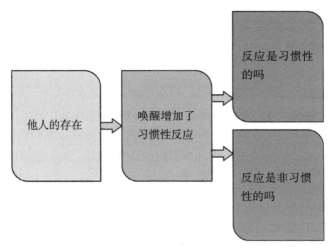

图 14-4　社会促进和社会抑制

注：扎荣茨理论的第一部分指出，无论是竞争对手还是旁观者，其他人的存在都会增加唤醒。当我们被其他人环绕时，我们的心跳会加速，呼吸会变得急促，大脑也变得更加警觉。因为唤醒是一种基本生理过程，所以人们认为即便是动物，当被同类环绕时也会经历唤醒。根据本章前面所述唤醒及驱力对行为的影响，你能否描述社会促进和社会抑制在扎荣茨理论中的位置？

把扎荣茨理论的这两部分结合起来，我们就可以看到，当任务简单时（即需要习惯性反应），其他人的存在会导致社会促进；而当任务困难时则会导致社会抑制（即需要非习惯性反应）。因此，扎荣茨依靠赫尔的驱力理论来解释其他人的存在何时会改善或削弱行为表现，从而说明文献中相互矛盾的结果。

为进一步说明扎荣茨理论，我们来看一个例子。

假设一名男子是滑板运动员，从十几岁起就滑滑板，他对滑板运动的两个主要动作已习以为常，做动作的时候连想都不用想。这两个动作是：（1）将双脚放在滑板上，并排放置，身体垂直于前进的方向；（2）通过下蹲和向后倾斜来降低重心。

现在假设这名男子想去山里度寒假，他从未尝试过双板滑雪和单板滑雪，因此决定在旅行期间尝试这两项运动。根据你对他的了解以及对扎荣茨理论的了解，你认为他面对观众时应当做哪项运动？独自一人时应当做哪项运动？

单板滑雪需要将双脚并排放在一块滑板上，身体垂直于前进的方向并向后倾斜。而双板滑雪需要将两只脚各自放在一块单独的滑板上，滑板指向前方，身体向前倾斜以获得动力和控制平衡。因此，单板滑雪的动作类似于滑滑板的动作，而双板滑雪的动作则正好相反。鉴于此，此人最好在观众面前尝试单板滑雪，因为观众会诱发他习惯性的滑板动作，这样他的表现会更好；而当独自一人时他应该尝试双板滑雪，因为观众诱发的习惯性反应必定会导致他的失败。

　　扎荣茨理论的证据　为验证其理论，扎荣茨及同事进行了一项研究，让被试单独一人或在观众面前解开一个简单或困难的迷宫（见图 14-5）。

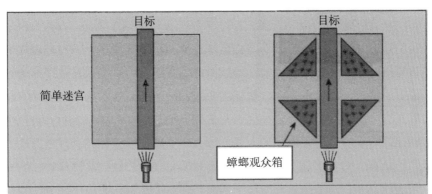

如果你不幸有过这样的经历——走进一个黑暗的房间，打开灯，看到一群蟑螂匆匆跑开——那么你一定知道蟑螂怕光。事实上，看见光线时，当蟑螂总是朝远离光源的方向直线跑开。扎荣茨充分利用蟑螂的这一习性，他总是在迷宫的起点放置泛光灯。若是简单迷宫，蟑螂只需朝着远离光源的方向直线跑，就能到达最终目标。

图 14-5　扎荣茨关于社会促进和社会抑制的蟑螂研究

　　注：扎荣茨研究的被试不是人，而是蟑螂！对于一项关于社会行为的研究来说，选择蟑螂作被试似乎很奇怪，但请记住，扎荣茨认为他人的存在会导致人类和动物（甚至昆虫）的唤醒。但如果蟑螂是被试，一个主要问题就是确定蟑螂的习惯性反应是什么。

　　后来，研究者们使用人类被试重复了扎荣茨的研究。例如，在一项研究中，研究人员对那些在学生活动中心独自打台球的学生进行观察，然后把他们分为高水平和低水平两类。然后，研究人员进来，询问自己是否可以当观众，观看他们打一场比赛。正如所料，有观众时高水平的学生（其习惯性反应是打台球打得很好）表现得更好，但低水平的学生打得更差。这种研究对人类的动机和行为有许多实际应用价值。

　　扎荣茨理论说明为什么经验丰富的运动员在面对观众时要比与教练一起训

练时成绩更好，而且更有可能打破奥运会纪录。演员、音乐家、演讲者以及需要在观众面前表演的任何其他职业都是如此。新手面对观众带来的压力会表现失常，但经验丰富的人在聚光灯下更闪耀。

扎荣茨理论对办公环境也有重要启示。越来越多的公司不再为每位员工单独配备办公室，而是使用带有小隔间或可移动办公桌的共用公共空间。这种策略是否合适似乎取决于员工的工作类型。如果任务简单或容易学习，那么这种环境可能会对员工有益。但如果任务复杂，需要创造性思维，那么员工可能会表现得更差。同样，许多公司会对员工进行某种形式的监控，而在现代技术时代，监控通常是通过计算机进行的。

我们需要知道，这种监控是否会促进或抑制员工的生产力，以及由人监控和由计算机监控是否有区别。为回答这些问题，研究者让被试在不同监控条件下完成困难的组词任务。第一组被试由旁边的一个人监控，第二组由计算机监控，第三组自以为没有被监控，但实际上被计算机监控。结果表明，自以为没有被监控的人比自以为被监控的人组的词更多。然而，监控类型并不重要，无论观察者是真实的人还是计算机程序，都发生了社会抑制。要知道，被试完成的组词任务很难。如果扎荣茨的理论成立，那么当被试完成简单任务时，监控会产生相反的作用。

在后续的研究中，该实验被重新设计，这一次被试要完成的是一项简单任务：输入六位数的数字。在这种情况下，监控提高了被试完成任务的数量和质量，与那些自认为没有被监控的人相比，他们键入的数字更多，出错更少。因此，涉及是否应提供单独或公共办公空间，是否应对员工进行监控等业务决策时，管理者应考虑员工的工作是相对容易还是比较复杂。

14.5.2　去个性化

我们偶尔会在观众面前表演，但通常情况下，我们是作为一个群体与他人一起完成任务，而不是单独一个人完成任务。处于群体中时，有时人们的动机和表现会更好，但有时群体会让事情变得更糟。

19世纪法国心理学家和社会学家古斯塔夫·勒庞（Gustave Le Bon）是最早正式认识到群体经常具有破坏力的科学家之一。受法国革命100周年的启发，勒庞认为，群体会营造出一种匿名感，导致个性丧失，结果群体成员个人的思想和情感融为一体，成为单一的思维方式。不幸的是，勒庞的许多见解被滥用，被用于控制而不是启发人们的思想。例如，希特勒和墨索里尼都被认为严重依赖勒庞的观点，来操纵那些"愚昧"群众去做他们想让其做的事。

人们曾使用多个术语来描述这一现象，包括暴民心态、羊群心态和群体心理。然而，心理学家们偏爱去"**个性化**"（deindividuation）一词，该术语强调人们在群体中时会失去自我聚焦和个人责任。当人们处于去个性化状态时，经常控制人类行为的文化规则和规范不再具有这种效力。因此，处于此状态的人不再对自己的行为负责，因此更有可能违背自己的标准和价值观。不幸的是，这通常意味着他们会以自私和暴力的方式行事。一些最糟糕的人类行为都可归因于处于群体中时出现的去个性化。

虽然处于群体中是产生去个性化的一种方式，但这不是唯一的方式。任何减少个人责任的环境特征都可能导致去个性化，从而产生暴力行为或不道德行为。吸毒、喝酒、戴上面具或头巾、去没人认识你的地方，都是可能产生去个性化的环境。拉斯维加斯旅游局甚至在广告宣传语中利用这种去个性化的思想："在维加斯发生的一切都将留在维加斯。"这传达的信息是，由于在拉斯维加斯没有人认识你，你就可以任意放荡，然后再回到正常、温文尔雅的生活，没有人会知道。事实上，我们喜欢的许多娱乐活动（如狂欢节或万圣节）之所以令人愉快，就是因为它们让我们有一天时间可以逃离自己的价值观和道德，可以实现我们最邪恶的幻想。

最近，去个性化被用来解释人们在网上表现出更不守法或更不道德的倾向。人们在网上不易辨认谁是谁，这会促使人们产生去个性化的感觉。因此，人们感觉面对面时做不出的行为，在网上就可以随意做。例如，刻板印象、色情短信、网络欺凌和软件盗版。然而，被要求使用真实名字进行在线互动时，人们较少表现出去个性化效应，较少与群体保持一致，而且较少对他人形成刻板印象。因此，无论是去拉斯维加斯度周末还是上网，如果感觉没人知道我们是谁，那么我们更有可能从事不良的社会行为。

群体总是有害吗　虽然大多数情况下我们认为去个性化是有害的，但有时其也有好处。有些研究者认为，去个性化不一定会使我们不道德；去个性化只是让我们较少注意群体以外的外部刺激。这意味着群体中的人较少遵守群体之外的规则和规范，甚至包括社会的道德或法律，但他们更遵守群体的规则和规范。这意味着，如果群体中的一两个人开始出现暴力行为（因而制定了该群体的暴力规范），那么其他人可能会遵守。但是，如果群体中的一两个人开始出现无私助人的行为（因而制定了该群体的仁慈规范），那么这可以鼓励该群体中的其他人采取无私行为。我们经常看到这样的新闻报道：一群陌生人团结一致，将某人从燃烧的建筑物或落水的汽车中救出来。这说明了群体的积极力量。

无论是好还是坏，有一点很明显，那就是去个性化有助于群体的凝聚力，使人们的行为方式符合群体的规则，而不是符合个人价值观或社会规则。因此，群体通常需要其成员去个性化，以加强群体凝聚力。军队、警察和运动队都让其成员穿同样的服装，让他们看起来一模一样。任何降低个性、增加群体凝聚力的环境特征，都可能以这种方式促进群体成员之间的一致性。

14.5.3 社会惰化

心理学家 N. 特里普利特（N.Triplett）发现，有他人在场时人们工作起来更努力。几年后，法国科学家麦克斯·林格尔曼（Max Ringelmann）的研究得出了截然不同的结论。林格尔曼是一位农业工程教授，他在寻找一种科学方法来开发和评估农业机械。他在测试中注意到，当人（或动物）拉一台机器时，他们在独自拉时似乎会付出更多的努力，这一现象引起了他的兴趣。于是林格尔曼设计了一个实验，要求人们拉绳子。首先，每个人都单独拉一根绳子，这意味着每个人都付出了最大的努力。接下来，人们需要与他人一起拉。与另一个人一起拉时，人们付出的努力降到了 93%；与其他三个人一起拉时，降到了77%；与其他七个人一起拉时，人们付出的努力还不到独自拉时的一半（49%）。

社会惰化（social loafing）是指人们在群体中工作时比单独工作时付出的努力更少这一趋势。研究表明，许多行为都存在社会惰化的现象。在一系列经典研究中，毕博·拉塔内（Bibb Latané）及其同事给被试戴上眼罩和隔音耳机，让他们通过拍手和喊叫尽可能多地制造噪音。评估被试的音量大小之后，他们重复了几次同样的步骤，但是这几次分别是与另外一个人、另外三个人或另外五个人一起拍手或大声喊叫。人们可能会想，六个人喊叫会比一个人喊叫产生的噪音更大。确实是这样，但噪音的增加与群体规模的增加不成比例。当两个人结对时，每个人产生的噪音是其初始噪音水平的 71%。当六个人一组时，每个人产生的噪音仅是其初始噪音水平的 40%。因此，一组六个人产生的噪音量只相当于三个人单独产生的噪音量。

为什么会出现社会惰化？

出现社会惰化很可能是因为去个性化。当成群结队时，人们感觉不像单独一个人时那样应对自己的行为负责，因此可能会减少自己付出的努力。如果荣誉不归你，何必那么卖力？如果缺乏责任感会导致社会惰化，那么让群体成员对自己的贡献负责应该会减少社会惰化。研究人员确实发现了这一点。当人们明确谁为团体的产出做出了什么贡献时，社会惰化就会大大减少。责任感问题也有助于说明为什么研究者们关于他人对自己付出努力的影响得出了如此不同的结论。特里普利特发现，有他人在场时人们会付出更多的努力；而林格尔曼却发现，人们会因此付出的努力更少。在特里普利特的研究中，每个人的行为都会被识别和记录；而在林格尔曼的研究中，所有人都在一起工作，所以无法知道哪个人用力大，哪个人用力小。如果将来遇到需要做小组项目的情况，你应当让每个人对项目的贡献都很容易识别，这样可以减少潜在的社会惰化。

14.5.4　社会权力

我们所处的许多社会环境都涉及权力。有时我们被权力控制，有时被强大的他人控制，而有时我们足够幸运，能够掌握权力和控制他人。著名心理学家亨利·默里创建了一份需求清单，其中一项是成就需求，另一个与环境影响相关的重要需求是对权力的需求。

社会权力（social power）是指通过提供或扣留有价值的资源或通过惩罚来控制他人的能力。对权力需求高的人认为，实现目标的最佳方式是专注于影响周围的人，而不是关注个人成就或试图与周围的人相处。对权力的需求是人的基本需求，哲学家尼采在《权力意志》（*The Power to Power*）一书中指出，对权力的需求是所有人类行为、野心和成就的驱动力。虽然尼采的说法可能正确，但有证据表明，有些人对权力的需求高于其他人。权力需求高的人与需求低的人有何不同？

其中一个区别是外在行为不同。因为权力需求高的人想控制周围的人，他们更有可能使用侵略行为来操纵他人做其想做的事。权力需求高的人也更有可能冒很大的风险，但只有当他人在场能看到时才会这样。因此，权力需求高的管理者和领导者比需求低的人更成功。但是，权力需求高的人不仅会在与外部环境的互动方式上与其他人不同，他们的内部环境也不同。研究表明，权力需求越高，男性（睾酮）和女性（雌二醇）的性激素水平越高。

对权力的追求　人们为什么会追求权力？政治作家汉斯·摩根索（Hans

Morgenthau）认为，权力有助于我们实现核心动机之一：归属需求。摩根索认为，权力和爱是心理上的兄弟，都源于孤独这一基本根源。爱和权力都提供了与他人的联系：爱让你感受到与另一个人的紧密联系；权力让你感受到与一群人的紧密联系。

为此，摩根索认为追求权力实际上只是追求爱和追求被接受的延伸。这也许说明了为什么有权势的领导者经常要求下属对其忠诚，或者要求其反复展示他们对领导的忠诚和爱的证据，无论是通过誓言、象征性手势（行军礼）还是个人牺牲。但是，爱与权力有重要区别：

- 在爱的关系中，每一方对另一方都具有同等的影响力和控制力，从而产生平衡的结合（至少是在理想情况下）；
- 在权力关系中，一个人控制另一个人或一群人，从而产生不平衡的结合。

摩根索认为，这种不平衡导致权力往往无法像爱一样满足我们的归属需求。但具有讽刺意味的是，当权力无法治愈孤独感时，领导者的做法往往是寻求更多的权力。他们认为如果权力再多一点，他们最终就可以排遣孤独感。摩根索的这一见解有助于解释为什么人们获得的权力越多，想要的权力似乎就越多。但是，无论付出多大的努力，人们永远无法从权力中获得他们寻找的接受感和归属感。俗话说，"高处不胜寒。"

权力可能无法很好地满足我们的归属需求，但权力能很好地实现第二个核心动机：自主需求。对周围社会环境的控制越多，我们的个人控制就越强。这有助于解释为什么当人们被置于缺乏选择或控制的环境中时更有可能寻求权力。

权力的优点和缺点　如果权力能满足我们的自主需求，使我们能够更好地控制我们的环境，那么由此可以推出，权力会对我们的目标产生积极的影响，使目标更容易实现。例如，比尔·盖茨不仅希望彻底改变计算机行业，还希望让世界变得更美好。因此，他于 1994 年出售了一些微软股票，以创建比尔及梅林达·盖茨基金会（Bill & Melinda Gates Foundation），该基金会是世界上最大的透明运营的慈善基金会。比尔·盖茨能够利用他的社会资源和经济资源来突出重大的社会问题，如贫困问题、美国教育体制问题、发展中国家的健康问题。因此，权力使得比尔·盖茨能够进一步实现其有关世界卫生和教育的目标。

研究结果确实支持权力对动机有益这一观点。在一项研究中，与那些回想过去无权力情境的被试相比，回忆有权力情境的被试写的求职信更好，面试时的表现也更好。但权力也有不好的一面。像希特勒、拿破仑这样的独裁者，他们对权力不可遏制的渴望最终导致其灭亡。正如英国贵族阿克顿勋爵（Lord Acton）所说："权力往往导致腐败，绝对权力导致绝对腐败。"

为什么权力可能产生有益的结果，也可能产生有害的结果？其中一个原因与权力对自我控制的影响有关。为获得权力，人们必须先表现出强大的自我控制能力。成为公司的首席执行官或政党的领导人并不容易，要获得这么高的职位需要大量的自我控制。但是，许多有权势的人上了新闻的头条，完全是因为他们缺乏自我控制。有些政治家因性丑闻使其职业面临威胁或毁灭。请思考以下问题：

> *为什么有权势的人在工作中如此成功，而在个人生活中容易出现自我控制方面的灾难性失误？*

一个答案来自**自我控制有限资源模型**（the limited resource model of self-control）。由于人们在生活的某一个方面施加了很多自我控制，自我控制资源就变得枯竭，以至于无法在其他领域（尤其在性方面）施加自我控制。运用这一模型分析权力的影响，我们可以看到，虽然权力能促使人们对某个目标施加更多的自我控制（如职业抱负），但权力可能会使人在另一个目标（如人际关系）上失去自我控制。

这一论断得到了科学证据的支持。许多实验研究发现，权力能提高人们对焦点目标施加自我控制的能力。扮演有权势角色的人表现出更强的主动性和行动倾向，而不是被动行动。同样，以权力大的人在**斯特鲁普任务**（Stroop task，一种测量自我控制抑制的方法）中的表现优于那些权力小的人。

重要的是，这些研究表明，人们会把有限的自我控制资源用在什么地方，有权势的人是有战略眼光的。如果某一任务是领导者要做的事情（如在高风险情况下负责），那么权力能够提高工作绩效。但是如果某一任务未必是领导者要做的事情（如做无意义的数学计算），那么权力会降低工作绩效。扮演权力大的角色的人识别与目标相关的词比识别与目标无关的词的速度更快，而扮演权力小的角色的人没有表现出这种区别。因此，权力似乎让人们把自我控制资源和注意力用于重要目标，而不是无关紧要的目标。

摆出强势姿势

在动物王国，有机体会用肢体语言来表达其霸气和力量：大猩猩会捶打自己的胸部；狗会露出牙齿；眼镜王蛇会抬起并张开其扁颈。就人类行为而言，有权势的人也会通过强势的肢体语言（如站立时抬头挺胸）来表达其强势。但是新的研究表明，反过来也是如此：摆出强势姿势实际上可以让我们感觉自己拥有更多权力。在一项研究中，一些被试被要求摆出权力高的坐姿（双脚跷在桌子上，双手抱于脑后），而其他人则摆出权力小的坐姿（双臂紧绷，双手交叉放在膝盖上）。结果显示，与摆出低权力姿势的人相比，摆出高权力姿势的人表示自己感觉更强大，而且愿意承担更多的风险。此外，无论是男性还是女性，摆出权力高的姿势的人其皮质醇（一种与压力相关的激素）减少了25%，睾酮（一种与优势相关的激素）增加了19%。有趣的是，研究曾发现，这种激素变化与较强的领导能力有关。因此，当下次再有需要感觉强大的场合（如重要会议或面试）时，你一定要昂头挺胸站直，摆出强势姿势。这样做不仅可以让别人相信你是强大的，同时也可以让你相信自己是强大的！但一定要明智地使用这种力量姿势。后来的研究发现，摆出强势姿势的人也更有可能偷窃、欺骗和违法。就像漫画书中的超级英雄一样，一定要把你新发现的魔力用来干好事而不是干坏事。

权力会事与愿违吗 虽然权力能使人们专注于目标，但权力似乎也会使人们表现出冲动，最终导致自我控制的失败。例如，在品尝测试中，扮演权力大的角色的人比扮演权力小的角色的人吃的巧克力更多。而且，与扮演权力小的角色的人相比，扮演权力大的角色的人认为无保护性行为风险较小，因此更有可能从事这种冒险行为。此外，不论男女，在工作中职务等级高、权力大的人，欺骗配偶的可能性更大。

出现这些结果的原因在于，权力使我们更加注重行动，因此我们更有可能追求自己想要的东西。如果我们想在某门课程得 A 或成为公司的首席执行官，权力会推动我们去实现这些目标。但如果一块巧克力或一个性感的人吸引了我们的注意力，使我们突然想得到这些，那么权力也会推动我们去追求这些目标。权力的这一方面有助于我们理解为什么有权势的政治家经常因性丑闻而葬送自己的职业生涯。

写一写

权力会导致腐败吗

人们常说权力导致腐败。根据上文的内容，你是否同意这一观点？为什么？假如权力确实会导致腐败，你认为我们如何做才能避免腐败或降低腐败的可能性？

14.6　个人与环境因素

个体差异会对动机产生重要影响。本节我们将讨论对动机产生重要影响的环境差异。这些差异是什么？

动机主要是由个体因素驱动，还是环境因素驱动？

答案是两者都会影响目标导向的行为。

许多理论家承认这两个因素（人格和环境）都很重要，而不是争论哪个因素影响更大。这种**人格加环境解释**（person-by-situation explanations）指出，人格变量和环境变量以乘法关系相互作用，来影响人的反应。这意味着环境的力量取决于人格，反之亦然。

例如，我们在前面讨论过，唤醒理论认为人们会寻求最佳唤醒水平（不太高也不太低）。然而，你的最佳唤醒水平可能与你室友的最佳唤醒水平有很大差异。例如，内向者对刺激更敏感，因此比外向者更快达到最佳水平。一项研究发现，当背景噪音设置在较低水平时，内向者在学习任务中表现更好，但是当噪音设置在较高水平时，外向者表现更好。因此，环境刺激（如噪音）对行为的影响取决于个体的人格（如内向）。

最早认识到人格与环境都重要的心理学家之一是库尔特·勒温。勒温将社会环境视为一个活动空间，他称其为"生活空间"或"场域"。勒温认为，该场域的力量会驱使人们朝着目标前进或远离目标。其中有些力量，如奖励结构或时间压力，来自外部环境。有些力量，如个体目前被激活的需求或"紧张"，则来自个体内部。勒温在其以数学公式方式呈现的**场域理论**（field theory）中表达了这些观点，该理论认为行为（B）是人格因素（P）和环境因素（E）的函数（f）：

$$B=f（P，E）$$

最近，威廉·弗林斯（William Fleeson）提出了一个类似的理论，该理论认为，在不同环境下人们的行为会上下波动，但这种波动往往保持在一个稳定的范围内。内向者偶尔会有外向行为，外向者偶尔会有内向行为，但长期来看，内向者有更多的内向行为，而外向者有更多的外向行为。因此，只有综合考虑多种环境下的多种行为，我们才能看到真正的人格差异。

在比尔·盖茨的例子中，我们很容易就能看出人格和环境对动机的影响。很显然，比尔·盖茨的成功既取决于人格因素（如他的智力、对计算机的兴趣），也取决于环境因素（如他的社会经济地位、接触计算机的机会）。另一个智力相当但不能像比尔·盖茨那样接触计算机的人，也不会像他那样成功；同样，一个能像比尔·盖茨那样接触计算机但缺乏智力或兴趣的人也不会那么成功。因此，是人格因素和环境因素的结合促成了比尔·盖茨令人瞩目的成就。故而勒温认为，要想真正捕捉动机的因果动态，心理学家们必须考虑影响个体的所有人格和环境因素。

写一写

应用人格加环境解释

以一名学生在某课程中未通过第一次考试为例，找出能够解释其失败的所有人格变量。然后找出能够解释其失败的所有环境变量。最后，说明其中一个人格变量可能与其中一个环境变量相互作用，最终成为导致其失败的主要原因。

▶

15 动机科学与健康

摩根吃麦当劳的故事

现代人喜欢吃快餐，仅麦当劳这家连锁餐厅每天就为全球超过 6 800 万人（约占世界人口的 1%）提供食物。你可能知道，麦当劳这种地方不会提供最健康的食物，但你是否会说，麦当劳卖的食物是危险的？这正是 2002 年纽约一起诉讼案件所声称的。这些律师认为，两名少女的肥胖和健康状况不佳，应归咎于长期吃麦当劳的食物。麦当劳表示这起诉讼毫无意义，因为麦当劳食品的危害众所周知，而且没有证据表明这两个女孩的健康问题就是她们吃麦当劳造成的。法官驳回了诉讼，但表示如果他们能提供证据，证明每日三餐都吃麦当劳的食物是异常危险的，那么他们的请求就是正当的。虽然诉讼被撤，但法官的评论提出了一个有趣的问题：如果一个健康的人连续一个月每日三餐都吃麦当劳，结果会怎样？为回答这一问题，纪录片导演摩根·斯珀洛克（Morgan Spurlock）将自己作为一只小白鼠亲自做了尝试，他在 2004 年拍摄的电影《超码的我》（Supersize Me）中记录了尝试的整个过程。

摩根制定了他在 30 天测试中必须遵守的四条规则：

1. 每天必须吃三顿饭；
2. 只能吃麦当劳出售的食物；
3. 菜单上的每一种食物，必须至少尝试一次；
4. 点餐时只选超大号（即薯条要超大份，饮料要超大杯）。

第一天他感觉很棒，早、中、晚三餐都吃麦当劳，这样的生活几乎是每个青少年的梦想，但第二天，他的身体出现了不良反应，高脂肪、高糖饮食导致他反复呕吐，后来他的身体逐渐适应了这种饮食习惯，一周后，之前让他呕吐的食物怎么吃也吃不够。每餐之间他都要遭受强烈的食物渴望和偏头痛的困扰，医生说这些症状表明他已经对麦当劳的食物上瘾了。

连续吃一个月麦当劳，摩根身体受得了吗？他每天摄入的热量是美国农业部建议每日摄入热量的两倍多，他的体重增加了 11 千克，胆固醇增加了 65 点，患心脏病的风险增加了一倍，大部分时间他都感到沮丧和疲惫，性欲消失了，肝脏上出现了大量脂肪。事实上，他的肝脏所受到的损害非常严重，医生说这种影响不亚于酗酒，从检查结果看，再这样发展下去会出现肝功能衰竭、肾结石、痛风和早逝，他们劝他放弃实验。实验一结束，摩根就恢复了健康的生活方式，坚持严格的纯素饮食，以减掉增加的体重。但是他用了一年多的时间才减掉这 30 天增加的体重。你可以把摩根的快餐消费量与图 15-1 中大多数美国人的快餐消费量进行对比。

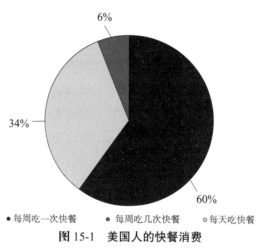

图 15-1　**美国人的快餐消费**

注：摩根·斯珀洛克体重增减的故事当然是一个极端的例子。很少有人一日三餐都吃麦当劳，但我们中有很多人确实经常吃快餐。

就年轻人来说，这些数字甚至会更高（如每周 57%）。虽然大多数人不会像摩根那样在一个月内消费那么多快餐，但一年内我们可能会消费那么多。这是个有趣的怪现象：明明知道吃快餐不健康，为什么我们还要吃快餐？同样，明明知道某些不健康的行为有害，为什么我们还要那样做？

本章将探讨这些问题的答案。首先讨论主要的健康威胁所涉及的动机因素，重点讨论两个健康问题：体重和饮酒。之后讨论旨在消除此类威胁的干预计划应具备的特点。最后讨论心理健康和幸福涉及的因素。本章内容将为你提供许多实用技巧，让你在生活中变得更健康。

15.1　保持健康体重

在过去的几十年里，人类在改善身体健康方面取得了惊人的进步。健康教育、预防性健康技术以及医疗技术和治疗方面的突破取得了巨大的成绩。心血管疾病和癌症导致的死亡人数大大减少。2010 年的美国人口普查显示，年龄超过 100 岁的美国人有 53 364 人，而活到 90 岁的人数增加了 30%！这些当然是好事，但并非所有的消息都是好消息。其他危及生命的健康问题正在增加，包括肥胖、糖尿病、高血压和高胆固醇。我们的寿命更长了，但身体更糟糕了。

如今，大多数使我们虚弱并威胁我们生命的健康问题都不是由遗传引起的，而是由不良的行为选择引起的。营养不良、缺乏运动以及久坐不动的生活方式都是引起肥胖的主要原因，但这些都是个人可控因素。我们比历史上任何时代的人都更懂得健康知识，可为什么我们仍然会做出错误的健康决定？动机研究为这个问题提供了一些可能的答案。

> 思考一下：是什么促使人们吃饭？

乍一看，这个问题很简单，答案也很简单。人活着得吃饭，一段时间不吃饭就会感到饥饿，所以吃饭看起来合情合理。长期缺乏食物摄入会导致**内稳态饥饿**（homeostatic hunger）。但是，只需看一下肥胖统计数据，你就会知道这不是人们吃饭的唯一原因（见图 15-2）。

更糟糕的是，儿童的肥胖率正在稳步上升。许多专家认为，美国最年轻一代将是第一批比父辈寿命更短的人。前美国第一夫人米歇尔·奥巴马之所以推出名为"动起来"（Let's Move）的运动，其目的就是为了解决儿童肥胖问题。但肥胖不仅仅是美国人的问题，这是一个全球性的问题。新西兰、澳大利亚、英国和加拿大等国的超重人口均超过 50%。这些数字清楚地表明，人们会出于各种原因而进食，而大多数人的原因都与内稳态饥饿无关。

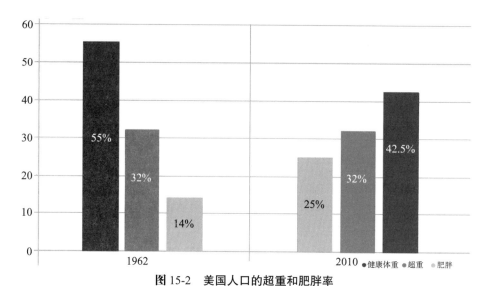

图 15-2　美国人口的超重和肥胖率

注：现在 75% 的美国成年人超重或肥胖，而 50 年前这一数字为 46%。

15.1.1　环境影响

　　环境因素对我们吃什么和吃多少都有重要影响。在过去 50 年中，食物分量的增加、快餐的便捷、久坐不动的娱乐（如视频游戏）以及广告都是肥胖人口增多的原因。例如，电视广告主要宣传高热量、高脂肪且营养价值低的食物（如麦当劳、肯德基和奥利奥）。你最后一次看到新鲜水果或绿叶蔬菜的广告是什么时候？恐怕是很久之前，因为专家们拿到数百万美元的报酬，目的是让你吃这些不健康的食物，所以做广告时这些产品比健康食品更具有内在优势。难怪一项研究发现，观看含有食物广告卡通片的儿童，比那些观看同一节目但不含广告的儿童多吃了 45% 的加餐。为此，米歇尔·奥巴马抗击肥胖的"动起来"运动，建议对针对儿童的高热量食品广告进行限制。

　　不仅物理环境会影响我们的饮食行为，社会环境也是如此。大多数时候，我们是和其他人一起吃饭，在不知不觉中，我们让其他人的饮食行为指导了我们应该吃多少。同伴吃得多，我们也吃得多；他们吃得少，我们也吃得少。这种社会影响甚至会发生在节食者身上，这些人的饮食调控应基于更客观的标准，如专家的建议或总热量数。

细嚼慢咽

我们生活在一个快餐世界，这意味着我们吃饭的速度通常也很快。但是研究表明，细嚼慢咽有很多好处。因此，有些人发起了"慢食运动"（slow food movement）。

1. 进食速度越慢意味着摄入的热量越少，这足以让你每年减掉 9 千克！这是因为大脑需要整整 20 分钟来确认胃已满。若是狼吞虎咽，吃饱了也意识不到，等发现时为时已晚。
2. 细嚼慢咽意味着你能更好地品尝每一口饭菜。如果只是把食物塞进肚子里，吃饭还有什么意义呢？
3. 细嚼慢咽有助于消化，使身体更容易吸收食物中的维生素和营养。

15.1.2　享乐型饥饿与自我控制的斗争

有时我们因为内稳态饥饿而吃东西，但大多数时候我们吃东西是因为喜欢吃。研究人员用"**享乐型饥饿**"（hedonic hunger）一词来指代我们为获得从食物中体验（或期望体验）的乐趣而吃东西。内稳态饥饿取决于多长时间没有进食，而享乐型饥饿是由其他因素决定的，包括：

1. 我们对特定食物的偏好；
2. 我们所处的环境中该食物是否容易得到。

如果你非常喜欢吃巧克力糖霜纸杯蛋糕，在你的面前摆放这样一块蛋糕时，你的享乐型饥饿程度就会很高。正如人们所料，越是出于享乐型饥饿而不是内稳态饥饿而进食，个体就越有可能为保持健康体重而挣扎。但是只要是诱人的食物我们都想吃这一假设，很多研究并不完全支持。你喜欢吃纸杯蛋糕，并不意味着每次蛋糕放在你面前时你都会吃。这是因为我们的饮食行为不仅受享乐型饥饿的驱使，而且还受我们的自我控制能力的驱动。

每当我们想抵制诱惑或冲动时，我们必须施加自我控制。当自控力很低时（无论是因为在先前任务中已把它用完，还是因为自控力本来就很低），我们很难控制自己的冲动。例如，研究发现，在一项品尝测试中，那些在先前任务中施加了自我控制的减肥者比那些先前没有施加自我控制的人吃的冰淇淋更多。因此，要想保持健康体重，享乐型饥饿和自我控制两个动机需要直接对抗。享乐型饥饿越强，你就需要使用越多的自我控制来抵制诱人的食物，坚持目标。

　　为了验证这一点，研究者们进行了为期一年的体重增加研究。在研究开始时，被试完成了自我控制标准测量，以评估其抑制反应的能力（即停止信号任务）。为评估享乐型饥饿的强度，被试还完成了对炸薯条、比萨、饼干和薯片等零食的无意识偏好测量。结果显示，对零食有强烈无意识偏好的人更容易发胖，但只有当其自我控制也很低时才这样（见图 15-3）。

　　这项研究告诉我们，体重增加不仅仅是由于对不良食物的渴望，也不仅仅是因为缺乏意志力，这两个因素相互作用才会导致体重增加。食物欲望强烈而自控力又低的最容易中招。令人惊讶的是，在这项研究中，实际减掉体重的是那些自我控制力强同时对零食偏好程度也高的人。享乐型饥饿程度高的人比享乐型饥饿程度低的人减去的体重更多，这似乎很奇怪。也许这是因为看到想吃的食物会让这些人想起他们的节食目标，每次觉得禁不住诱惑要破戒时，他们就会动用强大的自我控制资源。

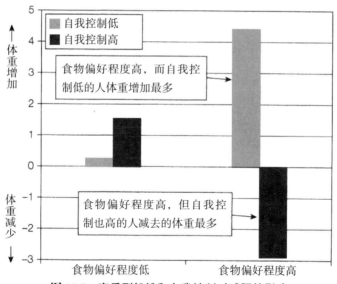

图 15-3　享乐型饥饿和自我控制对减肥的影响

　　注：为期一年的研究表明：（1）对零食的无意识偏好程度高或低；（2）自我控制高或低。研究结束时，对零食偏好程度高，同时自我控制又低的人体重增加最多。对零食偏好程度高，但自我控制也高也的人减去的体重最多。

15.1.3　节食

谈到保持体重或减肥，人们最喜欢尝试的方法之一就是节食。在任何时候，50% 的美国女性和 25% 的美国男性都在节食，这些人每年在节食和减肥产品及服务上都要花费超过 700 亿美元。在节食人群中，35% 的人成为慢性节食者，在一个周期中体重不断增加又减轻。通过节食减重的效果如何？节食是实现减肥目标的好方法吗？统计数据表明，节食不是减肥的有效方法。虽然节食者在节食期间经常会减掉不少体重，但在停止节食的 1 到 5 年内，95% 的人的体重会反弹。

出现这种现象的一个原因是，节食似乎改变了人们享乐型饥饿的强度及其在较长时期内的作用。有心理学家指出，在正常情况下，减肥者的减肥目标最突出，将以有助于减肥的方式指导其行为。然而，当节食者面对诱人的食物刺激（如新鲜出炉的面包的气味和甜点菜单上的照片）时，他们对食物的享乐特性就会变得越来越敏感。因此，节食时间越长，他们对诱人食物的渴望就越强烈，抗拒的难度也就越大。

为了验证这种可能性，研究人员让节食者和非节食者接触一些中性词（如书本）或诱人食物的词汇（如比萨和巧克力）。接下来，被试完成了一项被称为**情感错误归因程序**（affect misattribution procedure，AMP）的任务，以测量被试在多大程度上自动将愉悦与特定刺激建立了联系。在测试中，被试表明其在多大程度上将愉悦与诱人食物的照片联系起来，研究者将此作为评估其享乐型饥饿强度的标准。完成以后，被试又完成了两个版本的 AMP 测试。

1. 在其中一个版本中，食物照片和愉悦程度评估之间的时间间隔较短。
2. 在另一个版本中，两者间隔时间较长。

通过对比被试在两个不同版本的测试中的反应，研究人员能够确定个体享乐型饥饿是否随着时间的推移而增加或减少。

结果表明，接触中性词的节食者能够有效降低诱人食物的重要性，并且随着时间的推移减少其享乐型饥饿。但接触食物词汇的节食者无法控制其享乐型饥饿，事实上，他们表现出更高的享乐型饥饿，并且随着时间的推移，这种饥饿往往会持续下去。然而，非节食者在中性词和食物词条件下都能控制其享乐型饥饿。因此对于节食者来说，诱人的食物会引发一种享乐型饥饿"热度"，从而扰乱其减肥目标。但非节食者的情况并非如此。具有讽刺意味的是，这意味着虽然非节食者没有追求减肥目标，但其更有可能抵制诱人的食物。

写一写

通过节食减重有效吗

根据所学知识，你认为节食是一种健康或有效的减肥方法吗？在陈述答案时，请说明你为什么这样认为，并且提供实例或证据来支持你的观点。然后考虑节食对于某些类型的人、在某些情况下或对于减掉特定重量的体重是否更有效。在你的回答中，至少包括两个可能决定节食效果的因素。

15.2　酗酒

除了肥胖，酗酒每年都会威胁许多人的生命。根据美国国立卫生研究院（National Institute of Health，NIAA）的数据，30% 的美国人在其一生中的某个时刻经历过酒精使用障碍。如果单独看在校大学生，这一数字会更高。据估计，三分之一的大学生符合酒精依赖的标准。每年，滥用酒精都会造成 1 400 名学生死亡，500 000 人受伤，600 000 次袭击，700 000 起强奸或性侵犯案件，400 000 起无保护性行为以及其他一些有害后果，包括荒废学业、醉酒驾驶和自杀未遂。鉴于这些有害后果，研究人员调查人们饮酒的原因势在必行。

导致暴饮暴食的许多因素同样也会导致酗酒。环境中某些暗示的存在是渴望酒精的主要触发因素，当饮酒成为与特定情况或特定刺激相关联的习惯行为时，仅仅处于这种情况下或看到这一刺激就足以自动点燃人们对酒精的渴望。例如，看到熟悉的酒类标签（如你最喜欢喝的啤酒的商标）或身处习惯饮酒的场所（如你最喜欢的酒吧）可能会迫使一个人喝酒，即使他最初并没有打算喝。同样，酒精本身也可能会成为触发因素，因此酒是越喝越想喝。与事先没有喝酒的人相比，那些事先喝少量酒的人的喝酒愿望更强烈。

饮酒也与自我控制失败有关。那些爱冲动、缺乏自我控制、缺乏责任心，而且很难抵制诱惑的人更容易饮酒。事实上，一项纵向研究发现，3 岁时自控力差，预示着 32 岁时酗酒和吸毒问题的风险增加。

造成这种影响的一个原因是，自控力强的人更有可能使用控制饮酒策略，限制饮酒量和饮酒造成的负面影响。这些策略包括：

- 限制每小时的饮酒量；
- 交替饮用酒精饮料和非酒精饮料；
- 避免喝酒游戏；
- 酒后不开车。

此外，自我控制资源的临时损耗已被证明会增加人们对酒精的渴望。对每日日记的研究发现，若当天早些时候不得不使用大量自我控制，人们就更有可能在夜晚违反自己的饮酒限制。因此，如果你因度过了漫长的一天而感到筋疲力尽，那么你无论如何不要去酒吧。

正如不健康的饮食是由低自我控制和高享乐欲共同驱动的，不健康的饮酒的情况也是如此。

为了研究喝酒欲望如何与自我控制相互作用，研究者让那些具有强烈享乐型喝酒欲望的大学生和没有强烈享乐型喝酒欲望的大学生（高欲望被定义为每周饮用 20 杯或更多酒精饮料或每周一次性饮用 6 杯酒精饮料）参与研究。接下来，一半学生完成一项需要自我控制的任务，而另一半学生完成一项中性任务。然后，所有被试完成一项任务，以评估他们对酒精饮料图片的专注程度。结果表明，对于高度渴望喝酒的被试，他们对酒精图片的注意力在他们实施自我控制后更高（见图 15-4）。

就喝酒欲望高的人来说，先前施加自我控制使其无法抗拒酒精的诱惑。相反，那些喝酒欲望高但事先没有施加自我控制人能够成功将注意力从酒精的诱惑转向别处。请注意，这一结果与之前讨论的对诱人食品的研究结果几乎相同（见图 15-2）。与吃东西一样，喝酒欲望高且自控力差的人最容易受到酒精的诱惑。

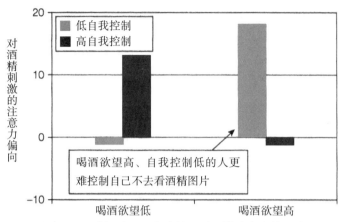

图 15-4 饮酒欲望和自我控制对酒精注意力的影响

15.2.1 把喝酒作为实现其他目标的方式

以上讨论表明人们喝酒是因为无法控制自己的冲动。然而，喝酒往往被用作实现另一个目标的方式。例如，人们喝酒的一个主要原因是为了实现情绪目标。人们经常通过喝酒来调节情绪，帮助应对或摆脱紧张、压力、抑郁和孤独。这就说明为什么长期处于负面情绪中的人（如神经质人格者）特别容易喝酒，这也说明为什么无法调节情绪的人更容易在酗酒治疗期间复发。

酒精不仅被用于消除负面情绪，也被用于促进积极情绪。人们喝酒是为了改善情绪、增强自信或感到强大，或者是因为喜欢醉酒的感觉。事实上，喝酒未必能带来所有这些积极的结果，肯定还有其他一些更健康、更有效的方法来增加积极情绪。然而研究表明，结果本身还不如对结果的预期重要。越是期望酒精可以使自己感觉更好并产生积极结果，人们就越有可能使用和滥用酒精。

除了实现情绪目标，人们喝酒还为了实现社交目标。许多人声称自己是"社交饮酒者"，这意味着他们喝酒并不是为了喝醉，而是因为喝酒是其社交互动的正常组成部分。同样，许多人声称喝酒是因其感到被迫与周围的人保持一致或给同龄人留下深刻的印象。这表明，对某些人来说，喝酒的主要动机是满足其基本的归属需求。

另外，缺乏归属感——被同伴排斥——也是喝酒的主要动机。孤独感强或缺乏社交技能，因此更容易被他人排斥的人，也更容易出现饮酒问题。同样，对每日日记的研究发现，人们更有可能在经历负面人际关系（如排斥或羞耻）

的日子里喝闷酒。

信不信由你，人类并不是唯一一种借酒浇愁的生物。在一项关于果蝇的研究中，一再被雌性拒绝的雄性果蝇，绝大多数都偏好沾有酒精的食物，而不是不含酒精的食物。被拒绝的雄性果蝇摄入的酒精是未被拒绝的果蝇的 4 倍！因此，无论是人类还是果蝇，遭到冷落时都更有可能去喝酒。

15.2.2　喝酒改变动机

上一节重点讨论了促使人们喝酒的动机因素，但反过来也一样，喝酒会引起动机的改变。醉酒会在很大程度上破坏我们的自我调节过程，导致我们失去认同感、价值观和目标。正如 F. 斯科特·菲茨杰拉德（F. Scott Fitzgerald）所说："喝了第一杯，你就会接着喝下去，然后就由不得你了。"

喝酒时我们会暂时失去抵制冲动的能力，从而导致一系列的问题。例如，做出不健康的行为、攻击行为、高危性行为。

写一写

为什么喝酒会影响自我调节

显然，酒精会削弱我们调节饮食的行为、攻击行为和性行为的能力，这是为什么？在你的回答中，考虑喝酒引起自我调节受损的可能原因，包括生物 / 化学原因和其他认知 / 社会原因。

▶

喝酒为什么会影响动机　很明显，喝酒会降低我们抑制冲动的能力。但我们不清楚为什么会这样。

一种解释是，酒精会削弱我们根据目标监控自我行为的能力。成功的目标追求要求我们根据长期标准不断监控自己的行为，但这样做需要大量的注意力和自我意识。但根据酒精近视论，喝酒会使我们的注意力集中在最突出的情境信号上。结果，醉酒的人自我意识减弱，不能像正常人一样专注于长期目标，也不能根据这些目标监控自己的行为。这有助于说明为什么酒后宿醉最糟糕的一点就是自我意识的回归。此时，我们会被迫将我们醉酒时的行为与我们的价值观和标准进行比较，使我们产生羞耻感和内疚感。

酒精近视论导致"**啤酒眼镜**"（beer goggles）这一概念流行，其背后的假设是，醉酒时人们认为潜在性伴侣更具吸引力。为验证这一假设，研究者分别向醉酒的人和清醒的人展示异性的照片，让他们评价这些人的吸引力。结果显示，与清醒的同伴相比，醉酒的男性和女性都认为照片中的人的外貌更具吸引力。出现啤酒眼镜现象的一个原因是，酒精使人们忘记其通常用于判断潜在配偶吸引力的比较标准。相反，他们的注意力仅仅集中于面前的人身上，因此此人似乎比他们清醒时看到的更具吸引力。

另一种解释是，酒精会减少焦虑感。在正常情况下，我们经常抑制冲动，因为我们担心别人会怎样看待我们，或者担心潜在的后果。例如，我们不会去打每一个让我们生气的人，因为我们不希望别人认为我们是欺凌者，或者不想因袭击他人而被捕。这样一来，焦虑对我们就是有益的，因为它可以控制我们的行为。然而，饮酒会减少负面情感，包括焦虑。由于焦虑减少，醉酒的人更有可能不考虑后果，做出潜在的有害行为或危险行为。甚至在神经学层面也可以看到这一效应，一项使用功能磁共振成像技术的研究发现，醉酒的人比清醒的人更危险，因为酒精增强了大脑的奖励区域，同时抑制了负责处理负面反馈的大脑区域。

写一写

引起啤酒眼镜效应的其他原因

你能否想出另一种解释，说明酒精为什么会影响人们对吸引力的感知？在回答该问题时，请考虑大峡谷的骡子这一比喻：我们的行为既由无意识冲动（骡子）所驱动，也由我们控制这些冲动的能力（骑手）所驱动。根据这一比喻，自我调节失败可能是因为冲动太强或者因为我们控制冲动的能力太弱。鉴于此，哪一方面（骡子还是骑手）可能对啤酒眼镜效应的作用较大，为什么？

15.3　有效的健康干预

如果想让人们更长寿、更健康，作为个体，我们需要更好地控制自己的不健康的冲动。究竟要怎样做呢？要回答这一问题，请想象一个人骑着骡子进入大峡谷。在这个比喻中，骑手代表我们的思想中有意识、受控制的部分，而骡子代表我们的思想中冲动、自动、习惯的部分。这一比喻表明，要想让骑手遵循更健康的路径，那么我们就要制定健康的干预措施，采取下列两种可能的策略之一：

1. 专注于骡子，试图通过减少冲动的欲望来驯服它；
2. 专注于骑手，试图加强控制骡子的能力。

15.3.1　减少冲动的欲望

坏习惯往往是威胁我们生存的祸根。如果我们内心的骡子渴望纸杯蛋糕，要拒绝它几乎是不可能的。即使当下拒绝了内心冲动，我们对自我控制的了解也告诉我们，冲动会让我们疲惫不堪，最终被迫屈服。我们是否能够说服内心的骡子讨厌纸杯蛋糕，转而渴望胡萝卜呢？研究人员发现许多干预措施能够帮助我们做到这一点。

重新设定自动关联　驯服内心骡子的一种方法是重新设定自动关联。人们感觉到吃巧克力的冲动或喝酒冲动的原因是他们与这些刺激建立了强烈的积极联系。研究人员经常通过确定我们在多大程度上将诱人刺激（如酒精和零食）与愉快刺激（如积极词汇）联系起来，来评估我们欲望的强度，其原因就在于此。

假如能反过来，让醉酒者把酒精与消极刺激而不是积极刺激联系起来，那会怎么样？或者让节食者将纸杯蛋糕与消极词汇联系起来，将胡萝卜与积极词汇联系起来，那又会怎么样？

在一项研究中，大学生们观看监控摄像机拍摄的录像带，同时还有一系列图片。研究人员要求被试寻找某些图片（如寻找鱼的图片）。其中有几个是喝啤酒的图片，有几个是喝水的图片。对配对组被试，喝啤酒的图片反复与消极图片（如咆哮的狗）配对，而喝水的图片反复与积极图片（如微笑的婴儿）配对。而对非配对组被试，研究人员向他们展示了相同的图片，但没有以这种方式配对。接下来，研究人员给了每一位被试一杯啤酒和一杯矿泉水，告诉他们想喝多少就喝多少，喝过之后按质量对其进行评价。被试以为这是另外一项关于广告的研究。

结果表明，在品尝测试期间，观看配对照片的人喝的啤酒少于观看未配对照片的人。这说明研究人员能够在实验室影响被试的喝酒选择，但这是否能应用于现实世界？有趣的是，研究结束一周后，研究人员对这些被试的喝酒行为进行了跟踪，他们发现配对组被试比未配对组被试喝的啤酒少。这项研究采用的状态调节方法似乎与《发条橙》（*A Clockwork Orange*）这部电影中的类似，但这些似乎是重新设定人类无意识冲动的有效方法。

重设趋近倾向　在面对诱人的刺激（如新鲜出炉的饼干或一杯冰镇啤酒）时，我们通常会感觉自己好像被自动拉向诱人的东西。动机研究者将这种"拉动"称为趋近倾向。在无意识层面，我们感到一种朝向舒适刺激的自动拉力以及远离不愉快刺激的自动推力。为此，研究人员经常使用类似于街机游戏的操纵杆来测量这些趋近倾向或回避倾向。研究人员向被试呈现不同的刺激，要求其推动或拉动操纵杆。对于令人愉快的刺激，被试会以更快的速度自动拉动操纵杆，而对令人不快的刺激，他们以更快的速度自动推动操纵杆。鉴于此，研究人员想知道是否有可能重新训练人们，使其在受到诱惑时推动而不是拉动操纵杆。

为了验证这种可能性，研究者向被试展示了不健康食品（如饼干、蛋糕和炸薯条）和健康食品（如苹果、西蓝花和酸奶）的图片。研究人员要求一半被试在看到不健康图片时拉动操纵杆，看到健康图片时推动操纵杆。而对于另一半被试，要求正好相反：看到健康图片时拉动操纵杆，看到不健康图片时推动操纵杆。完成 120 次操纵杆任务试验后，被试被告知可以选择食物作为补偿。其中一种是健康食物，另一种是不健康食物。最后，实验时"看到健康食物拉动操纵杆，看到不健康食物推动操纵杆"的被试，更有可能选择健康食品。因此，下次想吃某种不健康食物时，试着把它推开，换成一个水果或一杯酸奶。你可能很难相信，但只需做出这些身体动作就足以暂时减少你的渴望。

带上一包口香糖

口香糖对健康有诸多益处，包括减少对食物的渴望、减轻压力、缓解精神疲劳和抑郁。另外，口香糖还可以减少口腔酸度，促进牙齿健康，所以餐后嚼口香糖是个好主意。此外，在重要考试或求职面试前也可以嚼口香糖，因其被证明可以增加大的脑血流量，从而提高考试成绩和记忆力。

15.3.2　加强自我控制

要想变得健康，我们可以加强内部骑手控制骡子的能力，而不是试图驯服内心的骡子。当不健康的冲动发作时，我们需要大量自我控制来抑制诱惑，坚持健康的目标。幸运的是，动机科学家们发现了一些可以用来加强自我控制的策略。

为避免诱惑做好规划　就目标而言，进攻不如防守。你可能认为自控力强的人总是花时间抵制内心的欲望，但实际上，研究人员吃惊地发现情况完全相反。与自控力差的人相比，自控力强的人花在控制欲望上的时间更少。

其原因在于，自控力强的人会为了避免诱惑而提前做规划，他们精心安排自己的生活，使诱惑无从出现。因此，他们不是用意志力来摆脱危机，而是用其来彻底避免危机。在重大健康危机迫使其进入急诊室之前，他们会定期去看医生。在端起酒杯喝酒之前，他们指定由谁来开车。去上班时他们会带上健康的零食，以缓解下午的饥饿感。通过提前规划，他们使内心的骡子根本无法看到诱惑。自控力强的人之所以比自控力差的人压力更小，其原因就在于此。

自控力强的人经常使用的一种规划技巧是执行意向。例如，试图减少热量摄入的人可能会说："如果我被邀请参加派对，那么我会事先吃点儿健康的食物垫一下。"执行意向迫使我们在特定情境（如聚会）和行为反应（如事先吃东西）之间建立自动的、习惯性关联。通过这种方式，执行意向有助于抵消我们施加自我控制时通常会发生的自控资源损耗效应。

保护自我控制　加强内心骑手的另一种方法是，把自控资源保留到真正需要自我控制的时刻。成功人士都知道，意志力会迅速耗尽，因此何时使用这一宝贵资源是需要策略的。正如你可以攒钱进行一次奢华的旅行一样，你也可以把自我控制资源攒起来，留到你真正需要的时候再用，研究人员称之为自我控制保护。

为了证明这种保护效应，研究者让被试连续完成三项任务。在第一项任务中，被试必须施加自我控制。然后，这些耗尽自我控制资源的被试被告知接下来会有另外两项任务：一个是单词识别任务，另一个是字谜任务。研究人员想要看看，如果事先被告知后面的任务需要自我控制，人们是否能为字谜任务有效保存自我控制资源，因此他们对这项任务的描述进行了操纵。一半被试读到的任务描述是，完成字谜任务时必须"努力思考"；而另一半被试读到的是，必须"努力克服冲动"。因此两组被试都预期最后一项任务很难，但只有第一组被试预期任务需要自我控制。从图 15-5 左侧可以看出，在第一项任务中施加了自我控制并且预期第三项任务需要自我控制的被试，在第二项任务中表现较差（即花费更长时间识别正确的单词）。

由于在第一项任务中施加了自我控制，他们想把它保留到即将到来的第三项任务时再用。结果，他们在第二项任务中有所保留，因此表现较差。

然而，正如图 15-5 右侧所示，与那些没有预期第三项任务要求自我控制的被试相比，这些被试在第三项任务上表现较好（即在字谜任务中坚持时间更长）。由于在第二项任务中有所保留，这些被试能够为第三项任务保存精力。相反，没有预期第三项任务需要自我控制的被试没能为最终任务保存资源。因此，在该做第三项任务时，他们已经没有意志力了。

这项研究表明，我们可以进行自我控制。如果想这样做，我们可以根据手头任务战略性地节省或消耗意志力。因此，当你努力实现一个新目标时，尽量不要在小事上浪费精力，而是要把精力留给最重要的事：坚持目标。

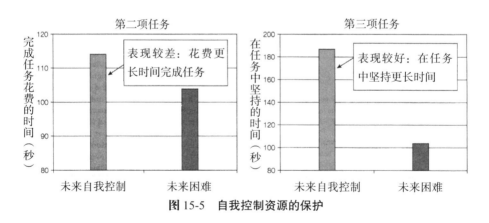

图 15-5　自我控制资源的保护

补充自我控制　如果知道自我控制不足，你可以通过休息、放松和睡眠来为你的内心骑士补充能量。积极情绪也可以促进自我控制，因此在着手困难目标之前，你可以观看有趣的短片或给朋友打个电话。此外，葡萄糖被证明可以暂时增加自我控制资源。如果体育锻炼或考试之前需要快速补充自我控制，你可以少量摄入糖，甚至用含糖饮料漱口，然后吐出来。你口中的感觉器官会检测到葡萄糖并向大脑发送信号，以增强你的自我控制能力。

一点一点来

在生活中做出小而容易的改变是变得健康的最佳方式。在一项研究中，研究者向数百人发送了三个关于改善饮食和减肥的小建议。研究者要求被试按照建议坚持 3 个月。结果显示，坚持得最好（每月 25 天以上）的那些人体重下降最多，平均每月下降 1 千克。因此，要想变得更健康，不需要彻底改变原来的生活方式，只需做一些小的改变，坚持下去，直到成为习惯。有一个问题是，有些改变比其他改变更适合我们。成功的关键在于弄清楚哪些改变对所有人都有效。在这项研究中，对大多数人都有效的建议是：

- 所见之处只放健康食物；
- 切勿直接拆开包装就进食——将食物分装在碟子里；
- 在醒来后 1 小时内吃热腾腾的早餐；
- 避免超过 3 到 4 小时不吃东西；
- 在吃饭的过程中时不时放下餐具，以减慢进食的速度。

试试这些方法吧，看看哪个最适合你？

锻炼自我控制　若想让内心的骑士更强壮，试着把它送到"健身房"。选择一项需要自我控制的活动（用非惯用手进食、矫正姿势、遵守预算），反复进行几周。这样，你的自我控制就能得到锻炼和加强，就像仰卧起坐能加强你的腹部肌肉一样。

例如，花两周时间用非惯用手完成任务（刷牙、开门、移动电脑鼠标）的大学生，在自我控制任务中的表现优于那些使用惯用手的人。此外，连续 25 天完成每日记忆任务的问题饮酒者，其饮酒量低于未接受此项培训的饮酒者。事实上，接受记忆训练的人每周的饮酒量比没有接受培训的人平均少 10 杯，即使在培训结束的一个月后，情况仍然如此。

锻炼自我控制的另一个好方法是采用锻炼计划。连续两个月定期参加体育锻炼的学生在体育锻炼之外的领域的自我调节有显著改善。由于体育锻炼的加强，这些学生不仅身体更健康，而且饮酒量减少，抽烟的次数减少，吃垃圾食品的次数减少，能控制脾气，冲动购买次数减少，把更多时间用于学习，清洁牙齿更频繁，看电视时间减少，甚至不太可能将脏盘子留在水槽中（见图15-6）。

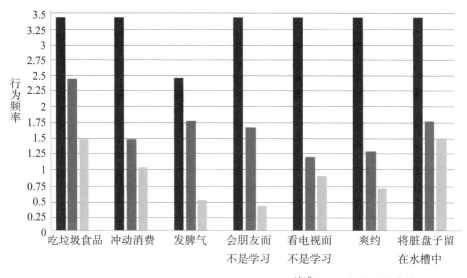

图 15-6　参加锻炼计划对其他生活领域的好处

常规锻炼不仅能强身健体，而且能加强自我控制，从而在多种行为领域提高行为动机，最终成功实现目标。如果所有这些都不足以成为你开始锻炼的理由，我们真不知道还有什么理由能让你行动起来！

锻炼自控能力的另一种方式可能不那么明显，那就是寻求宗教信仰。大量研究表明，信仰宗教的人比不信仰宗教的寿命更长，身体更健康，更善于自我监管。宗教能够对我们的生活产生如此大的影响，因为虔诚的信徒经常被要求从事锻炼其自我控制的活动，如长时间听布道、长时间坐着或跪着、进行宗教仪式、冥想、斋戒和祈祷。

因此，信仰宗教的人比不信仰宗教的人的自我控制能力更强。同样，用宗教词汇启动的被试比那些用中性词汇启动的被试更愿意忍受身体上的不适，更愿意延迟满足，而且遭受自我损耗的可能性更小。

然而，即便是不信仰宗教的人也能从这些原则中受益。不可知论者或无神论者可以致力于崇高的事业，如消除贫困、拯救受虐的动物或保护地球。

此外，这些人还可以遵循斯蒂芬·科维（Steven Covey）《高效能人士的七个习惯》（*The 7 Habits of Highly Effective People*）或嗜酒者互戒协会《十二步戒酒法》（*12 Step Program*）中介绍的行为准则。重要的是，致力于一种养生之道（无论是宗教的还是非宗教的），是加强自我控制和提高生活质量的好方法。

写一写

比较提高自我控制的方法

请比较以下几种提高自我控制的方法：为避免诱惑做好规划，保护自我控制，补充自我控制，锻炼自我控制。在分析时，请你说明每种方法的优缺点。然后，指出你认为最容易实施的方法并说明原因。你认为哪个最难？为什么？

15.4　压力与应对

"压力"一词实际上源于物理学领域，是指施加在某一物质（如铁条）上导致其断裂的力的大小。同样，**心理压力**（psychological stress）指的是我们的挑战和要求超出我们目前的能力、资源或精力的感觉。因此，有压力时，我们感觉自己要崩溃。

任何人都有可能在生活中的某个时刻感受到压力。由于压力无处不在，动机研究者试图解决三个主要问题。

- 压力产生的原因是什么？
- 压力带来的后果是什么？
- 应对压力的最佳方法是什么？

15.4.1　压力产生的原因

引起压力的原因可能包括生活中的大小事件：

1. 重大生命灾难，如恐怖袭击、自然灾害等；

2. 生活中的重大和非重大变化，如搬家、结婚等。

15.4.2　压力带来的后果

无论压力由什么原因引起，感受到的压力越大，你的身体就越有可能出现一系列的问题。例如，根据社会再适应量表，生活变化得分高的人有 80% 的概率患上与压力相关的疾病，而得分低的人只有 30% 的概率。此外，一项纵向研究发现，对日常压力源的反应能够预测 10 年后的心理困扰。

长时间的压力会影响健康，因为压力会破坏身体的免疫系统。长期承受压力会导致淋巴细胞（身体用于对抗疾病和感染的白细胞）数量减少，皮质醇（一种被证明会使血压增加并抑制免疫系统的激素）水平增高。在短期内，这些反应是身体适应性的表现，因其可以帮助我们对抗或逃离压力源（例如，从咆哮的熊身边逃跑）。但在现代生活中，我们更有可能经历长期的慢性压力，因此身体会遭受打击。随着时间的推移，高皮质醇会对内脏和细胞造成严重损害，导致溃疡、炎症、脑细胞死亡、记忆力减退和过早衰老。由于这些原因，许多医生都认为慢性压力是对我们的健康和生命的最大威胁。

但并非每个经历压力的人都会出现这些生理症状。研究表明，相比那些认为压力对身体有益的人，认为压力使人衰弱的人在经历压力后其皮质醇反应更强。这表明，指导人们将压力视为对身体有益而不是有害，可以缓解通常由压力引起的许多疾病。

除了对身体的影响，压力也会对心理产生影响。其中之一就是反刍思维，即反复思考压力事件的倾向。例如，你可能发现，与朋友吵架几小时甚至几天后，你的脑海里仍在想这件事：他们说了什么，你说了什么，你希望你说了什么。这种反刍思维是有害的，因为它会使一次短期事件变成长期的压力体验。与反刍思维倾向低的人相比，反刍思维倾向高的人在经历负面事件后会经历较长时间的压力，其原因也就在于此。反刍思维者也更有可能在消极事件后做出不健康的行为（酗酒、自我伤害、饮食紊乱），并将其作为应对长期压力的一种方式。因此，反刍思维者依靠不良压力管理策略，为自己带来了更大的压力。

然而，并非每个人都会遭受压力。心理弹性大的人不太可能屈服于负面生活经历，在某些情况下，甚至会在这种逆境中蒸蒸日上。近 60% 的人在生活中经历过严重的心理创伤，但只有 8% 的人因此患有心理疾病，其原因就在于个体的心理弹性不同。尽管对心理弹性的研究还处于起步阶段，但有几个因素似乎很重要：男性、年龄大、受教育程度高、经历过逆境，这些都会提高人们对压力的抵抗力。

15.4.3　应对压力

因为生活中的压力无处不在，所以问题不在于人们未来是否会感到压力，而在于何时会感到压力。因此，我们必须找到有效应对压力的健康方法。好消息是，许多能改善身体健康的方法也可以用于改善心理健康。保持稳定的体重、定期锻炼和健康饮食都被证明可以提高个体应对压力的能力。

社会关系也有助于减轻压力。与没有强大社会支持的人相比，拥有强大社会支持系统（家人或朋友）的人较少抑郁和焦虑，而且能更有效地应对长期压力。例如，一项对卡特里娜飓风幸存者的调查发现，认为自己有强大社会支持的人比那些觉得社会支持很少的幸存者的压力症状少。有趣的是，就连猴子也会在有压力时寻求与其灵长类同胞接触。

社会支持系统甚至不需要由人类组成。养宠物被证明有许多健康益处，部分原因是宠物有助于降低血压和减轻压力。作为陪伴者，有时宠物胜于朋友，因其可以提供最大限度的无条件支持。例如，一项研究发现，正在完成一项艰巨任务的人，由宠物陪伴时，比由朋友或配偶陪伴时压力更小。因此，当你有压力时，找一个毛茸茸的"朋友"吧。

有趣的是，社会支持和压力之间的这种联系是双向的。获得社会支持的人往往也是给予他人支持的人。

但是，这一联系是取决于接受支持，还是给予支持呢？

为回答这个问题，一项研究对 846 名年龄超过 65 岁的人进行了测试。在研究开始时，研究人员测量这些被试获得了多少社会支持，以及他们给配偶以外的朋友、邻居和亲戚提供了多少支持。在此后 5 年的时间里，研究人员监测着哪些被试死亡。结果显示，为他人提供很多社会支持的人在未来 5 年内死亡的概率远远低于那些未向他人提供支持的人。有趣的是，在本研究中，接受社会支持对死亡率没有影响。

因此，就社会支持来说，给予支持可能真比接受支持更好。要想让自己更健康，寿命更长，你可以考虑如何向朋友和家人提供更多支持，或者主动花时间帮助社区中的其他人。不仅要向正在经历困难的人提供支持，也要向正在经历美好时光的人提供支持。一项研究发现，关系质量取决于人们如何回应伴侣的好消息，而不是如何回应其坏消息。因此，当朋友或家人需要有人可以依靠时，你要伸出你的臂膀；当他们需要与人一起庆祝时，你也要到场！

然而，社会支持并不是在所有时候都能减轻压力。进行共同反刍（即过度讨论问题并专注于消极情绪体验）的朋友，可能会使事情变得更糟。正如反刍思维对健康有害一样，共同反刍也是如此。

例如，一项研究发现，当女性朋友过度讨论彼此的问题时，她们的压力（皮质醇）会增加。因此，当你有压力想找朋友谈心（我们建议你这样做）时，尽量避免与他们一起重温导致压力的事件，而是要参加有趣的活动，让你忘记烦恼。

写一写

为什么社会支持能够缓解压力

许多研究发现，拥有强大的社会支持可以缓解压力。你认为其原因到底是什么？在你的回答中，至少要包含一个社会支持减轻压力的原因。你可以从生理、社会或认知方面寻找原因。

15.5 寻找幸福

大多数人的终极人生目标是幸福。我们从事某种职业，决定组建家庭，或者计划即将到来的假期，都是因为我们认为实现这些目标会让我们感到幸福。美国开国元勋们认为，对人类而言幸福这一目标如此重要不可或缺，以至于他们认为幸福是少数几个永远无法出售或转让的核心权利之一（不可剥夺的权利）。这一点体现在《独立宣言》中：人类被赋予了"生命权、自由权和追求幸福的权利"。

但是，我们真的能控制自己的幸福感吗？是不是有些人生来就幸福？这两个问题的答案似乎都是"是的"。

幸福似乎的确部分取决于具有遗传成分的某些人格特质。在一项研究中，研究人员调查了 973 对双胞胎的幸福程度。他们发现，尽管不是生来就幸福，但天生就具有某些人格特征人，使其或多或少地倾向于幸福。该研究使用的是五因素人格模型，研究发现神经质低、外倾性高、责任心强的人最有可能幸福，这些特质在很大程度上是由遗传因素决定的。

目前尚不完全清楚这些由遗传决定的人格特质如何影响幸福感，但这些研究者推测，出生时"幸福设定点"较高的人，其情绪储备较多，在感觉有压力时可以有所依靠。

对于那些足够幸运从父母那里继承了这些人格特质的人来说，这都是好消息。可其他人呢？这些人是否就注定不幸福？

那倒未必。虽然这项研究发现，幸福感部分由遗传因素决定，但该研究也发现大约 50% 的幸福感并不是由遗传决定的。这意味着一半的幸福能力由我们掌控。正如著名作家赫尔曼·黑塞（Hermann Hesse）所说："幸福是一种方法，不是一样东西；是一种才能，不是一个目标。"这意味着我们可以学会如何幸福。鉴于此，下面将讨论能够提高幸福感的因素。其中有些因素可能很明显，但有些因素可能会让你大吃一惊。

15.5.1　培养积极情绪

积极情绪的出现会对我们的幸福感产生重大影响。一般来说，与不快乐的人相比，快乐的人经历的积极情绪程度更高，消极情绪程度更低。因此培养积极情绪的能力越强，你就会越快乐。下面讨论实现这一目标的三种策略（见图 15-7）。

与积极的人为伍　一开始你可以通过与积极的人为伍来培养积极情绪。在一项研究中，研究人员对现实世界中不同业务团队在会议期间发表的评论进行分析，并且根据积极性 / 消极性对其进行编码。结果显示，非常成功的团队，其评论中正面评论与负面评论的比例为 6∶1。这意味着对于团队成员的每一个负面评论，都有六个正面评论。而不成功的团队，这一比例不足 3∶1。

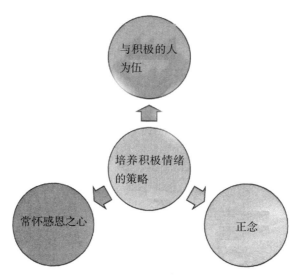

图 15-7　培养积极情绪的策略

同样，婚姻稳定的夫妻，正面评论与负面评论的比例，以及其经历的积极情绪与消极情绪的比例均为 5∶1。而正考虑离婚的夫妻这一比例约为 1∶1，这意味着每出现一个积极评论或积极情绪，就会出现一个消极评论或消极情绪。事实上，婚姻研究专家约翰·戈特曼（John Gottman）根据其几十年的研究得出的结论是，该比例低于 5∶1 的已婚夫妇都会走上离婚的道路。

研究者根据其对积极性／消极性比例的研究，计算出了最终幸福方程。根据其观点，幸福的转折点是 3∶1 这个比例。精神健康、生活如意的人至少经历三次积极情绪才会体验一次消极情绪。比例低于 3∶1，各种心理健康问题就会出现。因此，尽可能与那些经常给你正面评价或让你体验积极情绪的人为伍，同时避开那些经常给你负面评价或让你体验负面情绪的人。

正念　我们常常反复思考过去或担心未来，而我们却错过了摆在我们面前体验积极情绪的机会。当处于正念状态时，我们会意识到自己当前的想法和体验。尽管"正念"这一概念源于古代佛教实践，但其最近受到了科学家们的关注。此类研究表明，越是能训练自己保持正念状态，我们就会越快乐、越健康。每天享受点滴快乐（如出去散步，与爱人或宠物依偎在沙发上，或者品尝一块巧克力）可以让你感受片刻的积极情绪。请专注于此时此地，尽可能培养你的正念。

写一写

正念为什么有效

你为什么认为正念有效？请列出两三个可能的原因，说明为什么正念能培养积极情绪。在你的回答中，请考虑可能的生理、社会或认知原因。

▶

常怀感恩之心　感恩是指感激和欣赏的感觉。对于大多数美国人来说，只有感恩节那天才会真正想到感恩。即便在感恩节当天，我们通常也是更关注火鸡而不是感恩。但是，常怀感恩之心的人往往拥有更健康的身心，也更幸福。要想体验感恩的感觉，尝试每天花一两分钟想想在你的一生中他人都为你做了什么，或者尝试写一封感谢信。

在一项研究中，研究人员让被试给某人写一封信，就此为其做的某件事表达感激之情（而不是感谢某人送的某件礼物）。相比没写感谢信的人，那些在一个月内写了三封感谢信的人，其幸福感和生活满意度更高。因此，请给那些在你的生活中扮演重要角色的家庭成员、朋友、老师或导师写一封感谢信吧。常怀感恩之心是提高幸福感的必然方法。除了写信，你也可以尝试冥想。使用**慈心禅**（loving-kindness meditation，包括评估你的健康以及他人在你生活中如何是一种恩赐）的研究发现，这种冥想可以增加积极情绪，有很多益处。

请记住，感恩的另一面也同样有效：想想你能为他人做什么，而不是别人为你做了什么，这也能让你体验到感恩的感觉。你甚至不必考虑再为他人做什么，只需留意什么时候帮助过他人。增加这种正念的一种方法是创造一种可视物件，让你想起接受你善意的人向你表达的感激之情。例如，你可以把他人写给你的感谢信张贴在墙上，每天提醒自己你为他人做了什么。

15.5.2　减少通勤时间

如果真想提高幸福感，你可以搬到离工作场所或学校比较近的地方。研究表明，每日通勤时间长短与整体幸福感的关联度几乎高于生活中的任何其他因素。每天通勤时间较长的人比通勤时间短的人吃的快餐更多、更肥胖、压力更大、更孤独、幸福感更低。通勤也会对人际关系造成严重破坏。一项研究发现，与通勤时间较短的夫妇相比，单程通勤时间超过 45 分钟的夫妇，离婚率高出 40%。

长途通勤造成的这种影响与现代美国梦（搬到郊区，买一个带大庭院的大房子）背道而驰。正是受这一梦想的驱使，美国成为世界上平均通勤时间最长（每天 49 分钟）的国家之一。

> **这是为什么？为什么长途通勤会破坏幸福感？**

一种解释是路上的车流总是在变化，交通状况不可预测，每天都不一样。虽然我们最终会习惯大房子，但我们永远不会完全适应或无视交通压力。正如心理学家和幸福专家丹尼尔·吉尔伯特（Daniel Gilbert）所说："在车流中驾驶，每天都是一种不同的地狱。"

此外，把时间花在上下班路上，我们每天可用于做重要事情的时间就少了。如果你每次上下班单程花 1 小时，那么你每周去健身房、和孩子玩耍、遛狗或陪伴伴侣的时间就少了 10 小时。事实上，计算结果表明，在通勤上每多花 1 分钟时间，你就会失去 0.03 分钟的运动时间、0.04 分钟的做饭时间和 0.22 分钟的睡眠时间。这些数字听起来并不多，但是把一生中这些分分秒秒的损失加起来就是数天，甚至是数月。在短短一年内，单程通勤 1 小时将损失 14 小时的运动时间、19 小时的做饭时间和 105 小时的睡眠时间。你把这些数字乘以 30 或 40 年，看看这种影响在一个人的职业生涯中有多大。时间和精力都是有限的宝贵资源，我们不应该把它们浪费在通勤上。

然而，要是能多挣钱，人们愿意忍受长途通勤。因为工资高，人们可能会接受一份需要长途通勤的工作，并且认为高工资会带来更高的幸福感。下面的研究结果可能会让你感到惊讶。要知道，工资必须足够高才能超过长途通勤带来的成本。经济学家们的计算结果表明，就幸福感而言，通勤时间每增加 1 小时，工资需要额外增加 40%，这份工作才值得做！因此，找工作时不仅要考虑工资，也要考虑通勤时间。

15.5.3　应该把幸福作为目标吗

在结束关于幸福的讨论之前，我们需要考虑是否应把幸福作为最终目标。与大多数人的观点相反，把幸福作为目标有其不好的一面。

幸福可能不适合被作为一个目标来追求，因为幸福本质上非常短暂。根据**享乐跑步机**（hedonic treadmill）概念，积极情绪不会持续很长时间，因此人们不断寻找新的让人感觉良好的方式。让我们开心的事情（如加薪、度假、购买新车、庆祝节日）只会为我们带来暂时的快乐。更糟糕的是，人类不善于预测什么会使自己快乐，这一概念被称为情感预测。我们认为买彩票中奖会让我们快乐，但事实上，无论之前快乐与否，大多数买彩票中奖的人往往会回到之前的状态。就像地平线上的海市蜃楼一样，我们不断地追求幸福，但永远无法完全得到它。

另外，不能过于快乐。这听起来让人难以置信，但就像生活中的所有事物一样，适度最好（如亚里士多德的中庸之道）。很明显，快乐太少不利于心理健康，但新的研究表明，快乐过多也可能是坏事。过于快乐时，我们更有可能表现得自私自利，对他人形成刻板印象，犯下认知错误，被他人欺骗。

例如，在一项研究中，被试观看了对一名盗窃嫌疑犯的审讯。在某些情况下，被审讯的小偷是无辜的；而在其他情况下，他是有罪的，但被试不知道真相。研究者让一些被试感到快乐，让另一些感到悲伤。当犯罪嫌疑人有罪时，感到快乐的被试在识破罪犯谎言方面不如感到悲伤的被试。所以说越是感觉快乐，人们就越容易上当受骗，因此更有可能被他人利用。

此外，拥抱消极的人似乎比不这样做的人更能保护自己免受心理问题的困扰。在对刚刚经历过压力事件的人进行的一项研究中，与试图避免负面情绪的人相比，那些接受事件导致的负面情绪的人，其压力和抑郁程度更低。与人们的直觉相反，研究结果表明这种负面情绪也有益处。努力保持情绪平衡，而不是试图一直保持快乐，或许是更健康的目标。

这种情绪平衡观与亚里士多德的观点高度一致。亚里士多德写了很多关于幸福的文章，他比任何现代哲学家都更关注这一主题。但亚里士多德对幸福的定义与我们的定义有所不同。在谈论幸福时，我们通常指的是享乐型幸福，即积极情绪的实现和消极情绪的消失。而亚里士多德的定义更适合被描述为实现论幸福，这指的是过有意义的生活，让你变成最好的自己。就实现论幸福而言，其目标不是为了感觉良好，而是无论做什么，都努力追求卓越。

享乐型幸福注重结果，而实现论幸福注重个人生活的内容和过有意义生活的过程。由于实现论幸福指的是过程而不是结果，因此不像享乐型幸福那么短暂。它不会因为你得到晋升而增加，也不会因为你和朋友吵架而减少，它包括到目前为止你的整个生命过程。你要问自己的问题是："到目前为止，我是否充分发挥了自己的潜力？"

这种以过程为中心的方法也意味着，在生命结束前，人们永远不能说自己过着幸福的生活，正如比赛刚进行到一半时你不能说"这是一场精彩的橄榄球比赛"一样，你必须等到生命结束时才知道自己是否激发了自己的全部潜力。这就是为什么瞬间快乐更多来自享乐型活动（如寻求乐趣、放松和愉悦）而不是实现型活动（如寻求发展某项技能，在某方面做到最好），而长期幸福感和整体生活满意度更多取决于实现型活动而不是享乐型活动。

因为享乐型幸福是短暂的，而实现论幸福是长久的，所以最好的方法或许是同时追求两者。研究发现，相比只追求一种活动的人，那些同时追求享乐型和实现型活动的人，其幸福感更强，也更加多样化。因此，若想过上幸福满意的生活，那就去寻求那些能让你快乐，同时也能让你的生活更有意义的活动。

写一写

比较享乐型幸福和实现论幸福

比较享乐型幸福和实现论幸福。在你的分析中，请分别指出两者的优缺点，然后说明哪种类型的幸福更容易追求以及为什么。

16 动机科学与财富

西格尔夫妇的故事

像大多数美国夫妻一样，大卫·西格尔（David Siegel）和杰基·西格尔（Jackie Siegel）试图实现他们的美国梦。在20世纪70年代，大卫在他的车库开始创建了自己的房地产开发公司，最终将其发展成为一家领先的分时度假公司。分时度假是指多方拥有单一房产，其中每一方被分配一段时间（如每年1~2周）使用该财产。在分时度假出现之前，只有富人才能购买豪华度假屋。现在，分时度假的出现让中产阶级家庭也能实现美国梦，一次至少一两周。大卫成功的秘诀在于认识到这一事实，将分时度假作为一种理想的产品出售给那些中产阶级家庭，这些人非常渴望过上更好的生活，而且往往是超出其经济能力的生活。到了21世纪初，大卫将他的初创公司变成了世界上最大的私营分时度假公司，而自己也成了亿万富翁。

后来，大卫遇到了杰基，杰基是前佛罗里达州的选美大赛冠军。他们决定建造他们梦想中的房子。但是西格尔夫妇可不想建普普通通的房子。他们的房屋计划成为其过度奢华的生活方式的纪念碑：他们决定建造美国最大的私人住宅，以法国凡尔赛宫为模型。其奢华的设计包括九个厨房、三个游泳池、一个溜冰场、一个保龄球馆、两个网球场、一个美容院、一个健身房和一个棒球场。他们要建的房子很大，里面几乎可以容下两个橄榄球场。最重要的是，这座房子要用价值数百万美元的金箔和进口大理石建成。他们甚至买了一个镀金的宝座让大卫坐。

但是在开工5年后，西格尔夫妇的梦想之家真的变成了一个梦想。像许多中产阶级美国人一样，他们的生活方式是建立在金融流沙（financial quicksand）的基础之上的。大卫的大多数客户都没钱直接购买其分时度假，所以大卫就把公司的钱贷给他们。当然，如果把所有的钱都贷给客户，大卫的公司就无法盈利了。因此，公司从银行借钱来支付客户的贷款。但随后 2008 年的金融危机来袭。过去房屋净值每年增长 1%，而现在每年增长 25%。这意味着如果你买了一套价值 20 万美元的房子，那么明年其价值将达到 25 万美元，你可以不费吹灰之力净赚 5 万美元。这使得住房市场看起来像是一种快速发家致富的方式，数以百万计的美国人都想做这种交易！不幸的是，他们中的许多人并没有足够的钱用来买房，所以他们就从银行借钱。来自世界各地的银行也看到美国房地产市场很容易致富，所以他们开始向那些信用不良或收入不足以支付贷款的风险客户发放不太理想的贷款（称为"次级贷款"）。这些银行向潜在房屋所有者贷出的钱越多，购买房屋的人就越多，而房价飙升得也就越高。但是，每当像房屋这样的商品价格如此迅速地飙升时，就有可能导致经济泡沫的出现。简而言之，当产品售价高于其实际价值时，就会出现经济泡沫。由于房屋成本上涨，人们为房子支付的费用超过了其实际价值。为什么会有人做这样的事情？因为他们认为房子的价值会无限制地一直涨下去。但泡沫可不是那样。在某个时候，泡沫总会破灭。这正是 2008 年发生的事情。

当 2008 年的金融危机爆发时，西格尔夫妇的梦想之家只造了一半。就像许多人一样，他们未能为这种紧急情况做好金融储备。当银行停止向他们借钱以支付其客户的贷款，而其客户又无法继续支付其分期贷款的款项时，西格尔夫妇陷入了困境，房屋建设被迫停止。由于无法完成他们的梦想中的家园，西格尔夫妇以 7 500 万美元的价格将未完工的房子投放到市场，至今仍未卖出。在这个国家，短期内任何人都不可能购买一座半成品的豪宅。

西格尔夫妇的警示故事，被拍成了纪录片《凡尔赛宫的女王》（*The Queen of Versailles*）。这个故事告诉我们，当人们开始过入不敷出的生活时会有什么后果。西格尔夫妇沦落到如此下场就是因为其在各个层面都缺乏自律导致的。

- 西格尔夫妇的客户购买了自己支付不起的分时度假房，从而过着入不敷出的生活。
- 银行向那些他们明知无偿还能力的人提供贷款，从而过着入不敷出的生活。

- 西格尔夫妇建造了一座他们负担不起的房子，而且未能储蓄足够的现金来保护他们免受金融危机的影响，从而过着入不敷出的生活。

虽然西格尔夫妇的故事是一个极端的例子，但我们可以从中看到自己的影子，看到自己在财务上如何不负责任。他们的故事是一面镜子（虽然是镀金的），反映了我们为了量入而出所做的挣扎。

本章将探讨人们为什么会在这些财务问题上苦苦挣扎。首先讨论购买行为所涉及的动机因素，之后讨论非理性思维过程驱动人们财务决策的多种方式，最后讨论金钱是否真能带来更大的动力和更多的幸福。本章包含的信息将为你提供一些实用的技巧，使你在生活中做出更好的财务决策。

16.1　购买行为

一谈到财务方面的诱惑，我们会发现我们真正生活在一个黄金时代。历史上任何时候都没有现在这样多种多样、简单便捷的花钱方式，包括 QVC 电视购物和网购等。虽然我们希望自己所有的购买行为都是出于实际需要，但实际上我们经常为满足某个动机目标而购买。我们购买新衣服可能是因为长时间工作后，想使自己感觉更好。我们购买昂贵的手表或珠宝可能是为了给周围的人留下深刻的印象。在这种情况下，我们经常会遇到目标冲突，因为我们从购买行为中实现的目标直接与我们存钱而不是花钱的目标相冲突。

这种目标冲突最明显的情况就是**冲动性购物**（impulse shopping），即自发的、缺乏思考的购买愿望，没有经过仔细考虑为什么需要它。如果你曾经去商店打算买一件东西，而回来时却买了很多东西，那么你的行为就属于冲动性购物。

16.1.1　影响消费冲动的因素

在美国，冲动性购物每年约占 42 亿美元的商店销售额，这也是美国家庭债务与收入之比达到历史最高水平并继续攀升的一个主要原因。就像任何冲动一样，购物冲动越强，就越难抑制。研究发现，有许多因素会导致我们的消费冲动（见图 16-1）。

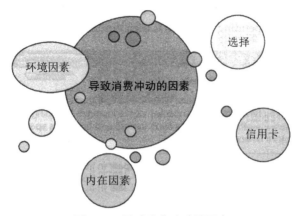

图 16-1　导致消费冲动的因素

下面我们对这些因素进行详细讨论。

环境因素　我们都有过这样的时刻：我们感到一股强烈的购买冲动以至于不能自已。当时你可能没有意识到，这种强烈的冲动很可能会受到许多动机因素的影响。促进消费冲动的一个因素就是人们所处的环境。

营销人员和店主很清楚环境营销策略这一点，他们经常操纵购物环境特点（音乐、气味等），以激发人们的购买欲望。你可能注意到大多数商店都会为顾客播放音乐，这种音乐通常是快节奏还是慢节奏的？

答案是慢节奏，这是有充分的理由的。当听慢节奏的音乐时，我们的动作会自动变慢，这意味着我们会在商店花更多的时间，因此更有可能买东西。实际上，店主开始在商店播放慢节奏的音乐以后，超市的销售量上升了38%。餐馆也播放缓慢的音乐，因为它减慢了人们的进食速度，使他们更有可能留在餐厅，消费更多的食物和饮品。

除了影响我们的速度，音乐还可以通过让我们对某些产品建立自动关联来影响我们的购买行为。例如，一项研究发现，播放古典音乐提高了葡萄酒等昂贵商品的销售额。我们更有可能自动将古典音乐与喝一瓶昂贵的葡萄酒联系起来，而不是与喝一罐便宜的啤酒或一瓶龙舌兰酒联系起来。通过播放古典音乐，店主可以让顾客自动开始考虑购买昂贵的东西。

写一写

环境中的其他因素

除了音乐和气味，你是否注意到商家还使用其他一些环境因素来刺激消费冲动？请给出两三个这样的因素，并且就每一个因素提供具体的实例或进行详细描述。

选择　我们倾向于认为，拥有的选择越多，我们就越快乐。在过去的几十年里，这一错误的观念导致商品的种类激增。在 20 世纪 80 年代之前，只有两个品牌的芥末酱，两种意大利面酱和一种牛仔裤。而我们现在有数百种芥末酱、意大利面酱和牛仔裤可供选择！

我们认为所有这些选择都让我们更快乐，但实际上它们让我们更不快乐，这就是有些人称之为选择悖论的困境。对这一悖论的一种解释是，做出选择会消耗宝贵的自我控制资源。拥有的选择越多，我们就越有可能经历决策疲劳，即之前做出过决策之后会做出较差决策这一倾向。鉴于我们每天要做出大约 70 个决定，所以我们经常会经历决策疲劳。

因为做选择让人如此疲惫，所以我们经常能不做选择就不做。这种面对多种选择而不做选择的倾向被称为决策瘫痪。为了测试"决策瘫痪"的概念，研究人员在一家高档超市摆放了一张桌子，以推广一系列不同的果酱。有时桌子上只有 6 种果酱供购物者品尝和购买，而其他时候桌子上有 24 种果酱。结果显示，尽管当桌子上有 24 种果酱可供选择时有更多人光顾，但他们实际购买的可能性更小。事实上，有 6 种选择时人们购买果酱的可能性是有 24 种选择时的 6 倍。因此，提供很多选择可以把顾客吸引进来，但他们实际购买的可能性却更小。如果商家想提高销售额，他们就应考虑这一可能性：选择越少，销售额越高。例如，当海飞丝将洗发水类型从 26 种减少到 15 种时，其销售额增加了10%。

选择是否购买一罐果酱可能算不上什么大事，但决策瘫痪会影响我们做出重大财务决策（如为退休储蓄）的方式。当员工参加公司的退休计划时，他们面临着关于如何投资和在何处投资等一系列选择。为了解拥有众多选择会有什么影响，研究人员通过分析美国最大的共同基金公司之一的投资记录，来追踪 100 万美国人的退休决定。他们发现，对该计划提供的共同基金每增加 10 个，该计划的参与率就会下降 2%。因此，为员工提供 50 个基金供其选择的公司，参与该计划的员工人数比仅提供 5 个基金的少 10%（见图 16-2）。

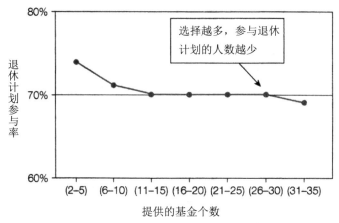

图 16-2　基金选择和退休计划参与情况

出现这种决策瘫痪是因为，在 50 种不同的基金之间进行选择太困难了，所以员工干脆推迟加入计划或根本不加入。由于大多数像这样的公司退休计划都涉及匹配原则，即你在自己的退休计划中每投入 1 美元，你的雇主也将为你投入 1 美元，因此员工选择不参加退休计划意味着他们每年要损失数千美元。

尽早开始储蓄

你是否觉得自己还年轻，不用现在就开始为退休储蓄？现在请你再考虑考虑吧。大多数人到年纪大了才开始进行退休储蓄，但是越早开始储蓄，你就越能从这一经济奇迹（即复利）中获益。我们来看一下下面的例子：

吉尔和约翰是一对 21 岁的双胞胎，他们毕业后都找到了工作。吉尔马上开始每月向共同基金投入 50 美元，并且坚持了 8 年，直到结婚后急需用钱才停止。约翰直到 29 岁才开始投资，他每个月也向同一个共同基金投入 50 美元，他持续了 37 年，直到他 65 岁退休。总共算下来，约翰投资 22 200 美元，而吉尔只投资 4 800 美元。65 岁时，他们中的哪一个拿到的钱更多（假设二者的年回报率都是 10%）？

显而易见的答案似乎是约翰，因为他存的钱是吉尔的 4 倍。但令人震惊的是，吉尔退休时是 256 650 美元，而约翰是 217 830 美元。吉尔成功的秘诀就是时间。现在存一点意味着以后不需要存太多。

- 如果在 20 多岁时开始储蓄，你只需要将 3% 到 6% 的收入用于退休计划。
- 如果等到 30 多岁，你需要投入收入的 10%。

> - 如果等到 40 多岁，你需要投入收入的 25%。
>
> 这条原则不仅仅适用于退休。对于任何你想要的东西，无论是买房子，去旅行，还是为了在未来给孩子的教育买单，越早开始储蓄，你就越富有。

信用卡 用现金购买还是用信用卡购买也会影响人们的购买冲动。在我们这个现代化时代，信用卡正在迅速取代现金。如果每个人每月都能还清信用卡账单，这可能不算什么问题。但不幸的是，71% 的美国人没有这样做。根据美联储 2012 年的报告，未结清信用卡账单的美国人平均信用卡债务为 15 418 美元。而这种信用卡债务所涉及的人群的年龄比以往任何时候都小：大学生的信用卡债务一般为 3 173 美元，比 5 年前增加了 41%。

每个人都知道，如果不能每个月结清账单，因为利息和手续费，你最终需要支付的钱数会超过你用现金支付的钱数。但人们可能不容易觉察到，即使能够按时结清账单，使用信用卡仍然可能让你多花钱。其中一个问题是，手持现金时，你更容易监控自己的支出。监控对于我们实现目标非常重要，因此任何使监控变得更加困难的事物（如信用卡）都有损于我们的绩效。

使用信用卡的另一个问题是它会导致我们超支。例如，麦当劳发现，当客户使用现金时，平均购买额为 4.5 美元，而当他们使用信用卡时，平均购买额则为 7 美元。

为了用实验的方法验证这一点，在拍卖波士顿凯尔特人（Boston Celtic）比赛的入场票时，研究者限制了一些投标人只能用现金支付，而其他人只能用信用卡支付。最终，那些不得不用信用卡付款的投标人对这些票的出价几乎是那些必须用现金支付的人出价的两倍。这是因为使用信用卡的话，超支更容易。如果用现金支付，手头的现金不够时，你得去银行，从自动取款机中取出钱，然后返回商店再去买你想要的东西。而使用信用卡时，超支不需要做出任何额外的努力。

还清欠款

如果让你选择，你认为哪个更好：将钱存入储蓄账户还是用这笔钱偿还你的信用卡债务？未雨绸缪，把钱存起来备用听起来可能很合理，但储蓄账户的利率非常低（1% 至 2%），而信用卡的利率则高得多（15% 以上）。因此，因没还清信用卡欠款而损失的钱要超过你从储蓄账户中得到的利息。

　　这并不是说你不应该把钱存入储蓄账户，你应该这样做，但这应在你还清信用卡欠款之后。最好每个月都把信用卡的欠款还清，这样你根本不用担心会产生利息。同时，避免产生不必要的债务。如果你总是有汽车分期付款，那么你永远富不起来。所以把那辆车的贷款还清后，就一直开下去吧。偿还债务不仅仅是为了确保你在年老和退休时有钱，它也能让你现在感觉更好。根据美联社进行的一项调查，有债务的人更容易患焦虑、抑郁、溃疡、偏头痛，甚至心脏病。所以，你要尽可能地减少债务，让你现在的生活变得更好。

　　内在因素　对消费行为产生重大影响的一个内在因素是情绪。当被要求报告冲动性消费时所经历的典型情绪时，大多数人的回答都是"愉悦"。此外，经诱导产生积极情绪的人比那些经诱导产生中性或消极情绪的人更容易做出冲动性消费行为。积极情绪使冲动消费增加，可能是因为这使得人们的评价和判断偏向积极的一面，导致我们透过"玫瑰色眼镜"看商品。这对于任何购物者来说都是个坏消息，但对于那些所干工作涉及小费的人来说，这是个好消息。付账之前让顾客心情愉快，顾客更有可能给你留下可观的小费。例如，在一项研究中，一边给顾客拿账单一边讲笑话的酒吧服务生收到的小费比不讲笑话的服务生要多。另一项研究发现，把薄荷糖连同账单一起给顾客，使小费增加了14%，而给顾客额外的薄荷糖使小费增加了23%！其他类似的方法是在账单上写上表示友好的话语或画上笑脸，预报好天气，或者在顾客点餐时蹲在桌子旁边。

　　虽然有些研究支持积极情绪促进消费这一说法，但有些研究支持相反的说法，即消极情绪促进消费。

　　| 到底是哪一个？是积极情绪还是消极情绪让我们花钱更多？

　　正面情绪与负面情绪的影响　似乎两者都会使我们花更多的钱，但方式却截然不同。经历积极情绪会使我们更有可能自动、无意识地购买商品。但是，当处于负面情绪时，我们可能会有意识地决定购买这件物品，希望它能让我们感觉更好。

　　第二种假设得到了研究数据的支持，数据来源——死囚——可能会让人感到吃惊。一项特别有趣的研究对247名死刑犯的最后一餐请求进行了分析，以了解死囚想要的食物类型。最常见的食物请求是炸鸡（68%）、甜点（66%）和汽水（60%）。许多囚犯还要求熟悉的食物品牌（40%）。虽然这些囚犯实际上并没有花钱，但他们的食物选择告诉我们，当人们感到悲伤或害怕时，他们会寻找令人愉快和熟悉的产品。

影响消费的另一个内在特征是**社会排斥**（social rejection）。当我们基本的归属需求由于被排斥而受挫时，我们对社会排斥的反应经常是做出能够增加归属感的行为。如果某些产品能让我们有一种归属感，那么遭遇排斥会增加我们购买这些产品的可能性。一系列实验对此进行了验证。在一项研究中，被排斥的大学生比没有被排斥的大学生更愿意购买有学院名称的腕带。在另一项研究中，被排斥的人愿意为商品支付更多的钱 —— 即使价格高于制造商所建议的零售价——只要商品能表达一种身份地位或他人的认可（如劳力士手表和钻石耳环）。这些被排斥的人不愿意花更多的钱购买不能代表身份地位的商品（如冰箱和餐桌）。这告诉我们被排斥的人在购买时是有策略的，他们只愿意花更多的钱购买能够增强其归属感的商品。

16.1.2　对消费冲动加强控制的因素

头脑就像一个人骑着骡子进入大峡谷，骑手代表我们头脑中有意识、受控制的部分，而骡子代表我们头脑中无意识、冲动的部分。根据这个比喻：

1. 我们可能会因为骡子有强烈的消费冲动而无法坚持我们的财务目标；
2. 我们也可能会因为骑手太弱，无法控制冲动的骡子，从而无法坚持我们的财务目标。消费冲动越强，就越难控制。

事实证明，有许多个人和情境因素会影响我们的骑手抵制消费冲动的能力。

特质自我控制和消费　有些人生来就是强壮的骑手，有些人则弱小，这意味着某些人的特质自我控制要高于他人。一个人的特质自我控制越高，被消费冲动所支配的可能性就越小，也就能更好地实现财务目标。

一项为期 32 年的纵向研究对被试进行了从出生到成年的追踪。在这项研究中，3 岁时缺乏自我控制能力的儿童，在成年后收入较低、存款较少、财务构建模块（如房屋所有权和退休计划）较少、财务管理问题更多、信用债务更多。令人惊讶的是，童年的自我控制能力比出生在贫穷的还是富裕的家庭，更能预测一个人的财务问题！

强迫购物症 虽然我们所有人都会在某个时候努力控制自己的购物行为，但对于某些人来说，这种冲动是无法控制的，以至于他们患有一种被称为"**强迫购物症**"（compulsive buying disorder，CBD）的精神疾病，其特点是强迫购物行为，致使个体无法过健康的生活。近 6% 的美国人患有强迫购物症，其中 80% 是女性。值得注意的是，患有强迫购物症的人不仅仅是超出其经济能力购物，他们还会花费大量的时间购物或考虑购物，甚至花费数小时思考从未实际购买过的商品。强迫性购买者也倾向于在一次购物出行中购买多件同款商品，如几件冬季外套或五件相同的 T 恤。由于强迫购物症受冲动的驱使，难怪强迫购物症患者会遭受许多其他冲动问题，包括酗酒、药物滥用和饮食失调。

与大多数人的想法相反，强迫购物症并非真正受购物欲望的驱使。相反，它似乎是由改善情绪的需要所驱动。强迫性购物者的独特之处在于，他们认为购物是实现这种情绪目标的最佳方式，而非强迫性购物者则认为其他方法（如社交和食物）的效果会更好。更糟糕的是，患有强迫购物症的人缺乏充分了解其情绪所需的技能，他们对负面情绪的容忍度也非常低。他们之所以无休止地寻找完美的商品，让自己感觉更好，其原因就在于此。但这种行为就像滚雪球。买了昂贵的东西可能会使这些人感觉好一些，但是一旦意识到浪费了金钱，未能实现财务目标，他们很快就会感到内疚。然后，这种负面情绪状态会导致其再次购物，继续这一永无休止的恶性循环。因此，要想打破强迫购物症的这种恶性循环，通常需要专业人士的帮助。

自我损耗与消费 即使是自我控制能力很强的人，有时候控制消费冲动的能力也会受到损害。这是因为自我控制是一种有限的资源，经常会出现自我损耗。因此，冲动越强，损耗会愈发削弱你控制消费行为的能力。

为了验证这种可能性，研究者让冲动购物程度高和冲动购物程度低的被试，完成了一项需要自我控制或不需要自我控制的任务。接下来，每个人都被告知他们将参加第二项研究，该研究旨在向学生介绍大学书店的新商品。作为参与研究的回报，每个被试会收到 10 美元，这笔钱他们可以留着，也可以用于购买书店的任何物品。然后，研究人员向被试展示了 22 种商品，包括口香糖和糖果等廉价商品以及咖啡杯或扑克牌等更昂贵的商品（产品价格从 0.33 美元到 4.57 美元不等）。结果表明，在研究的第一阶段进行自我控制的人（低自我控制）比没有进行自我控制的人（高自我控制）在购买书店商品上花的钱更多，冲动购物程度高的人尤其如此（见图 16-3）。

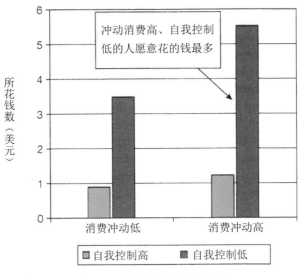

图 16-3　自控损耗和冲动消费

如果削弱自我控制会使人们更有可能花钱，那么加强自我控制应该能让人们更好地抵制消费诱惑。由于自我控制就像肌肉一样，所以加强自我控制的一种方式是每天对财务方面的冲动稍微施加控制。

为了验证这一想法，研究者让一些大学生参加了为期 4 个月的财务监控计划。每个月，被试都必须记流水账，把每次购买行为都记录下来。每月月底，将月收入和月支出分别加总，从前者中减去后者，计算出每月存下多少钱。最终，出现了两个有趣的结果。

- 虽然在这四个月内他们的收入没有变化，但每月余额不同。因此，监控购买行为的时间越长，花的钱就越少，攒的钱就越多。
- 与没有参加该计划的学生相比，参加该计划的学生在一项与财务无关的任务上表现出更高的自我控制力。

鉴于这些结果，你应该考虑每周（甚至每天）为自己做预算，并且采用记流水账的方法。这些做法不仅可以提高你的自我控制能力，还有助于你设定更详细的财务目标，这样你就很容易知道何时超支。有些软件和应用就是为了使这种财务监控变得更容易而被设计出来的。

写一写

分析冲动性购物经历

回想一下你的一次冲动性购物经历（即买了一件你最初没打算购买的东西）。对这一事件进行描述，并且根据我们已经讨论过的因素对其进行分析。在你的分析中，既要考虑可能导致你的冲动消费行为增加的因素，也要考虑可能导致你控制此冲动的能力下降的因素。

16.2 财务决策中的不理性

请想象以下场景：

你坐在一间拥挤的教室里，这时教授拿出了一张 20 美元的钞票，宣布将把它拍卖给出价最高的人，起价仅为 1 美元。听起来不错吧？谁不想以几美元的价格就得到一张 20 美元的钞票呢？但这里有玄机：虽然最高出价者将获得 20 美元，但第二高的出价者得不到任何东西，而且必须向教授支付其最高出价金额。竞标开始了，大多数人都参与进来，但是当出价开始接近 20 美元时，只剩下了几个人。令人震惊的是：有两个人继续竞标，出价超过 20 美元还不停止。最终，出价最高者为这张钞票支付了 40 美元（原钞票面值的 2 倍），第二高出价者支付了 39 美元，却两手空空，什么也没得到。

如果你认为现实世界中不会发生这种事情，那么你就错了。心理学家马克斯·巴泽曼（Max Bazerman）在过去 10 年里一直在 MBA 学生身上做这一试验，他声称自己净赚了 17 000 美元。他说两个最高出价之和从来没有低于 39 美元，而在一次疯狂的试验中，两个最高出价之和高达 407 美元！

人们竟然会为了一张 20 美元的钞票支付数百美元，这一事实令人震惊，因为这与大多数经济学家关于人类做出财务决策方式的观点完全相反。在经济学领域，人们普遍认为，人们在做出财务决策时是理性的和自私的。因此，当个体在决定是否投资特定股票时，经济学家会假设此人会权衡购买股票的潜在收益和潜在成本（理性），而且只有当收益超过成本时，他才会投资（自私）。经济学中的这种理性原则决定了企业和政府数十年来的运作方式。政府使用各种基于人类理性这一假设的公式来确定你将支付多少税款，你的储蓄账户的利率是多少，以及允许你从银行借多少钱。但正如上文的拍卖场景所表明的那样，人们经常在涉及金钱时采取非理性行动，这在很大程度上导致了我们在本章开头所描述的 2008 年的经济危机。

为什么在涉及金钱时人们如此不理性？

16.2.1　无意识思维与财务决策

在财务决策方面，人们依赖的因素不仅仅是预计的收益和成本。另一个因素就是人们的无意识思维。要理解这一点，请按下面的提示做。

在手边的一张废纸上，记下你的社会安全号码（social security number）的最后两位数字。写下来了吗？好，现在想象着有人向你展示了一瓶葡萄酒，告诉你：

> 这是一瓶 1996 年生产的嘉伯乐酒庄教堂园干红葡萄酒（Hermitage Jaboulet La Chapelle），曾获得《葡萄酒倡导者杂志》（Wine Advocate Magazine）92 分的评分，声称是 1990 年以来最好的干红葡萄酒。那一年只生产了 8 100 瓶。

你认为这瓶葡萄酒值多少钱？现在，在那张废纸上把钱数写下来。不用着急，慢慢来。全部完成了吗？

如果我们告诉你，你的社会安全号码的最后两位数字对你给那瓶葡萄酒的估价起到了重要作用，你会相信吗？

运用这一场景进行的测试表明，社会安全号码数字较大的人对商品的估价高于数字较小的人。在一个案例中，后两位数相对较大（80~99）的学生对一个无线键盘的平均估价是 56 美元，而后两位数相对较小（1~20）的学生对同一样东西的平均估价是 16 美元。在评估房屋价格之前让人们写下其手机号码的最后三位数字，也会产生同样的效果。

只是因为想到一些不相关的数字就使人们对产品价格的估计差距甚大，这看起来不可思议。其原因与启动有关。当人们记下自己的社会安全号码或手机号码时，他们在不知不觉中就接受了特定号码的刺激，随后其大脑就会将其用作评估商品成本的锚点。经济学家将这种对任意数字的自动锚定称为**任意连续性**（arbitrary coherence）。虽然我们倾向于认为我们的财务决策总是基于有意识的、理性的思维，但这些研究表明，无意识的启动也有巨大的影响。

16.2.2　损失规避

导致人们在金钱方面失去理性的另一个因素是损失规避。有人认为这个比例是 2∶1，也就是说失去 100 美元的痛苦程度与获得 200 美元的喜悦程度相当。这种不惜一切代价规避损失的倾向说明人们为什么会竭尽全力规避损失，即使这样做只会使其损失越来越大。我们再来看一下前面提到的拍卖的例子。

损失规避有助于解释人们为什么在出价超过面值时继续竞标 20 美元的钞票。两位高价竞标者都不希望成为第二名，因为他们不想掏了钱却什么也得不到。出价超过 20 美元时，他们觉得自己已经在这件事上投入了太多的金钱和时间，因此不能回头。前面说过，心理学家将这种反应称为沉没成本效应。我们在现实世界的许多实例中都可以看到这种效应。它让人们持有明知不好的股票，使人们继续投资于已经证明永远不会有效的商业创意或发明，让赌徒即使在输钱时也不愿意离开赌桌。

为了验证沉没成本效应，一项研究对那些想购买当地大学剧院季票的人的购买决定进行了调查。这些人被随机分为三组，第一组以 15 美元的常规票价购买；第二组有 2 美元的折扣；第三组有 7 美元的折扣。研究人员对三个组进行了跟踪，看其是否真会来剧院看戏。结果显示，为门票支付的钱越多，人们来看戏的可能性就越大。这可能是因为这些人的沉没成本更高。

表述方式与损失规避　几乎任何目标都可以用损失（规避）或获益（趋近）的言语来表述。这一原则也可应用于财务目标（见图 16-4）。

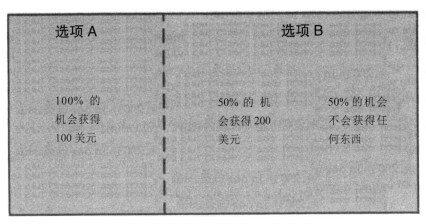

图 16-4 参照依赖图示

注：想象一下，你可以在这两种投注方式之间进行选择。

（1）如果你选择 A，你有 100% 的机会获得 100 美元。

（2）如果你选择 B，你有 50% 的概率获得 200 美元，50% 的概率不会获得任何东西。

你会选哪一个？

经济交易是以收益的方式表述，还是以损失的方式表述，这会对我们经历的损失规避程度产生巨大影响。

写一写

在现实世界中使用参照依赖

这项关于参照依赖的研究表明，措辞和表述方式的微小变化会对人们的财务决策产生极大的影响。鉴于此，思考一下公司、慈善机构或政客如何利用这种技巧（或已经在使用这种技巧）为自己牟利，让人们心甘情愿地把钱交给他们。在你的回答中，至少提供一个例子。

由于其有效性，使用不同的表述方式是政客和政府经常使用的一种技巧，尽管有时他们选择的方式会产生意想不到的后果。例如，在 2001 年和 2008 年，为刺激低迷的经济，美国政府以退税形式将数百万美元还给了纳税人，希望人们拿到支票后把钱花掉，从而使这笔钱又投入到陷入困境的经济中。但这两次的退税计划都失败了，原因可能在于各自的表述方式。

我们来看研究人员就这一问题进行的一项研究。当被试到达现场时，他们很高兴地发现每个人都可以意外得到一张 50 美元的支票。他们被告知这些钱来自研究者研究预算的剩余资金。所有被试都得到了支票，但是在某些人面前，这笔钱被描述为"退款"（rebate），而在其他人面前它则被描述为"奖金"（bonus）。一周后，研究人员与被试联系，询问其用那笔钱干了什么。被告知其获得的是奖金的被试所花钱数（22.04 美元）是被告知其获得的是退款的被试所花钱数（9.55 美元）的两倍。奖金一词意味着这是别人的钱，所以我们花起来更随意；而退款一词意味着这本来就是我们的钱，所以不能随便花。鉴于这一结果，政府最好将该计划称作"税收奖励"，而不是退税。

显然，我们对损失的规避有时会使我们做出不合理的财务决策。一个好消息是，了解损失规避似乎是对抗损失的最好方法之一。在一项研究中，研究人员先对学生进行培训以让他们了解沉没成本效应。两周后，研究人员让这些学生面对一系列新的困境，以测试他们是否会出现沉没成本效应。虽然这些困境与培训课程中的困境截然不同，但是与未接受培训的学生相比，接受培训的学生出现沉没成本效应的可能性更小。因此，每当你发现自己将辛苦赚来的钱或时间大量投向某个目标时，请回想一下这里所讲的内容，问问自己的行为是否是沉没成本效应在作怪。

16.2.3　禀赋效应

当人们将某物视为自己的而不是他人的东西时，人们会更珍视它。这一倾向被称为禀赋效应。在某些情况下，禀赋效应很有道理。例如，你更珍视自己的宠物而不是陌生人的宠物，因为它是你家庭中的一员；你更珍视自己的家而不是陌生人的家，因为你根据自己的喜好对它进行了个性化布置。但是禀赋效应的奇怪之处在于，它可以在拥有物品的瞬间内发生。

在一项研究中，研究人员向被试展示了一只咖啡杯，问他们愿意花多少钱买这只杯子。大多数人愿意为这只杯子支付不超过 3 美元。但对另一组被试，研究人员把咖啡杯免费送给他们，然后问他们愿意以多少钱的价格卖掉杯子。虽然拥有这只杯子只有几分钟的时间，但是当低于 7 美元时大多数人都不愿意卖。因此，只因为拥有了这只杯子，其价值就增加了一倍多！

　　虽然在拥有杯子的短短几分钟之内，杯子的客观价值没有增加，但是由于禀赋效应其心理价值增加了。每当某个东西被标记为"我的"，这种占有感就会使我们不愿放弃它，因为这样做意味着失去一小部分自我。难怪售货员迫不及待地想让我们试穿那条牛仔裤或试驾那辆跑车。一旦这样做，我们就开始把它们想象成"我的牛仔裤"或"我的车"，这会使我们愿意花更多的钱把东西买下来。

保持平衡

专家建议，根据以下五个类别分配你的支出。

1. 住房（包括水电费）：收入的 35%（税后）。
2. 生活费（账单、汽车分期付款、杂货、手持现金）：收入的 40%。
3. 应急资金 / 保险：收入的 2%。
4. 娱乐 / 个人开支：收入的 15%。
5. 储蓄：收入的 8%。

请你对自己的支出情况跟踪一个月，看看与上述各个比例是否一致。你还可以使用此细分来帮助自己确定是否可以购买新东西。例如，如果你想买房，你知道月度抵押或租金不能超过每月总收入的 35%。

16.2.4　是否只有人类会做出不理性的财务决策

　　值得注意的是，人类并不是唯一不理智的生物。你可能很难相信，在猴子中也出现了包括参照依赖和禀赋效应在内的现象。在一系列特别有创意的研究中，研究人员给卷尾猴一个小钱包，其中装满了小型硬币状代币。研究人员在笼子里建立了一个市场，与猴子的生活区隔开，里面有槽，猴子可以用代币换取食物。当学会这种基本经济交换规则之后，猴子开始表现出与人类相同的非理性财务行为，包括冲动购买、不愿意储蓄、偷邻居的钱，甚至做性交易！

　　这些基本经济交易一旦建立，研究人员就转向更为复杂的财务决策。例如，在一项研究中，他们研究猴子是否具有与人类相同的风险规避倾向。

　　为验证这一点，研究人员给猴子提供选择，它们可以与市场上的两种商人进行交易。一位商人向猴子提供两片苹果。一旦猴子放下硬币，商人要么把两片苹果都给猴子，要么只给它一片。为简单起见，我们将这位商人称为"损失博士"。

第二位商人只提供一片苹果。一旦猴子放下硬币，这位商人要么给猴子这一片苹果，要么再多给一片。我们将这位商人称为"获得博士"。

请注意，这种设计与我们之前讨论的人类风险规避的例子非常相似。就像人类一样，猴子大多数时候（71%）都喜欢与"获得博士"交易，避免与"损失博士"交易。在另一项研究中，第二位商人换成了一个总是展示一片苹果也总是给一片苹果的商人——我们称之为"诚实博士"——在79%的时间，猴子更愿意与"诚实博士"而不是与"损失博士"交易。所以即便是猴子也不喜欢拿钱冒险！

在另一组有趣的研究中，这些研究人员测试猴子是否也存在禀赋效应。为此，研究人员把两种食物中的一种给猴子，经过预测这两种食物（水果和谷物）同样受猴子欢迎。然后，研究人员给猴子机会用一种食物换另一种食物。一开始拥有水果的猴子只在2%的时间里进行了交易，而一开始拥有谷物的猴子在15%的时间里进行交易，两者均远远低于人们期望的50%的标准（因猴子对两者同样喜欢）。即使研究人员提供额外的交易激励（额外的燕麦），猴子在大多数时间里仍然坚持拥有原来的东西。显然，与人类一样，猴子更加珍视自己的财产而不是他人的财产。重要的是，猴子表现出与人类相同的非理性财务行为，这一事实表明，我们的经济动机和偏见比人们以前想象的更为根深蒂固。

写一写

非理性财务行为的原因

人类和动物都会表现出非理性的财务决策迹象，这一事实有助于说明为什么会出现这种效应（如禀赋效应）。在你看来，为什么会出现这些效应？你如何解释人类和动物都表现出这些效应？

▶

16.3 金钱激励

由于 2008 年金融危机造成的损失，许多在房地产市场大量投资的银行和金融公司都濒临破产。为防止经济灾难，美联储采取了一项冒险措施，使用数十亿美元来救助数百家这样的公司。但接下来发生的事出乎所有人的意料，就在同一年，从政府那里拿钱的那些公司花费数百万美元为其员工发奖金。高盛（Goldman Sachs）和摩根士丹利（Morgan Stanley）等公司为数百名员工提供了七位数的奖金！在经济步履蹒跚，政府花费数十亿美元防止其破产的情况下，这些金融机构竟然给自己发了 200 亿美元的奖金。奥巴马总统把这种行为描述为"可恶"和"无耻"，大多数人都有同感。这些公司又是怎么想的呢？

支持这种行为的人认为，这些高额奖金对保持公司生产力，防止优秀员跳槽是必要的。其潜在假设是，金钱是一种强大的或最佳的激励因素，如果没有这些奖金，工人们的生产力会下降，公司也会止步不前。虽然大多数人都认为发这么多奖金不道德，但我们可能都同意金钱能激励人们更努力工作这一假设。确实是这样吗？

不管大多数人怎么看，金钱其实是一种非常糟糕的激励因素。没错，有时候获得报酬可以让我们在当下更加努力。例如，当学生在考试前获得 20 美元作为鼓励时，他们在考试中的表现要好于没有获得金钱的学生。然而，金钱的激励效果往往是短期的。没有了钱，动机也就没有了。即使金钱在当下激发了动机，研究表明实际上这类动机会随着时间的推移而消失。例如，对**过度辩护效应**（overjustification effect）的研究发现，被付钱来解决谜题的学生在收到钱后继续做谜题的可能性更小。此外，金钱也会降低工作的质量。当某人希望获得奖励时，他在工作中不如那些不期待奖励或获得意外奖励的人有创意。

自我教育

目前有数以百万计的财务书籍和博客，你没有理由不教育自己如何变得富有。像"轻松理财"（The Simple Dollar）和"慢慢变富"（Get Rich Slowly）这样的博客用通俗的语言解释财务问题，因此人们很容易理解。《教育零负债》（Debt-Free U）（由一名大学毕业时无学生贷款但有股票投资组合的 21 岁大四学生所写）和《年轻·漂亮·破产》（Young, Fabulous and Broke）等书籍为年轻大学生提供财务建议。阅读这些建议不仅会教育你，还会激励你开始规划你的财务未来。

写一写

为什么金钱经常被用作激励因素

你刚了解了为什么金钱是一种糟糕的激励因素。然而，金钱目前仍然是我们试图激励人们的主要方式之一。为什么会这样？既然金钱会导致多种负面后果，为什么金钱仍然是一种主要的激励方式？

16.4 金钱与幸福

2013 年，世界各地的人们在彩票上花费了 2 750 亿美元，期望获得概率很小的赢得大量现金的机会。人们玩彩票的主要原因是他们认为，如果中了彩票，有了更多的钱和更多的东西，他们就会更幸福。但是科学研究是否支持这一假设？

金钱能否购买幸福这一问题的答案很复杂，这部分取决于想有钱和有钱之间的区别。从表面上看，想有钱是件坏事。物质主义是指对物质财富和财产的渴望，这体现在开篇关于西格尔夫妇的故事中。过于崇尚物质的人往往对生活不满意，关系质量较差，心理健康状况低于不那么崇尚物质的人。物质主义导致幸福感降低的一个原因是它产生了一种永远无法完全满足的需求。正如本杰明·富兰克林所说："金钱从来没有让人幸福过，将来也不会，在它的本质中没有任何一项能够创造幸福。一个人拥有的钱越多，他奢求的就越多。"

| 如果希望有钱这件事不会让人幸福，那么有了钱会让人幸福吗？ |

科学家们花费了数十年时间研究金钱和幸福之间的关系，他们得出的共识似乎是这样的：拥有金钱很好，但不像你想象得那么好。在一项对来自 132 个国家的 137 000 人进行的调查中，家庭收入与积极情绪呈正相关，尽管这种相关性很小（$r = 0.17$，r 可能在 0~1 范围内）。同样，拥有奢侈品与积极情绪相关，但只是弱相关（$r = 0.11$）。拥有奢侈品与生活满意度相关性较强（分别为 $r = $

0.44 和 0.39），但即便如此，它占人们生活满意度仍然不到 16%。这有助于解释如下事实：根据对 36 个不同国家的分析，美国在家庭财富方面排名第 1 位，但在生活满意度方面仅排在第 12 位；而丹麦在财富方面排名第 16 位，但在幸福感方面排名第 1 位。

　　金钱确实看起来能够带来幸福，只不过比大多数人想象的少得多。我们对金钱和幸福的直觉为什么错得如此离谱？

　　一种解释是，并不是拥有金钱就能使我们幸福，而是没有钱会使我们不幸福。收入增加确实会使幸福感增加到一定程度。但收入达到一定水平后，其对幸福感的影响就会消失。你可能会问，这个神奇的收入水平是多少？研究表明年均 75 000 美元是这个神奇的收入数字。对于收入低于年均 75 000 美元的家庭来说，赚的钱越多就越幸福。但对于收入超过年均 75 000 美元的家庭来说，收入的增加不再对其幸福感产生巨大的影响。

　　此外，财富会使人们与生活中更简单的快乐失之交臂。根据吉尔伯特的**经验拉伸**（experience-stretching）原则，体验令人愉快的事物越多，你就越不享受它。回想一下小时候，你所做的一切都是一种全新的体验：第一次尝到巧克力，第一次在星空下的帐篷里睡觉。这些平凡的经历第一次出现的时候让我们感到高兴，但现在当你吃巧克力或不得不睡在帐篷里时，你可能不会那么兴奋。越是反复体验某个东西，我们就越习惯它，因此就不再能感受到我们曾经感受到的快乐。因为拥有很多钱可以让我们体验生活中最好的东西——来自巴黎的最精美的香皂，来自东京的最新鲜的寿司——所以财富降低了我们品味生活中小乐趣（如繁星满天的夜晚）的能力。

　　为了在实验室验证这一点，研究人员首先向被试展示了一张一堆钱的照片或一张中性照片。然后，研究人员让被试吃一块巧克力，并且根据口味对其进行评价。研究人员记下了被试吃巧克力所用的时间以及他们看起来喜欢巧克力的程度，但被试对这些并不知情。研究发现，与那些看过中性照片的人相比，看过金钱照片的人品尝巧克力花费的时间较少，而且表现出的兴奋程度也较低。因此，虽然金钱用一只手给我们带来奢华的快乐，但它却用另一只手偷走了我们的注意力以及我们享受简单生活乐趣的能力。

16.4.1 购买回忆，而不是物品

金钱没有带来幸福也许是因为我们没把钱花对地方。正如作家兼诗人格特鲁德·斯坦（Gertrude Stein）所说："凡是说钱买不到幸福的人，都是不会买东西的人。"要说有钱人不知道该怎么花钱，这似乎很奇怪，但是，回想一下情感预测的概念，你会觉得这是有道理的。研究一次又一次表明，人类特别不善于预测事物会让他们有什么感受。我们以为新的保时捷汽车、私人飞机或高档手表会让我们快乐，但我们错了。

> 如果想幸福，我们该如何花钱？

大多数人用钱来买东西：放在房子里的东西，放在车库里的东西，挂在脖子上的东西或手指上闪闪发光的东西。但是，把钱花在这些物质财富上的人，通过购买行为为其带来的幸福感远远低于那些把钱用于**体验式购买**（experiential purchases）的人，体验式购买的目的是为了获得生活体验而不是实物。

就体验式购买而言，你不是拥有它，而是体验它。例如，旅行、在山上滑雪或玩视频游戏都属于体验式购买。当人们被要求反思其物质购买和体验式购买时，57% 的人表示他们从体验式购买中获得了更多的快乐，而只有 34% 的人表示从物质购买中获得了更多的快乐。同样，在圣诞节期间强调家庭和宗教体验的人比那些互送物质礼物的人更快乐。正如罗纳德·里根（Renald Regan）所说："金钱不能买到幸福，但它会让你拥有更美好的回忆。"而且从长远来看，能让你快乐的正是那些更美好的回忆。

那些经历比物质财富更能给我们带来快乐，部分原因在于经验拉伸更有可能发生在物质财富上。曾经的豪宅现在只是一个家，当时的进口意大利瓷砖现在变成了脚下无人注意的地面。但是你对于第一次乘坐威尼斯贡多拉或在大剧院听贝多芬《月光奏鸣曲》的回忆现在仍然能为你带来快乐。为了验证这一假设，研究人员随机指派被试把实验用的 3 美元用于物质购买（如扑克牌、相框和钥匙串）或体验式购买（如听一首歌、玩视频游戏、观看视频剪辑）。在两周的时间里，花钱购买体验的被试比那些花钱购买物品的人更快乐。因此，如果你想明智地花钱，那么就把它花在你可以做的事情上，而不是你可以拥有的东西上。

我们更享受体验而不是物质财富，也因为体验更容易与他人分享。这意味

着把钱花在体验上会给你带来快乐，但前提是这些体验可以与他人分享。因此，共享体验是完美的礼物。当亲人过生日时，别给他们送衣服或礼品卡片，请他们看芭蕾舞、去骑马或看电影吧。这不仅会给你和你的亲人带来许多美好的回忆，还会教会你的亲人如何以确保终身幸福的方式花钱。

16.4.2　把快乐分解

人是否幸福在很大程度上取决于他们积极情绪的频率，而不是强度。不要把钱一下子花在少数几件昂贵的东西上，更好的做法是购买能给你带来快乐的小东西，而且在时间上把它们隔开。现在吃一块蛋糕，明天再吃一块，比现在吃两块蛋糕能给你带来更多的快乐。虽然这很容易理解，但人们在预测使他们快乐的原因时往往会忽略这一原则。

例如，一项研究询问被试是愿意接受一次连续 3 分钟的按摩，还是两次连续 80 秒中间间隔 20 秒的按摩。大多数被试（73%）表示他们更喜欢连续按摩。然后，这些被试被随机分组，来体验连续按摩或间断按摩。结果表明，与经历持续按摩的人相比，那些接受间断按摩的人表示更享受这一体验，并且愿意支付几乎两倍的价格（27 美元）来重复这一体验（前者为 14 美元）。同样，观看中间插入广告的电视节目的人比那些观看没有广告的电视节目的人更喜欢该节目。

把令人愉悦的体验分成一些小部分，从而使其更加令人愉悦。因此，请你在自己的生活中，寻找那些能给你带来小乐趣的日常体验，可能的话把它们分解成更小的碎片。

分解愉快的体验会让你感觉更好，因为这会防止你适应这一体验，但是把不愉快的体验分解会让你感觉更糟。有研究就发现了这一点，该研究强迫被试听恼人的真空吸尘器的声音。与间隔 5 秒听这种声音的人相比，那些连续听这种声音的人认为这一体验并不那么恼人，尽管此前两组人对自己的恼怒程度的预测相同。因此，对于负面体验，最好是一次把它体验完。

16.4.3　现在付款，以后享受

在信贷驱动的现代社会，我们倾向于现在享受，以后付款。这种方法存在许多问题，包括信用卡债务。但一个不那么明显的问题是，它忽略了期待的重

要作用。当人们掷下 3 美元购买彩票时，他们不仅仅是在购买中奖的可能性，他们还在购买自己在接下来的几天里想象如果中了奖要做什么的机会。购买彩票让我们有机会对改善生活的可能性做白日梦，研究表明，这种关于愉快体验的白日梦可能比体验本身更能影响我们的幸福感。当研究人员调查那些计划马上度假的人时，他们发现人们对度假的看法在旅行前比旅行期间更积极。

期待愉快的体验会让我们感到快乐，我们花在期待愉快体验上的时间越多，我们就越快乐。也就是说，需要等待愉快体验的时间越长，人就越快乐，因为这可以让人有更多的时间来期待它。然而，在这个问题上，我们的直觉又错了。当你让人们说明其偏好时，他们认为现在收到礼物比 3 个月后收到礼物更能让他们快乐。因此，你要尽可能提前计划好愉快的体验，这样你就可以享受两次：一次是等待它发生，另一次是实际体验它。

16.4.4　不要保修

情感预测意味着我们会高估愉快体验的快乐程度，但这也意味着我们会高估不愉快体验的不愉快程度。我们认为，如果失去工作，与恋人分手，或者课程没有得 A，我们就会崩溃。但事实是，我们会很快适应负面体验（只要负面体验不被中断）。这种对未来消极性的恐惧使我们在金钱和心理方面都会付出代价。

例如，几乎每次购买汽车或电脑等昂贵商品时，零售商都会向我们提供长期保修服务。大多数财务专家认为这等于白扔钱，因为大多数产品的使用寿命都要长于保修期。然而，我们仍然会购买长期保修。2013 年，美国人在电子产品、汽车和手机的长期保修费用上花的钱超过了 370 亿美元。我们购买长期保修服务的原因是怕以后后悔。我们担心将来产品坏了，我们会后悔买了它，所以即使产品坏的可能性非常小，我们也会预先付钱以防止这种可能性发生。因此，下次再有人让你购买长期保修服务或要给你的产品上保险时，劝你别买。

怕将来后悔也使我们倾向于选择退货政策比较宽松的商店。这或许让人难以置信，但这种退货政策实际上可能会破坏购买行为带给我们的快乐。在一项特别有说服力的研究中，研究人员允许被试从各种选择中挑选出一张海报。对一半被试，研究人员为其提供的相当于是换货政策，说如果他们在下个月的任何时间改变了主意，可以拿回来换。对另一半被试，研究人员告诉他们海报不能换。一个月后，知道其海报是最终选择的被试比挑选之前更喜欢他们的海报。这实际上就是我们之前讨论过的禀赋效应。但是，知道其海报可以换的被试并不比挑选之前更喜欢它。退换货政策使他们丧失了禀赋效应，从而使其对自己的选择不那么满意。

写一写

比较和对照金钱对幸福的影响的技巧

比较和对照以下技巧：专注于体验式购买、分解快乐、增加预期、最大限度地减少对将来后悔的担忧。在此分析中，请指出每种技巧的优缺点。然后，指出你认为最容易实施的技巧并解释原因。你认为哪个最难实施，为什么？

▶

致 谢

我们首先要感谢培生的出版团队：罗宾·阿尔瓦雷斯（Robyn Alvarez）、阿什利·道奇（Ashley Dodge）、卡莉·捷克（Carly Czech）、拉希达·帕特尔（Rashida Patel）、弗莱维娅·多索兹（Flavia Dsouza）、普里亚·克里斯托弗（Priya Christopher）、拉吉夫·夏尔马（Rajiv Sharma）和加里玛·科斯拉（Garima Khosla）。

我们还要感谢许多花时间审阅本书、提供有价值的反馈且最终帮我们打造出一部尽可能完美的著作的那些人。

感谢那些有幸（也许是不幸）每天与我们互动，不厌其烦与我们讨论这本书的人：我们在俄克拉荷马州立大学的朋友和同事们及我们实验室的研究生们，特别是迪克森·安德逊（Darshon Anderson）、安吉·安德雷德（Angie Andrade）、安琪·拉贝尔（Angela Bell）、杰罗德·博克（Jarrod Bock）、杰西卡·柯蒂斯（Jessica Curtis）、汤姆·哈特万尼（Tom Hatvany）和保罗·斯特默（Paul Stermer）。

感谢那些以各自独特的方式帮助我们的家人和朋友，谢谢你们。爱德华·伯利克特别感谢黛布拉（Debra）和 弗恩·索利（Vern Sollis）、小爱德华·伯利克和家人；梅利莎·伯利克特别感谢菲尔·约斯特（Phil Jost）、玛丽（Mary）和 托尼·沙努尔（Tony Schanuel）。

最后，我们要感谢彼此：你让生活中所有的一切都成为可能。你给我挑战，让我学习更多，变得更好，让我去尝试和体验生活能给的一切，最终让我从我们选择尝试的每一件事中获得最丰厚的回报。你是我的快乐。